"十二五"职业教育国家规划教材

经全国职业教育教材审定委员会审定

荣获中国石油和化学工业优秀出版物奖（教材奖）

第三版

GONGCHENG
LIXUE

工程力学

李琴 主编

唐前鹏 副主编

黄艳 主审

化学工业出版社

·北京·

内 容 简 介

本书是"十二五"职业教育国家规划教材，获得中国石油和化学工业优秀出版物奖（教材奖）。书中按照单元组织内容，结合大量典型实例讲解，理论联系实际，注重工程应用。各单元后均有小结、思考题及训练题，并配套视频、微课、动画、训练题参考答案、电子课件。

本书可作为高职高专院校、职业本科院校、成人高校及重点中等专业学校机械类各专业的教材，也可供近机械类专业学生及相关工程技术人员参考使用。

图书在版编目（CIP）数据

工程力学/李琴主编. —3版. —北京：化学工业出版社，2024.8
ISBN 978-7-122-45693-9

Ⅰ.①工… Ⅱ.①李… Ⅲ.①工程力学-高等职业教育-教材 Ⅳ.①TB12

中国国家版本馆 CIP 数据核字（2024）第 100604 号

责任编辑：韩庆利　刘　苏　　　　　　装帧设计：史利平
责任校对：赵懿桐

出版发行：化学工业出版社
　　　　　（北京市东城区青年湖南街 13 号　邮政编码 100011）
印　　装：三河市双峰印刷装订有限公司
787mm×1092mm　1/16　印张 17¾　字数 451 千字
2024 年 10 月北京第 3 版第 1 次印刷

购书咨询：010-64518888　　　　　　售后服务：010-64518899
网　　址：http://www.cip.com.cn
凡购买本书，如有缺损质量问题，本社销售中心负责调换。

定　　价：55.00 元　　　　　　　　　版权所有　违者必究

第三版前言

本教材是依据教育部最新印发的《高等职业学校专业教学标准》中关于工程力学课程的教学要求，并参照相关的国家职业技能标准和行业职业技能鉴定规范修订而成，本书可作为高等职业院校、成人高校及重点中等专业学校机械类各专业工程力学课程的教学用书，也可供近机械类专业学生及相关工程技术人员参考使用。

本教材与第二版相比，一是结合各专业特色，进一步精选了典型案例及课后练习题；二是开发了一定的动画、典型例题及习题解析视频等立体化资源；三是从立德树人这个核心点出发，围绕培养学生理论联系实际、注重安全与规范意识、弘扬大国工匠精神、提升民族自信等方面，选取与课程紧密相关的思政元素以二维码链接的形式有机融入教材中。

本教材共设计了15个单元，在各单元的例题选用中，理论联系实际，注重工程应用，并考虑不同专业的需要。各单元后均有小结、思考题及训练题，便于学生对知识的回顾与总结。本教材还配备视频微课、训练题参考答案、电子课件，为教师教学提供方便。如有需要，可到QQ群410301985下载。

本教材由湖南化工职业技术学院李琴主编。单元一、单元二、单元三及附录由李琴编写，单元四、单元七由唐前鹏编写，单元五、单元六由赖春明编写，单元八由陈艳编写，单元九由陈慧玲编写，单元十由向寓华编写，单元十一、单元十二由曹咏梅编写，单元十三由吴兴欢编写，单元十四由周卫民编写，单元十五由孟少明编写。全书由李琴统稿，湖南化工设计院高级工程师黄艳主审。

由于编者水平有限，书中难免有疏漏和不妥之处，敬请读者批评指正。

编　者

目 录

二维码资源目录

单元一

力学与工程

知识目标

- 了解力学的研究领域；
- 了解工程力学课程的任务、学习方法；
- 了解力学在工程中的应用。

能力目标

- 能正确认知工程建设中力学知识的应用。

素质目标

- 通过介绍力学发展史与人类社会发展和国家科学技术、经济发展密切关系，介绍力学在工程中的应用及中国工程技术成果奇迹（如高速铁路发展、航空航天技术成就）等，触动学生的家国情怀，提升学生的文化自信、民族自信，培养学生社会责任和工匠精神，激励学生发奋图强将我国建设成为科技强国。

课题一　力学及工程力学认知

一、力学

　　力学是研究物体机械运动规律的科学。力学是一门既古老又有永恒活力的学科。它所阐述的规律带有普遍性，是一门基础科学，由于它直接服务于工程，所以又是一门技术科学，是各技术工程学科的重要理论基础，是沟通自然科学基础理论与工程实践的桥梁。

力学在我国的发展

　　力是使物体改变位移和变形的原因。世界充满着物质，有形的固体、无形的空气，都是力学的研究对象。力学发展史，就是人类从自然现象和生产活动中认识和应用物体机械运动规律的历史，"力"是人类对自然的省悟，人类历史有多久，力学的历史就有多久。

　　力学不仅有着悠久而辉煌的历史，而且随着工程技术的进步，力学也在同样迅速地发展。近几十年来，力学研究的对象、涉及的领域、研究的手段都发生了深刻的变化，力学用来解决工程实际问题的作用得到极大的提高。它为人类社会的科技进步作出了重要的贡献。

二、工程力学

　　工程力学是将力学原理应用于工程实际的科学，是力学在工程领域常用方法的总称，包括理论力学、材料力学、结构力学、流体力学、振动力学、计算力学、实验力学等。工程力学最基本的部分包括刚体静力学和杆件变形体力学，而扩展内容则包括质点和刚体的运动学与动力学等。本书所指的工程力学内容则主要限定在工程力学的基本内容和扩展内容之内。

1. 工程力学课程的内容与任务

本书的内容主要包括：

(1) 静力分析　研究物体受力后的平衡条件以及它在工程中的应用，包括力的一般性质，力系的简化及物体在力的作用下的平衡规律的研究。

(2) 构件的承载能力　研究物体变形与所受力之间的关系，即研究物体在外力作用下产生变形和破坏的规律，为解决构件强度、刚度和稳定性问题提供基本理论和计算方法。

(3) 运动与动力分析　研究质点的运动和刚体的基本运动，以及物体运动状态改变与其所受力之间的关系。

通过学习本课程，初步学会分析和解决生产实际中的力学问题，并为学习后续的力学与其他机械设计等课程做好准备。另外，随着现代科学技术的发展，力学与其他学科相互渗透，形成了许多边缘学科，它们也都以工程力学为基础。由此可见，学习工程力学，也有助于学习其他的基础理论，掌握新的科学技术。

因为工程力学的研究方法遵循辩证唯物主义认识论的方法，故通过本课程的学习，有助于培养辩证唯物主义的世界观和正确分析、解决问题的能力，为以后参加生产实践和从事科学研究打下良好的基础。

2. 工程力学课程研究问题的一般方法

工程力学研究问题的一般方法，可归纳为：

① 选择有关的研究系统。

② 对系统进行抽象简化，建立力学模型。其中包括几何形状、材料性能、载荷及约束等真实情况的理想化和简化。

③ 将力学原理应用于理想模型，进行分析、推理，得出结论。

④ 进行尽可能真实的实验验证或将问题退化至简单情况与已知结论相比较。

⑤ 验证比较后，若得出的结论不能满意，则需要重新考虑关于系统特性的假设，建立不同的模型，进行分析，以期取得进展。

概括地说，工程力学的研究方法是从对事物的观察、实践和科学实验出发，经过分析、综合归纳和抽象化，建立力学模型，总结出力学的最基本的概念和规律；从基本规律出发，利用数学推理演绎，得出具有物理意义和实用意义的结论和定理，构成力学理论；然后再回到实践中去验证理论的正确性，并在更高的水平上指导实践，同时从这个过程中获得新的材料、新的认识，再进一步完善和发展工程力学。

3. 工程力学课程学习方法

(1) 联系实际　任何一门学科都由于研究对象的不同而有不同的研究方法，但是通过实践而发现真理，这是所有科学技术发展的正确途径。工程力学来源于人类长期的生活实践、生产实践和科学实验，并且广泛应用于各类工程实践之中。我们解决任何问题都是为了指导实践，所以不管我们得到的结论如何完善，都必须放到实践中去检验，只有通过实践检验的结论才可以称之为真理。工程力学可谓是"将力学原理应用于有实际意义的工程系统的科学"，因此，联系工程实际来学习工程力学是非常必要甚至是必须的。

(2) 善于总结　要将所学的知识融会贯通，必须抓住其精髓，这就要求具备善于总结的本领。将书读薄是做学问的一种基本方法，这种基本方法就是将知识要点总结提炼出来，唯有如此，才能读懂弄通，才能让其真正成为自己的知识。工程力学是现代工程技术的理论基础，它的定律和结论被广泛应用于各种工程技术中。各种机械、设备和结构的设计，机器的自动调节和振动的研究，航天技术等，都要以工程力学的理论为基础。另外对于工程实际中出现的各种力学现象，也需要利用工程力学的知识去认识，必要时加以利用或消除。所以要学好工程力学，更要注重总结归纳能力的培养，要善于从复杂的事物总结出符合实际的简化结果。

（3）**勤于思考**　工程力学是根据工程实践的需要而发展起来的一门学科，内容比较丰富、精深。它的主要任务是培养学生把物体抽象为力学模型的能力、总结归纳和分析问题与解决问题的能力等。学习工程力学，应在理解其基本概念和基本理论的基础上，学会应用所学的定理和公式去解决具体问题。因为工程力学的概念、公理和定律是来自实践的，其中有的是在生活和生产实践中与我们形影不离的，因而它们并不是抽象的和难以理解的，但是我们已有的一些感性认识，有的可能是片面的，有的可能甚至是一种错觉，这就要求在学习工程力学的过程中，勤于思考，深刻理解基本概念和基本原理，克服片面，避免主观臆断，不断提高自己的理论水平。

课题二　力学在工程中的应用认知

一、工程

在 18 世纪之前，即作为力学学科发展成熟之前的工程，一般多指结构工程，即桥梁、房屋结构、公共设施（如长城、碉堡、水坝）等。图 1-1 所示为应县佛宫寺释迦塔，图 1-2 所示为河北赵州桥。佛宫寺释迦塔位于山西应县，建于公元 1056 年，总高 67.31m，塔的外观为六层屋檐。各层均用内、外两圈木柱支撑，每层外有 24 根柱子，内有 8 根，木柱之间使用了许多斜撑、梁、枋和短柱，组成不同方向的复梁式木架，整体比例适当，建筑宏伟，艺术精巧，外形稳重庄严，是我国现存最古老楼阁式木构佛塔，由于结构上的合理性，近千年间经历了 12 次 6 级以上的大地震，迄今安然无恙。赵州桥位于河北赵县，为隋匠人李春所建，桥的总长 50.83m，净矢高 7.23m，宽 9.6m。

图 1-1　应县佛宫寺释迦塔

图 1-2　河北赵州桥

是现存世界上最古老、跨度最大的敞肩拱桥，赵州桥在结构、地基处理、外观都达到尽善尽美，结构上减少了重量、增加了可靠性，使它历千年而不毁。我国佛宫寺释迦塔和赵州桥的设计都在力学理论建立之前，它们是在力学学科发展成熟之前我国人民智慧的结晶。

现代工程是在 18 世纪之后形成的。现代工程是力学学科的产物。在力学直接指导下完成的产品，如调速器和钟表，它们的出现改变了人类的生活方式，引起了社会革命性的变化。后来，瓦特在蒸汽机上安装离心调速器，使蒸汽机能普及应用，这是人类自动调节与自动控制的开始。由于人们能够自由地控制蒸汽机的速度，才使蒸汽机应用于纺织、火车、轮船、机械加工等行业，才使人类大量使用自然原动力成为可能。荷兰力学家惠更斯发明了摆钟，钟表的发明，改变了人们的生活，使航海能够准确定位，也为其他科学研究提供了精确的计时装置，还促进了机械行业的发展。

林赛工程师在 1920 年曾说：工程是安全与经济的实践，它采用服从科学定律的力和天然的材料，经过组织、设计、施工以满足人们的普遍利益。

二、工程建设中力学知识的运用

力学在研究自然界物质运动普遍规律的同时，不断地应用其成果，服务于工程，促进工程技术的进步，反之，工程技术进步的要求，不断地向力学工作者提出新的课题。在解决这些问题的同时，力学自身也不断地得到丰富和发展，新的分支层出不穷。

力学作为一门学科的出现，始于十七世纪的欧洲，牛顿作为早期经典力学的创始人，继承和发展了前人研究的成果，提出了牛顿运动定律，奠定了力学基础。人们对于力的研究已经有了几千年的历史，早在古希腊时期，阿基米德就发现了浮力原理，他的名言"给我一个支点和一根足够长的杠杆，我就能撬动整个地球"就是对力矩和杠杆原理的应用。

由于力学和自然科学的发展产生了一系列新的工程领域：冶金、造船、采矿、化工、机械、造纸、纺织、发电、核工程、半导体、航天和航空，等等。计算机技术和计算力学的发展，给力学带来了更加蓬勃的生机，使力学与工程结合，为工程服务的能力得到了极大的增强。

力学很重要的一个应用领域就是建筑领域。任何建筑物都是由很多构件按照一定的设计模式组合而成。我们在日常生活中遇到最多的一种构件是"杆"，它们的几何特征是长度远大于横向尺寸（例如圆杆的直径）。建筑工程中的梁、轴、柱都属于杆件。例如，图 1-3 所示是我国奥运会的代表性建筑之一鸟巢，图 1-4 所示是遍布大江南北的高铁车站，这些建筑都是由不同形式、尺寸的杆件组合而成的结构，在建造时都需要进行严格的力学设计考核，以确保它们安全地服役。只有组成建筑物的所有构件能够正常工作，才能保证整个建筑物在

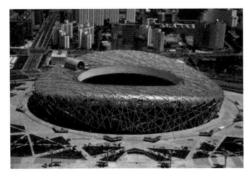

图 1-3　鸟巢外观和构件框架结构　　　　　图 1-4　典型高铁车站外观和框架结构

规定的服役寿命期内安全可靠地运行。例如，如果大梁断了，建筑物就可能坍塌。这里就需要进行力学分析。工程师在进行设计时，首先要确定构件承受哪些外力，并且要确定构件在受到这些外力作用时，不发生破坏（用力学的术语来说，就是构件必须具有足够的"强度"）。其次，要求构件受力时所发生的变形（例如，压缩、拉伸、弯曲等）能够限制在正常工作许可的范围内（用力学的术语来说，就是构件必须具有足够的"刚度"）。此外，工程师有时还会要求构件有足够的"稳定性"，换言之，就是保持在原有形状下工作的能力。对于不稳定结构，可能受力时构件并未破坏但不能保持原来的形状，那该结构也往往是无法使用了。

力学另外两个很重要的应用领域就是航空和航天。航空指飞行器在地球大气层内的航行活动，航天是穿越大气层的飞行活动。力学在航空航天领域具有不可替代的重要地位，航空航天的整体规划得到了大量的力学分支的支持，包括空气动力学、结构力学和材料力学、复合材料力学、振动力学、损伤力学和断裂力学、气动动力学，等等。

我国在航空航天领域硕果累累，1970 年成功发射了第一颗人造地球卫星"东方红一号"，2003 年第一次成功发射了"神舟五号"载人飞船，2007 年成功发射了第一颗月球探测卫星"嫦娥一号"。

力学是一门交叉研究突出的学科。除了人们熟知的建筑、机械、航空、航天等领域的应用，力学在生命科学领域也发挥着重要的作用。例如，骨科手术中经常使用钢板对骨折进行内固定（图 1-5），这样就需要钢板和钉子等有足够的强度，以保证在骨折完全愈合并能够承重前，由钢板或钉子来承受骨折部位的外力。

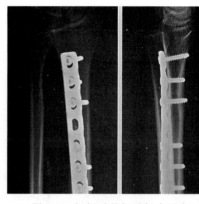

图 1-5　钢板对骨折进行内固定

 小结

（1）力学是研究物体机械运动规律的科学，是各技术工程学科的重要理论基础，是沟通自然科学基础理论与工程实践的桥梁。

（2）工程力学是将力学原理应用于工程实际的科学，是力学在工程领域常用方法的总称。工程力学最基本的部分包括刚体静力学和杆件变形体力学，而扩展内容则包括质点和刚体的运动学与动力学等。

（3）现代工程是力学学科的产物。工程是安全与经济的实践，它采用服从科学定律的力和天然的材料，经过组织、设计、施工以满足人们的普遍利益。

（4）力学在研究自然界物质运动普遍规律的同时，不断地应用其成果，服务于工程，促进工程技术的进步，反之，工程技术进步的要求，不断地向力学工作者提出新的课题。

思考题

1. 什么是力学？
2. 怎样理解力学与工程的关系？
3. 描述一个生活或工程中与力学相关的问题。

训练题

1. 判断题

（　）1-1　力学是研究物体机械运动规律的科学。

（　）1-2　受力图中不应出现内力。

（　）1-3　工程力学简称为力学。

2. 填空题

1-4　工程力学是将_____应用于工程实际的科学。

1-5　工程力学最基本的部分包括_____和_____。

1-6　力学是沟通_____基础理论与_____的桥梁。

1-7　工程是_____与_____的实践。

单元二

静力学基础

知识目标

- 认知力、刚体和约束等基本概念；
- 了解常见典型约束的类型。

能力目标

- 理解静力学公理的内涵；
- 能正确分析各种典型约束的约束反力；
- 能对物体进行受力分析，正确画出研究对象的受力图。

素质目标

- 通过力的概念、静力学四公理、物体受力图绘制等知识的介绍，树立学生运用辩证唯物主义的认识论和理论与实践结合的方法论认识世界、改造世界，激发学生创造力，提高学生正确认识问题、分析问题和解决问题的能力。

静力学的研究方法是建立工程实际构件的力学模型。所谓模型是指实际物体与实际问题的合理抽象与简化。静力学模型包括三个方面：

① 物体的合理抽象与简化。

② 受力的合理抽象与简化。

③ 接触与连接方式的合理抽象与简化。

静力学研究的基本问题是作用于刚体上力系的平衡问题，包括：

(1) **受力分析** 分析作用在物体上的各种力，弄清被研究对象的受力情况。

(2) **平衡条件** 作用在物体上的一组力称为力系。物体在力系的作用下处于平衡状态，则称该力系为平衡力系。作用于物体上的力系若使物体处于平衡状态，就必须满足一定的条件，这些条件称为力系的平衡条件。归纳物体在各种力系下的平衡及相应的平衡方程，求解静力平衡问题是静力学最重要的任务。

(3) **力系的简化** 在确定物体的平衡条件时，要将一些比较复杂的力系用作用效果完全相同的简单力系或一个力来代替，这种方法称为力系的简化。

课题一 静力学基本概念认知

一、力的概念

力的概念

力是力学中一个最基本的概念。所谓力是指物体之间的相互机械作用，这种作用可以使物体的机械运动状态或者使物体的形状和大小发生改变。

从力的定义中可以看出力是在物体间的相互作用中产生的，这种作用至少是两个物体，如果没有了这种作用，力也就不存在，所以力具有物质性。物体间相互作用的形式很多，大体分两类，一类是直接接触，例如物体间的拉力和压力；另一类是"场"的作用，例如地球引力场中重力，太阳引力场中万有引力等。

物体受到力的作用后，产生的效应表现在两个方面：

(1) 外效应（运动效应） 使物体的运动状态发生变化。例如静止在地面上的物体，当用力推它时，便开始运动。

(2) 内效应（变形效应） 使物体的形状发生变化。例如钢筋受到的横向力过大时将产生弯曲，粉笔受力过大时将变碎等。

力对物体的作用效应取决于力的三要素，即力的大小、力的方向和力的作用点。力的大小表示物体间机械作用的强弱程度，采用国际单位制（SI），力的单位是牛顿（N）（简称牛）或者千牛顿（kN）（简称千牛），$1kN = 10^3 N$。在工程单位制中，力的单位是千克力（kgf）或吨力（tf）。两者的换算关系为：$1kgf = 9.8N$。本书采用国际单位制。力的方向是表示物体间的机械作用具有方向性，它包括方位和指向。力的作用点表示物体间机械作用的位置。一般来说，力的作用位置不是一个几何点而是有一定大小的一个范围，例如重力是分布在物体的整个体积上的，称体积分布力，水对池壁的压力是分布在池壁表面上的，称面分布力，同理若分布在一条直线上的力，称线分布力，如果力连续均匀分布就称为均布力或均布载荷。均布力的大小用载荷集度 q 表示，单位为 N/m（单位长度上所受的力）或 N/m^2

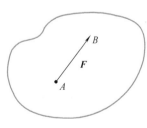

图 2-1 力的表示方法

（单位面积上所受的力）。当力的作用范围很小时，可以将它抽象为一个点，此点便是力的作用点，此力称为集中力。

由力的三要素可知，力是矢量，通常可用一有向线段表示，如图 2-1 所示，有向线段 AB 的大小表示力的大小；有向线段 AB 的指向表示力的方向；有向线段的起点或终点表示力的作用点。力矢量一般用黑体字母 **F**、**P** 等表示，书写时也可在表示力的字母上加一带箭头的横线，即 $\vec{F}$。

二、刚体的概念

任何物体受力后都会产生一些变形，但在通常情况下绝大多数零件和构件的变形都很微小，甚至需用专门的仪器才能测量出来。研究证明，在许多情况下这种微小的变形对物体的外效应影响极小，可以忽略不计，即不考虑力对物体作用时物体所产生的变形，把物体看成刚体。所谓刚体是指在力的作用下不会发生变形的物体。刚体是一个理想化的力学模型，是一个抽象化的概念，这种抽象有助于我们简化研究方法，抓住问题的本质。静力学视物体为刚体，研究刚体在外力作用下的平衡规律。

然而当变形这一因素在所研究的问题中居主要地位时，一般就不能再把物体看作刚体了。

三、力系的概念

若干个力组成的系统称为力系。若有一个力系与另一个力系对物体的作用效应相同，则这两个力系互为等效力系。若一个力与一个力系等效，则这个力为该力系的合力，而该力系中的各个力称为这个力的分力。把各分力等效代换成合力的过程称为力系的合成，把合力等效代换成为分力的过程称为力的分解。

四、平衡的概念

所谓平衡，是指物体相对于地球处于静止或作匀速直线运动的状态。显然，平衡是机械运动的特殊形式。作用在刚体上使刚体处于平衡状态的力系称为平衡力系。

课题二 静力学公理认知

人们在长期的实践过程中，不仅建立了力的概念，还概括总结出了力的各种性质。这些从实践中总结出的客观规律，又称为静力学公理。

静力学公理是人类经过长期的缜密观察和经验积累而得到的关于力的基本性质。这些性质是人们在长期的生产实践中，经过实践、认识、再实践、再认识，这样反复循环，总结、概括、归纳出的基本原理，它不能用更简单的原理去代替，而且无需证明且为大家公认，并可作为证明中的论据，是静力学全部理论的基础。

公理一　二力平衡公理

刚体在两个力作用下处于平衡状态的充分必要条件是：两个力大小相等，方向相反，并作用在同一直线上（等值、反向、共线），如图 2-2 所示。它对刚体而言是必要与充分的，但对于变形体而言却只是必要而不充分的。例如当绳受两个等值、反向、共线的拉力时可以平衡，但当受两个等值、反向、共线的压力时就不能平衡了。

二力平衡公理

仅受两个力作用而处于平衡的构件称为二力构件（又称为二力杆）。如图 2-3 (a) 所示的支承架中的 *BC* 构件，若不计自重，就是二力构件。由二力平衡公理可知，作用在二力构件上的两个力，它们必定通过两个力作用点的连线，而与其形状无关，且等值、反向，如图 2-3 (b) 所示。

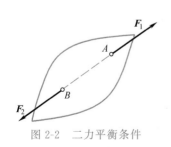
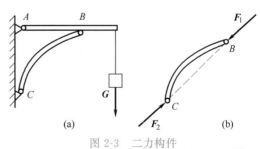

图 2-2　二力平衡条件　　　　　　　　　图 2-3　二力构件

公理二　加减平衡力系公理

在作用于刚体上的已知力系上，加上或减去任一平衡力系，并不改变原力系对刚体的作用效果。加减平衡力系公理主要用来简化力系。但必须注意，此公理只适应于刚体而不适应于变形体。

推论 1　力的可传性原理

力的可传
性原理

作用于刚体上的力，可以沿其作用线移至刚体内任意一点，而不改变该力对刚体的作用效果。如图 2-4 所示，设 F 为作用于刚体上 A 点的已知力［图 2-4（a）］，在力的作用线上任一点 B 加上一对大小均为 F 的平衡力 F_1、F_2［图 2-4（b）］，根据加减平衡力系原理，新力系（F、F_1、F_2）与原来的力 F 等效。而 F 和 F_1 为平衡力系，减去后不改变力系的作用效应［图 2-4（c）］。于是，力 F_2 与原力系 F 等效。力 F_2 与力 F 大小相等，作用线和指向相同，只是作用点由 A 变为 B。

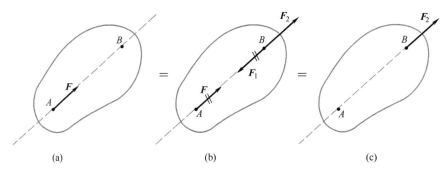

(a)　　　　　　　　(b)　　　　　　　　(c)

图 2-4　力的可传性原理

力的平
行四边
形法则

推论表明，对于刚体，力的三要素变为：力的大小、方向和作用线。

可沿方位线滑动的矢量称为滑动矢量。作用于刚体上的力是滑动矢量。

公理三　力的平行四边形法则

作用在物体上同一点的两个力，可以合成一个合力。合力的作用点仍在该点，合力的大小和方向由这两个力为邻边所构成的平行四边形的对角线来表示。如图 2-5（a）所示。其矢量表达式为

$$F_R = F_1 + F_2$$

实际上，表示合力 F_R 时，不一定要作出整个平行四边形 $OABC$。因为平行四边形的对边平行且相等，所以只要作出对角线一侧的一个三角形（△OAB 或△OCB）就可以了。如图 2-5（b）所示，只要将力矢 F_1 的末端 A 作为力矢 F_2 的始端画出 F_2（首尾相接），那么矢量 OB 就代表合力矢 F_R。这一合成方法称为力的三角形法则。该公理既适用于刚体，又适用于变形体。

利用力的平行四边形法则（或力的三角形法则），也可以把作用在物体上的力分解为相交的两个分力，分力与合力作用于同一点。在工程问题中，特别有用的是分解为方向已知且相互垂直的两个分力，这种分解称为正交分解，所得的两个分力称为正交分力。

推论 2　三力平衡汇交定理

若一刚体受到同平面内三个互不平行的力的作用而平衡时，则该三力的作用线必汇交于一点。如图 2-6 所示。

三力平衡汇交定理是刚体受不平行三力作用平衡的必要条件，而非充分条件。当刚体受到共面不平行的三力作用而处于平衡状态时，利用这个定理可以确定未知力的方向。

公理四　作用和反作用公理

两物体间作用力和反作用力，总是大小相等、方向相反、作用线相同、并分别作用在这两个相互作用的物体上。

这个公理表明，力总是成对出现的，只要有作用力就必有反作用力，而且同时存在，又

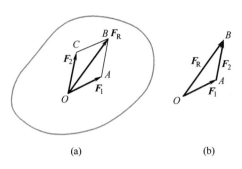

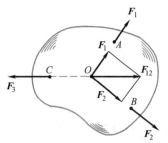

作用力与
反作用
力公理

图 2-5 力的平行四边形法则 图 2-6 三力平衡汇交定理

同时消失。

如图 2-7（a）所示的三铰拱桥，由左右两拱铰接而成。在铰链中心 C 处，拱 AB 与 BC 相互作用，它们分别受到力 F_{CB} 与 F'_{CB} 的作用，分别如图 2-7（b）、（c）所示，这是一对作用力与反作用力。

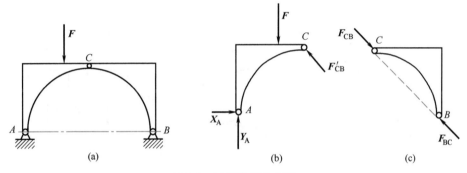

图 2-7 三铰拱桥受力图

注意二力平衡公理与作用和反作用公理之间的区别，前者叙述了作用在同一物体上两个力的平衡条件，后者则是描述两物体间相互作用的关系。

课题三　约束与约束反力分析

一、约束的概念

物体能在空间做自由运动，它们的位移不受任何限制，这样的物体称为自由体。如天空中飞行的飞机、火箭等。而工程中的大多数物体，其某些方向的运动往往受到周围其他物体的限制，这样的物体称为非自由体。如用绳悬挂的灯可向上、前、后、左、右运动，但不能向下运动，转轴要受到轴承的限制，它们都是非自由体。通常把对非自由体起限制作用的周围物体称为约束。如绳是灯的约束，轴承就是转轴的约束等。

当非自由体受到约束时，物体与约束之间相互作用着力，所以一定有约束力作用于物体上，这种约束着非自由体的用来限制它运动的力称为约束反力，简称约束力或反力。约束反力的方向总是与非自由体被约束所限制的运动方向相反，这是用以确定各种约束反力方向的原则，至于约束反力的大小则不能预先独立地确定。

约束反力以外的其他力称为主动力。在工程中，主动力常被称为载荷，其大小和方向往往是已知的。所谓主动力就是指凡能引起物体运动状态改变或使物体有运动状态改变趋势的力。例如，重力、风力、推力等。在静力学中，约束反力和物体所受的主动力组成平衡力系。静力学研究刚体平衡条件的主要目的是为了求出作用于处于平衡状态下物体上的约束反力，并作为工程中按静力设计问题的理论基础。

约束反力与约束性质有关，下面介绍几种常见的约束。

二、分析工程中常见的约束类型

1. 可确定约束力方向的约束

（1）柔索约束 工程中常见的钢丝绳、V 带、链条等都可以理想化为单侧约束，统称为柔索约束。柔索只能限制非自由体沿柔索中心线伸长方向的运动，而不能限制其他方向的运动。因此，这种约束的特点是：约束反力总是沿柔索中心线且背离被约束物体的运动或运动趋势方向，作用点为柔体与物体的接触点，只能是拉力，不能是压力。如图 2-8（a）所示的带传动机构中，带的拉力 F_{T1}、F_{T2} 沿带的中心线，指向背离物体；图 2-8（b）所示吊挂重物，绳索拉力 F_T 沿绳索中心线，作用点在接触点 A，指向背离物体。

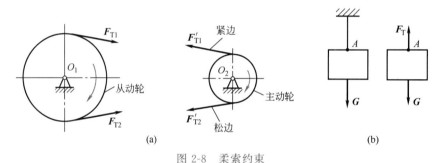

图 2-8 柔索约束

（2）光滑面约束 光滑面约束是指不考虑接触面间摩擦的光滑接触。光滑面约束只能限制物体沿接触面公法线方向朝向约束的运动，故约束力的方向为沿接触处的公法线且指向物体的压力方向，表现为压力，如图 2-9 所示。

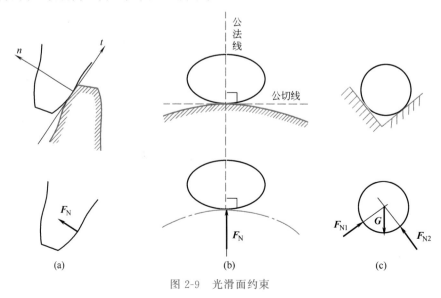

图 2-9 光滑面约束

2. 可确定约束力作用线的约束（指向待定）

（1）**活动铰链** 又称滚动铰、可动铰或滚动支座，如图 2-10（a）所示。它可以沿支承面滚动，故只能限制物体在铰接处垂直于支承面的运动，约束力的作用线通过铰链中心且垂直于支承面。其指向取决于物体受力情况，未知待定。

（2）**滑块** 滑块受滑道的约束，滑套受导轨的约束，如图 2-10（b）所示。滑道、导轨只能限制物体在垂直于滑道或导轨方向的运动，并不能限制物体沿滑道或导轨的运动。故其约束力应垂直于滑道、导轨，指向亦待定。

（3）**二力杆（二力构件）** 当物体自重可以不计，且只在二点受约束力作用而处于平衡时，是二力杆或二力构件，如图 2-10（c）中的 AC 杆。二力杆两约束处的约束力必作用在二点的连线上，大小相等、方向相反，指向待定。

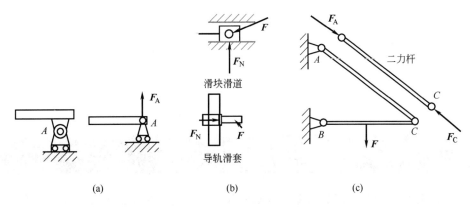

图 2-10　可确定约束力作用线的约束

3. 只确定作用点的约束

（1）**固定铰链** 固定铰链约束如图 2-11（a）所示，它只允许物体绕铰链中心 A 转动。在销钉与孔接触处有约束力（压力）作用。假定在 K 处接触，约束力则为 F_{AR}。固定铰链约束力 F_{AR} 的作用线沿销钉与孔接触面的公法线，故必通过铰链中心。其大小和方向待定，均取决于作用在物体上的主动力。为方便起见，固定铰链的约束力可用作用于铰链中心 A 的两个相互垂直的分力 F_{Ax}、F_{Ay} 表示，其待定指向可任意假设。

（2）**中间铰链** 连接两物体的中间铰链如图 2-11（b）所示，中间铰的约束力同样也可由该处两相互垂直的分力 F_{Cx}、F_{Cy} 表示。

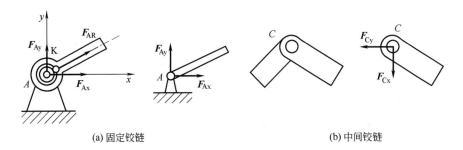

(a) 固定铰链　　　　　　　　　　　　(b) 中间铰链

图 2-11　只确定作用点的约束

4. 固定端

固定端限制物体的所有运动，物体在平面内的运动，用两个力和一个力偶表示，如

图 2-12 所示。

指向不能确定的约束力，可以任意假设一个指向。以后求解的结果为正，说明所设指向是正确的；若求解结果为负，则实际指向应与假设相反。

有关空间约束将在空间力系中具体介绍。

三、分析轴的常见约束

（1）**铰链组合** 轴的一端采用固定铰链，用 F_{Ax}、F_{Ay} 两个分力表示，轴的另一端用活动铰链，只有一个反力 F_{By}，如图 2-13（a）所示。

（2）**一对轴承** 轴的一端采用向心推力轴承，用 F_{Ax}、F_{Ay} 两个分力表示，轴的另一端用向心轴承，只有一个反力 F_{By}，如图 2-13（b）所示。

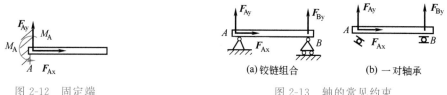

图 2-12 固定端

(a) 铰链组合　　(b) 一对轴承

图 2-13 轴的常见约束

课题四　物体受力图绘制

画受力图时必须清楚：研究对象是什么？作用在研究对象上的已知力和力偶有哪些？将研究对象分离出来需要解除哪些约束？所解除的约束处如何正确分析其约束力？

将所要研究的对象（物体或物体系统）从周围物体的约束中分离出来，画出作用在研究对象上的全部力（包括力偶），这样的图叫做受力图或分离体图。受力图上不能再带约束，即受力图一定要画在分离体上。

画受力图的具体步骤如下：

① 明确研究对象，画出分离体；

② 在分离体上画出全部主动力；

③ 在分离体上画出全部约束反力。

【例 2-1】 画出图 2-14（a）所示重量为 G 的 AB 杆的受力图。所有接触处均为光滑接触。

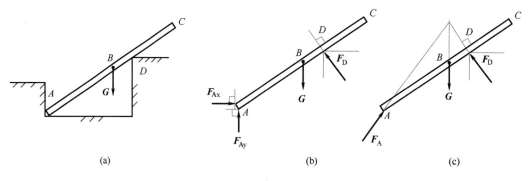

(a)　　　　　(b)　　　　　(c)

图 2-14 直杆的受力

解：

① 研究对象：*AB* 杆，画出其分离体，见图 2-14（b）；

② 在分离体上画上主动力 *G*；

③ 由各光滑面接触处约束力沿其公法线方向画出三处的约束力，如图 2-14（b）所示；

④ 由三力平衡汇交定理还可画出如图 2-14（c）所示的受力图。

【例 2-2】　如图 2-15（a）所示，等腰三角形构架 *ABC* 的顶点 *A*、*B*、*C* 都用铰链连接，底边 *AC* 固定，而 *AB* 边的中点 *D* 作用有平行于固定边 *AC* 的力 F_D。不计各杆自重，试画出 *AB* 和 *BC* 的受力图。

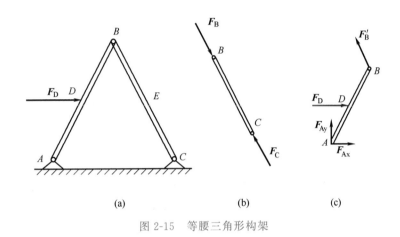

图 2-15　等腰三角形构架

解：

① 分析可知，*BC* 杆为二力杆，先取 *BC* 杆为研究对象。*BC* 杆的受力如图 2-15（b）所示。

② 取 *AB* 杆为研究对象，画出其分离体图，画上主动力 F_D；*A* 点为固定铰链，有两个相互垂直的分力 F_{Ax}、F_{Ay}；*B* 点为中间铰链，因 *BC* 杆上 F_B 的方向已定，其中 *B* 处受力与 *BC* 杆在 *B* 处的受力互为作用力和反作用力，故可画出 *AB* 杆的受力如图 2-15（c）所示。

【例 2-3】　画出图 2-16（a）所示构架中 *AO*、*AB* 和 *CD* 构件的受力图。各杆重力均不计，所有接触处均为光滑接触。

解：

① 整体受力如图 2-16（b）所示。*O*、*B* 两处为固定铰链约束，约束力如图所示；其余各处的约束力均为内力。*D* 处作用有主动力 *F*。

② *AO* 杆受力如图 2-16（c）所示。其中 *O* 处受力与图 2-16（b）一致；*C*、*A* 两处为中间活动铰链，约束力可以分解为两个分力。

③ *CD* 杆受力如图 2-16（d）所示。其中 *C* 处受力与 *AO* 在 *C* 处的受力，互为作用力和反作用力；*CD* 上所带销钉 *E* 处受到 *AB* 杆中斜槽光滑面约束力 F_R；*D* 处作用有主动力 *F*。

④ *AB* 杆受力如图 2-16（e）所示。其中 *A* 处受力与 *AO* 在 *A* 处的受力互为作用力和反作用力；*E* 处受力与 *CD* 在 *E* 处的受力互为作用力和反作用力；*B* 处的约束力分解为两个分力 ［与图 2-16（b）相一致］。

【例 2-4】　连杆滑块机构如图 2-17（a）所示，受力偶 *M* 和力 *F* 作用，试画出各构件和整体的受力图。

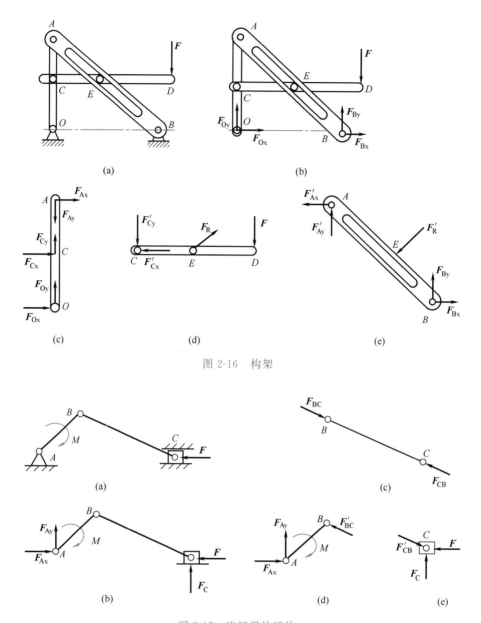

图 2-16 构架

图 2-17 连杆滑块机构

解：

① 整体受力如图 2-17（b）所示。作用于研究对象上的外力有力偶 M 和力 F。A 处为固定铰，约束力用 F_{Ax}、F_{Ay} 表示，滑道约束力 F_C 的作用线垂直于滑道；分别假设指向如图。

② 杆 BC 的受力如图 2-17（c）所示。注意自重不计时，杆 BC 是二力杆。约束力 F_{BC} 与 F_{CB} 沿 B、C 两点的连线，图中假设指向是压力。

③ 图 2-17（d）是杆 AB 的受力图。外载荷有力偶 M（因此不是二力杆）。A 处固定铰约束力 F_{Ax}、F_{Ay} 也是铰链 A 作用于杆 AB 的力，故应注意与整体图指向假设的一致性。B 处中间铰作用在 AB 杆上的约束力 F'_{BC} 与作用在 BC 杆上 F_{BC} 互为作用力与反作用力，故 F'_{BC} 应依据图 2-17（c）上的 F_{BC} 按作用力与反作用力关系画出。

④ 图 2-17（e）为滑块的受力图。铰链 C 处的约束力 $\boldsymbol{F}'_{CB}$ 与作用于 BC 杆上的 $\boldsymbol{F}_{CB}$ 互为作用力与反作用力，其指向同样应依据二力杆 BC 的受力图确定，滑道的约束力仍为 $\boldsymbol{F}_C$。

最后要注意，若将各个分离体受力图 2-17（c）、（d）、（e）组装到一起，则成为系统整体；此时 $\boldsymbol{F}_{CB}$ 与 $\boldsymbol{F}'_{CB}$，$\boldsymbol{F}_{BC}$ 与 $\boldsymbol{F}'_{BC}$ 成为成对的内力，相互抵消，应当得到与整体受力图相同的结果，正确画出的受力图，必须满足这一点。

【例 2-5】 球 G_1、G_2 置于墙和板 AB 间，BC 为绳索，所有接触处均为光滑接触。试画出图 2-18（a）中各物体和物体系统的受力图。

解：

① 系统整体：以板、球系统整体为研究对象，解除绳索、墙面及固定铰 A 之约束，将其分离出来，如图 2-18（b）所示。图 2-18（b）之研究对象上，已知的力为重力 G_1、G_2。绳索为柔性约束，约束力是沿绳索自身的拉力 $\boldsymbol{F}_T$；墙与球之间是光滑约束，约束力为垂直于墙面且过球 G_1 球心的压力 $\boldsymbol{F}_D$；A 处为固定铰，约束力用作用于 A 处的两分力 $\boldsymbol{F}_{Ax}$、$\boldsymbol{F}_{Ay}$ 表示。

② 球 G_1 或 G_2：图 2-18（c）中分别画出了球 G_1、G_2 的受力图。研究对象球 G_1 除受重力 G_1 作用外，有墙、板、球 G_2 三处（D、E、K）光滑约束的反力，即约束力 $\boldsymbol{F}_D$、$\boldsymbol{F}_E$、$\boldsymbol{F}_K$，均为压力且作用线沿接触处的公法线，通过球心。同样，研究对象球 G_2 除受重力 G_2 作用外，有板、球 G_1 两处光滑约束的反力，即约束力 $\boldsymbol{F}_H$、$\boldsymbol{F}'_K$，作用线通过球心。注意 $\boldsymbol{F}_K$ 为球 G_2 对球 G_1 的作用力，画在球 G_1 的受力图上；而球 G_1 对于球 G_2 的约束力 $\boldsymbol{F}'_K$ 与 $\boldsymbol{F}_K$ 是作用力与反作用力的关系，二者等值、反向、共线，作用在不同物体上。

③ 两球系统：图 2-18（d）将两球作为一个物体系统取为研究对象，作用在其上的除重力 G_1、G_2 外，只有板、墙对其有约束，约束力作用在三个接触点处，即 $\boldsymbol{F}_D$、$\boldsymbol{F}_E$、$\boldsymbol{F}_H$。注意，取出此研究对象时并不解除两球间的相互约束，故两球间的作用力与反作用力（$\boldsymbol{F}_K$ 与 $\boldsymbol{F}'_K$），对于取两球为系统的研究对象而言是内力，不画出。

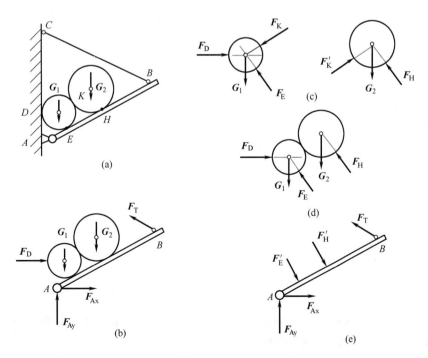

图 2-18 球与杆的受力

④ 板 AB：图 2-18（e）是以板 AB 为研究对象的受力图。板自重不计。受周围物体绳、球 G_1、球 G_2 与固定铰 A 的约束，故有绳的反力 F_T、球的反力 F'_E、F'_H 和固定铰链约束力 F_{Ax}、F_{Ay}。同样要注意到 F'_E、F'_H 与 F_E、F_H 为作用力与反作用力关系。还要注意，固定铰约束力 F_{Ax}、F_{Ay} 的指向必须与整体受力图一致，因为它们都是固定铰 A 对板的约束力。

【例 2-6】 试画出图 2-19（a）所示梁 AB 及 BC 的受力图。

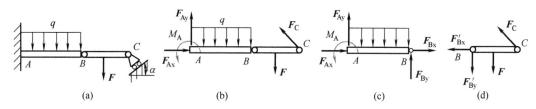

图 2-19 组合梁

解：

① 对于由 AB 和 BC 梁组成的结构系统整体图 2-19（b），承受的外载荷是 AB 梁上的均匀分布载荷 q 和 BC 段上的集中力 F。A 端的约束是固定端约束，其两个反力和一个反力偶分别用 F_{Ax}、F_{Ay} 和 M_A 表示，方向假设如图 2-19（b）所示。C 端为滚动支座，约束反力 F_C 的作用线垂直于支承面且通过铰链 C 的中心。

② 图 2-19（c）中梁 AB 梁上作用着分布载荷 q，固定端 A 处约束力的表示应与图 2-19（b）一致，即有 F_{Ax}、F_{Ay} 和 M_A。B 处中间铰约束反力用 F_{Bx} 和 F_{By} 表示。

③ 图 2-19（d）中梁 BC 受外力 F 作用，依据图 2-19（c），由作用力与反作用力关系可将 B 处中间铰对梁 BC 的约束力表示为 F'_{Bx} 和 F'_{By}。C 处约束力即图 2-19（b）中的 F_C。

【例 2-7】 画出图 2-20（a）所示滑轮支架中各构件的受力图。不计各构件重力，所有约束处均为光滑约束。

例 2-7
讲解

解：

① 整体受力如图 2-20（b）：A 处为固定铰链，约束力方向未知，可用两个分力 F_{Ax}、F_{Ay} 表示；K 处为辊轴支承，只有铅垂方向约束力 F_K；H 处为柔索，约束力为 F_T（拉力）。D、C、I、B 处未解除约束，约束力无需画出。

② CID 杆受力如图 2-20（c）：因 CB 为二力杆，所以 C 处 F_{CB} 方向如图沿 CB；I 处为中间活动铰链，故 I 处约束力可用两个分力 F_{Ix}、F_{Iy} 表示；同理 D 处中间活动铰链处的约束力也可用两个分力 F_{Dx}、F_{Dy} 表示。

③ CB 杆为二力杆，受力如图 2-20（d）所示。其 C 端约束力与 CD 杆 C 端的约束力互为作用与反作用力。

④ AB 杆受力如图 2-20（d）中所示：A 处和 K 处约束力与图 2-20（b）中相同；I 处的约束力与 CD 杆上 I 处的约束力互为作用力和反作用力；B 处的约束力与 CB 杆上 B 处的约束力互为作用力和反作用力。

⑤ 轮 D 与重物组成的系统受力亦示于图 2-20（d）中：柔索张力与图 2-20（b）中相同；D 处约束力与 CD 上 D 处的约束力互为作用力与反作用力。

讨论：如果以 CD 杆和轮 D 组成的系统作为研究对象，请读者画出其受力图。

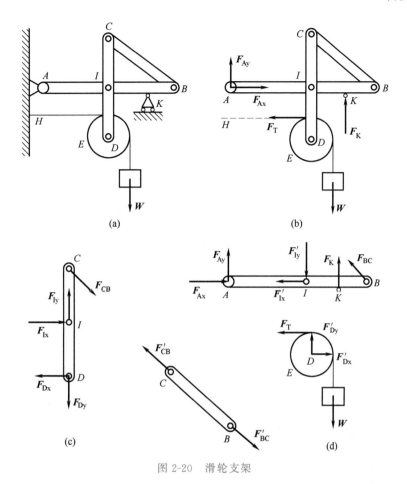

图 2-20　滑轮支架

小结

1. 重要基本概念

力——物体间的相互作用；力是矢量。对一般物体而言，力是定位矢量；对刚体而言，力是滑移矢量。

刚体——受力不变形的物体。

约束——物体与物体之间接触和连接方式的简化模型，约束的作用是对与之连接物体的运动施加一定的限制条件。

约束力——约束与被约束物体之间的相互作用力。

平衡——刚体相对惯性系静止或作匀速直线平移。

2. 平衡原理

由若干物体所组成的系统，如果整体是平衡的，则组成系统的每一个局部也必然是平衡的。

所谓整体是指系统；所谓局部是指组成系统的每一个物体，或者由系统中的几个物体所组成的子系统。

在工程中，主动力常被称为载荷，其大小和方向往往是已知的。约束反力的方向总是与约束所阻碍的物体的位移方向相反，这是确定约束反力方向的原则。约束反力的大小和方向往往是未知的，必须根据主动力来确定。工程实际中约束的形式多种多样，但可把它们归纳成几种典型的约束。静力学研究刚体平衡条件的主要目的是为了求出作用于处于平衡状态下物体上的约束力，并作为工程中按静力设计问题的理论基础。

3. 静力学公理及其适用性

公理一　二力平衡公理

公理二　加减平衡力系公理

推论1　力的可传性原理

公理三　力的平行四边形法则

推论2　三力平衡汇交定理

公理四　作用和反作用公理

静力学的某些公理，例如力的可传性、加减平衡力系公理和平衡的充要条件，对于柔性体是不成立的；对于弹性体则是在一定的条件下成立。

静力学公理是人类经过长期的缜密观察和经验积累而得到的关于力的基本性质。这些性质是人们在长期的生产实践中，经过实践、认识、再实践、再认识，这样反复循环，总结、概括、归纳出的基本原理，它不能用更简单的原理去代替，而且无需证明而为大家公认并可作为证明中的论据，是静力学全部理论的基础。

4. 重要方法

受力分析方法——其要领是选择合适的研究对象，正确分析约束和约束力，画出受力图；受力分析过程中要区分内力和外力，正确应用作用与反作用定律。

画受力应注意的事项：

（1）必须明确研究对象。根据求解需要，可以取单个物体为研究对象，也可以取由几个物体组成的系统为研究对象。不同的研究对象受力图不同。一般题目要求画哪部分的受力图，哪部分就应该为研究对象。

（2）凡是去掉约束的地方，都要画上约束反力，并要根据约束类型和其他条件定出（或假定）约束反力的方向或作用线方位。

（3）若有二力构件，一定要根据二力平衡公理，确定其约束的方向或作用线的方位。若研究对象为三个不平行的力作用而平衡，则可根据三力平衡汇交定理，确定某一约束力的指向或作用线的方位。

（4）每画一力都要追问其他施力物体，既不要多画力，也不要漏画力。在画几个物体组合的受力图时，研究对象内各部分间相互作用的力（内力）不画，研究对象施于周围物体的力也不画。

（5）若将由几个物体组成的物体系统拆开，画其中某个物体或某些物体组成的新物体的受力图时，拆开处的约束反力都应满足作用与反作用定律。

（6）受力图上不能再带约束，即受力图一定要画在分离体上。

🌐 思考题

1. 说明 $F_1 = F_2$、$\boldsymbol{F}_1 = \boldsymbol{F}_2$、力 $\boldsymbol{F}_1$ 等价于力 $\boldsymbol{F}_2$ 的意义和区别。
2. 如何判定二力构件或者二力杆？
3. 如何区分二力平衡力和作用力与反作用力？
4. 为什么受力图中不画内力？如何理解？
5. 为什么说二力平衡条件、加减平衡力系原理和力的可传性等都只适用于刚体？

6. 图 2-21（a）所示构架，受水平主动力 *P* 作用，若不计各杆自重和各接触处摩擦，试问杆 *AB* 的受力图 ［图 2-21（b）］正确与否？为什么？

7. 如图 2-22 所示刚体 *A*、*B* 自重不计，在光滑斜面上接触。其中分别作用两等值、反向、共线的力 F_1 和 F_2，问 *A*、*B* 是否平衡？若能平衡，斜面是光滑的吗？

8. 如图 2-23 所示刚架 *AC* 和 *BC*，在 *C* 处用销钉连接，在 *A*、*B* 处分别用铰链支座支承构件形成一个三铰拱。现将作用在杆 *BC* 上的力 *F* 沿着其作用线移至刚体 *AC* 上。不计三铰刚架自重。试问移动后对 *A*、*B*、*C* 的约束反力有没有影响？为什么？

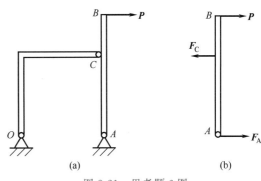

图 2-21　思考题 6 图

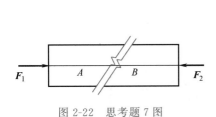

图 2-22　思考题 7 图

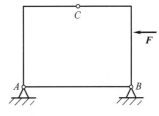

图 2-23　思考题 8 图

 训练题

1. 判断题

（　　）2-1　凡在两个约束力作用下的构件称为二力构件。

（　　）2-2　受力图中不应出现内力。

（　　）2-3　合力比分力大。

（　　）2-4　力的可传性只适用于一般物体。

（　　）2-5　凡矢量都可以用平行四边形法则合成。

（　　）2-6　汇交的三个力是平衡力。

（　　）2-7　作用力与反作用力是平衡力。

（　　）2-8　约束力是与主动力有关的力。

（　　）2-9　画受力图时，对一般的物体力可沿作用线任意滑动。

（　　）2-10　在两个力作用下，使刚体处于平衡的必要条件与充分条件是这两个力等值、反向、共线。

2. 填空题（将正确的答案写在横线上）

2-11　柔软绳索约束反力方向沿_____，_____物体；光滑面约束反力方向沿_____，_____物体；只受两个力作用而处于平衡的刚体，叫_____构件，反力方向沿_____。

2-12　*AB* 杆自重不计，在 5 个已知力作用下处于平衡，则作用于 *B* 点的四个力的合力的大小 $F_R =$ _____，方向沿_____。

3. 单项选择题

2-13　图 2-24 所示结构，*A* 为固定端，则 *A* 处的约束反力 $M_A =$ _____ kN·m。

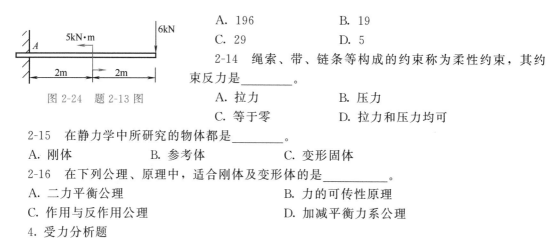

图 2-24 题 2-13 图

A. 196　　　　　　　B. 19

C. 29　　　　　　　D. 5

2-14　绳索、带、链条等构成的约束称为柔性约束，其约束反力是_____。

A. 拉力　　　　　　B. 压力

C. 等于零　　　　　D. 拉力和压力均可

2-15　在静力学中所研究的物体都是_____。

A. 刚体　　　　　　B. 参考体　　　　　　C. 变形固体

2-16　在下列公理、原理中，适合刚体及变形体的是_____。

A. 二力平衡公理　　　　　　　　B. 力的可传性原理

C. 作用与反作用公理　　　　　　D. 加减平衡力系公理

4. 受力分析题

2-17　改正图 2-25 所示各物体受力图中的错误。

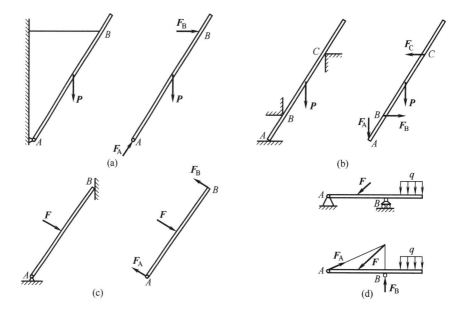

图 2-25 题 2-17 图

2-18　试画出图 2-26（a）和（b）两种情形下各物体的受力图，并进行比较。

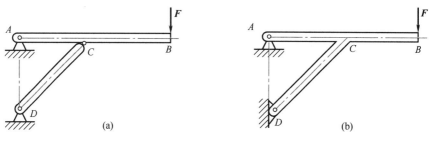

图 2-26 题 2-18 图

2-19　画出图 2-27 所示指定物体的受力图。各题的整体受力图未画重力的物体的重量均不计，所有接触面均为光滑面接触。

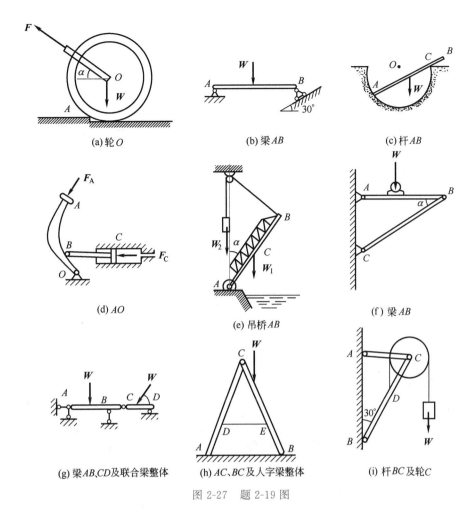

(a) 轮O　　(b) 梁AB　　(c) 杆AB

(d) AO　　(e) 吊桥AB　　(f) 梁AB

(g) 梁AB、CD及联合梁整体　　(h) AC、BC及人字梁整体　　(i) 杆BC及轮C

图 2-27　题 2-19 图

2-20　画出图 2-28 每个标注字符的物体的受力图。各题的整体受力图未画重力的物体的重量均不计，所有接触面均为光滑面接触。

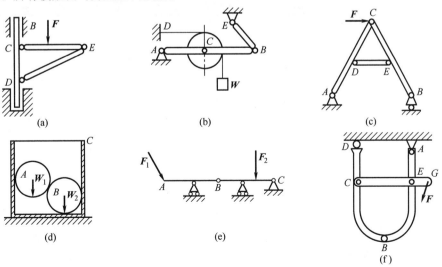

(a)　　(b)　　(c)

(d)　　(e)　　(f)

图 2-28　题 2-20 图

单元三

平面力系

课题一　平面汇交力系的简化与平衡计算

一、分析力系的种类

作用在实际物体上的力系各式各样，不同的力系对物体所产生的运动效应是不同的。为了更好地研究这些力系，下面将力系进行分类。

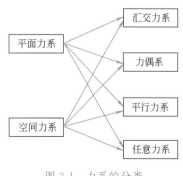

图 3-1　力系的分类

按作用线是否位于同一平面内分：若作用线在同一平面内，称为平面力系，否则为空间力系。按作用线是否汇交或者平行分：则可分为汇交力系、力偶系、平行力系和任意力系。力系的分类可用图 3-1 表示。

汇交力系：是指各力的作用线汇交于同一点的力系。若汇交力系中各力的作用线位于同一平面内，称为平面汇交力系，否则称为空间汇交力系。

在等效的前提下，用最简单的形式代替原力系对刚体的作用，称为对原力系的简化。平面汇交力系的简化有两种：几何法与解析法。

二、用几何法简化平面汇交力系

用几何法
简化平面
汇效力系

简化的理论依据是力的平行四边形法则或三角形法则。利用力三角形，将各力逐一相加，可得到从第一力到最后一力首尾相接的多边形，则多边形的封闭边即为该汇交力系的合力。用力多边形求汇交力系的合力时，应当注意，合力的指向是从第一力的起点（箭尾）指向最后一力的终点（箭头）。

如图 3-2（a）所示，作用有平面汇交力系 F_1、F_2、F_3、F_4，它们汇交于 A 点，求该力系的合力。先将 F_1、F_2 合成为 F_{R1}，再将 F_{R1} 与 F_3 合成为 F_{R2}，最后将 F_{R2} 与 F_4 合成为 F_R。力 F_R 就是 F_1、F_2、F_3、F_4 四个力的合力，合力 F_R 的作用线通过 A 点。实际上，作图时 F_{R1} 和 F_{R2} 可不必画，同样也能得到合力 F_R，所得多边形 $Aabcd$ 称为力多边形，如图 3-2（b）所示。用力多边形求合力的方法称为力多边形法则。

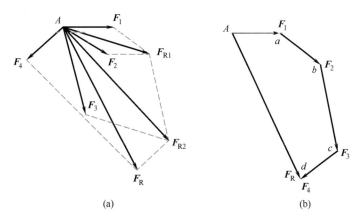

(a)　　　　　　　　(b)

图 3-2　几何法求合力

推广到由 n 个力 F_1、F_2、$\cdots$、F_n 组成的平面汇交力系，可得如下结论：平面汇交力系的合力是将力系中各力矢量依次首尾相连所得的折线由起点向终点作有向线段，封闭边表示该力系合力的大小和方向，且合力的作用线通过汇交点。即平面汇交力系的合力等于力系中各力矢量和（也称几何和），表达式为

$$F_R = F_1 + F_2 + \cdots + F_n = \sum F \qquad (3-1)$$

此结论可以推广到空间汇交力系，但由于力的多边形不是平面图形，空间图形较复杂，故一般不采用几何法，应采用解析法。对于平面汇交力系，用几何法求合力比较方便。

如果力系是共线的，它是平面汇交力系的特殊情况，假设沿直线某一方向规定为力的正方向，与之相反力为负，其合力应等于力系中各力的代数和。

三、用解析法简化平面汇交力系

力在坐标
轴上的
投影

解析法是以力在坐标轴上的投影作为基础，为此先分析力在坐标轴上的投影。

1. 力在坐标轴上的投影

设力 F 作用于物体的 A 点，如图 3-3 所示。在力 F 所在的平面内取直角坐标系 oxy，从力 F 的两端 A 和 B 分别向 x 轴作垂线，得垂足 a 和 b。线段 ab 称力 F 在 x 轴上的投影，用 F_x 表示。同理，从 A、B 两点分别向 y 轴引垂线，得到垂足 a'、b'，线段 $a'b'$ 称为力 F 在 y 轴上的投影，用 F_y 表示。

力在坐标轴上的投影是代数量，其正负号规定如下：若由 a 到 b 的方向与 x 的正向一致，力的投影取正值；反之，取负值。图 3-3 中投影 F_x、F_y 均为正。

由图 3-3 可知，投影 F_x、F_y 的大小分别为

$$F_x = F\cos\alpha$$
$$F_y = F\sin\alpha \tag{3-2}$$

式中 α 是力 $\boldsymbol{F}$ 与 x 正向间的夹角。

若已知力 $\boldsymbol{F}$ 在 x、y 轴上的投影，则力 $\boldsymbol{F}$ 的大小和方向可分别表示为

$$F = \sqrt{F_x^2 + F_y^2} \tag{3-3}$$

$$\tan\alpha = \left| \frac{F_y}{F_x} \right| \tag{3-4}$$

如果把力 $\boldsymbol{F}$ 沿 x、y 轴分解，可得两正交分力 $\boldsymbol{F}_x$、$\boldsymbol{F}_y$，如图 3-4 所示，由图可知，力在坐标轴上投影的大小就等于此力沿该轴方向分力的大小。力的分力是矢量，而力在坐标上的投影是代数量。投影的正负可以反映分力的方向，若力沿坐标轴的分力方向与坐标轴的正向一致，则力在该轴上的投影为正，反之为负。这样，若知道了力在某一坐标轴上的投影，就可完全确定该力沿同一轴的分力的大小和方向。利用这种直角坐标轴下的力的投影与分力的关系，可以把力的复杂矢量运算转化为投影的简单代数运算。

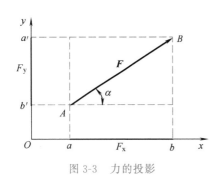

图 3-3 力的投影　　　　　　　　图 3-4 力的分解

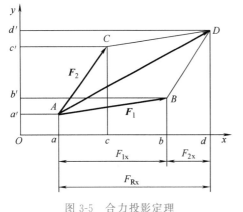

图 3-5 合力投影定理

2. 简化的解析法

如图 3-5 所示，设有一平面汇交力系 $\boldsymbol{F}_1$、$\boldsymbol{F}_2$ 作用于刚体的 A 点，其合力 $\boldsymbol{F}_R$ 可应用平行四边形公理求得，写成矢量式为 $\boldsymbol{F}_R = \boldsymbol{F}_1 + \boldsymbol{F}_2$。在力的作用线所在平面内取一直角坐标系 oxy，从各力的起点和终点分别作 x 轴的垂线，得分力 $\boldsymbol{F}_1$、$\boldsymbol{F}_2$ 及合力 $\boldsymbol{F}_R$ 在 x 轴上的投影 F_{1x}、F_{2x} 和 F_{Rx}，同理可得各力在 y 上投影为 F_{1y}、F_{2y} 和 F_{Ry}，由图可知

$$F_{1x} = ab, \ F_{2x} = ac = bd, \ F_{Rx} = ad.$$

而 $ad = ab + bd$

所以有
$$F_{Rx} = F_{1x} + F_{2x} \tag{3-5}$$

同理有
$$F_{Ry} = F_{1y} + F_{2y} \tag{3-6}$$

将上述关系推广到由多个力 $\boldsymbol{F}_1$、$\boldsymbol{F}_2$、$\cdots$、$\boldsymbol{F}_n$ 构成的平面汇交力系，得出合力投影定理：合力在某轴上的投影等于各分力在该轴上之投影的代数和。其数学表达式为

$$\begin{cases} F_{Rx} = F_{1x} + F_{2x} + \cdots + F_{nx} = \sum F_x \\ F_{Ry} = F_{1y} + F_{2y} + \cdots + F_{ny} = \sum F_y \end{cases} \quad (3\text{-}7)$$

现在利用合力投影定理来求平面汇交力系的合力。设某刚体上作用有若干个平面汇交力 F_1、F_2、$\cdots$、F_n，各力在直角坐标轴 x、y 上的投影为 F_{1x}、F_{2x}、$\cdots$、F_{nx} 和 F_{1y}、F_{2y}、$\cdots$、F_{ny}，合力在坐标轴 x、y 上的投影为 F_{Rx}、F_{Ry}，根据合力投影定理 [式 (3-7)]，同时应用式 (3-3) 和式 (3-4)，可求出合力 F_R 的大小和方向为

$$\begin{cases} F_R = \sqrt{F_{Rx}^2 + F_{Ry}^2} = \sqrt{\left(\sum F_x\right)^2 + \left(\sum F_y\right)^2} \\ \tan\alpha = \left| \dfrac{F_{Ry}}{F_{Rx}} \right| = \left| \dfrac{\sum F_y}{\sum F_x} \right| \end{cases} \quad (3\text{-}8)$$

α 表示合力 F_R 与 x 轴所夹的锐角，合力的指向由 F_{Rx}、F_{Ry} 的正负判定。

所以，平面汇交力系可以合成为一个合力，合力也作用在汇交点上。利用式 (3-7)、式 (3-8) 求合力的大小和方向的这种方法称为平面汇交力系简化的解析法。

【例 3-1】 如图 3-6 (a) 所示吊钩，已知：$F_1 = 450\text{N}$，$F_2 = 140\text{N}$，$F_3 = 300\text{N}$。求：合力 F_R 的大小与方向。

解：根据合力投影定理

$$F_{Rx} = F_{1x} + F_{2x} + F_{3x} = -450 + 0 + 300 \times \cos 60° = -300 \ (\text{N})$$
$$F_{Ry} = F_{1y} + F_{2y} + F_{3y} = 0 - 140 - 300 \times \sin 60° \approx -400 \ (\text{N})$$

根据力的投影与该力的关系

$$F_R = \sqrt{F_{Rx}^2 + F_{Ry}^2} = \sqrt{(-300)^2 + (-400)^2} = 500 \ (\text{N})$$
$$\tan\alpha = \left| \frac{F_{Ry}}{F_{Rx}} \right| = \left| \frac{-400}{-300} \right| \approx 1.333, \ \alpha = 53.1°$$

因为合力 F_R 在两个坐标轴上的投影 F_{Rx}、F_{Ry} 都是负值，说明合力平行于两坐标轴方向的分力与坐标轴反向，所以，合力 F_R 的方向如图 3-6 (b) 所示，即与 x 轴夹角 53.1°，指向左下方。

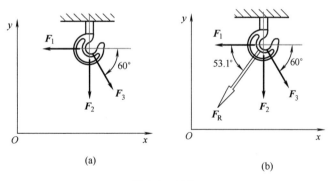

图 3-6 吊钩

【例 3-2】 已知：简支梁 AB，在中点作用力 F，方向如图 3-7 (a) 所示，试用几何法求支反力 F_A、F_B。

解：① 取研究对象 AB 梁。

② 受力分析如图 3-7 (b) 所示。

③ 作自行封闭的力三角形，如图 3-7 (c) 所示。

$$\tan\alpha = \frac{1}{2}$$

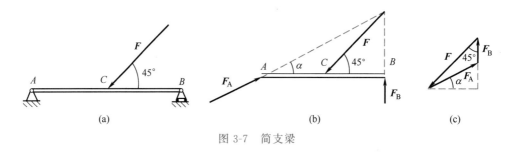

图 3-7 简支梁

④ 求解

$$\frac{F}{\sin(90°+\alpha)}=\frac{F_A}{\sin45°}=\frac{F_B}{\sin(45°-\alpha)}$$

【例 3-3】 如图 3-8 所示，已知：支架 ABC，A、B 处为铰支座，在 C 处用销钉连接，在销上作用 $P=30\text{kN}$，不计杆自重。试用几何法求 AC 和 BC 杆所受的力。

解：① 取销钉 C 为研究对象。

② 受力分析。

③ 作自行封闭的力多边形。

④ 解三角形 $\dfrac{P}{\sin30°}=\dfrac{F_{AC}}{\sin90°}=\dfrac{F_{BC}}{\sin60°}$。

⑤ 结果：$F_{AC}=60\text{kN}$，$F_{BC}\approx52\text{kN}$。

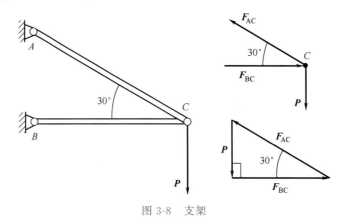

图 3-8 支架

四、平面汇交力系的平衡计算

1. 平衡的几何条件

平面汇交力系平衡的必要与充分条件是平面汇交力系的合力为零。即

$$\sum F=0 \tag{3-9}$$

由此可以得到平面汇交力系平衡的几何条件是：力多边形的封闭边应不存在，力的多边形必自行封闭，即力的多边形中第一个力矢量的起点与最后一个力矢量的终点重合。力的多边形自行封闭是平面汇交力系平衡的几何条件。

用几何法求解平面汇交力系平衡时，可以利用比例尺进行几何作图，量取未知力，也可以利用上述介绍的三角关系计算来求未知力。

2. 平衡的解析条件

由式（3-6）得平面汇交力系平衡的解析条件为

$$\begin{cases} \sum F_{x}=0 \\ \sum F_{y}=0 \end{cases} \tag{3-10}$$

式（3-10）又称为平面汇交力系的平衡方程。它表明，平面汇交力系平衡的必要与充分条件是：力系中各力在直角坐标系 Oxy 中各轴上的投影的代数和分别为零。利用此方程可求解两个未知力。

【例 3-4】 如图 3-9（a）所示简易绞车，已知：$P=20\text{kN}$，不计杆重和滑轮尺寸，求：杆 AB 与 BC 所受的力。

解：①确定研究对象进行受力分析。由于滑轮的大小、AB 与 CB 杆的自重均不计，因此 AB 与 CB 杆为二力杆，可以看出在 B 点构成平面汇交力系，如图 3-9（b）所示。

② 建立坐标系，列平衡方程。由于绳子的拉力 $F_{T}=P$，未知力为作用在 B 点的 $\boldsymbol{F}_{BA}$ 和 $\boldsymbol{F}_{BC}$，由平面汇交力系的平衡方程

$$\sum F_{x}=0 \qquad -F_{BA}-F_{BC}\cos30°-F_{T}\cos60°=0 \tag{1}$$

$$\sum F_{y}=0 \qquad -F_{BC}\cos60°-F_{T}\cos30°-P=0 \tag{2}$$

③ 解方程。由式（1）和式（2）解得

$$F_{BA}=54.64\text{（kN）} \qquad F_{BC}=-74.64\text{（kN）}$$

所得的结果，F_{BA} 为正值说明原假设与实际方向相同，即为拉力，F_{BC} 为负值说明原假设与实际方向相反，即为压力。由作用力与反作用力公理可知，杆 AB 所受到的力与 B 点所受到的力 $\boldsymbol{F}_{BA}$、杆 CB 所受到的力与 B 点所受到的力 $\boldsymbol{F}_{BC}$ 数值相等，方向相反。

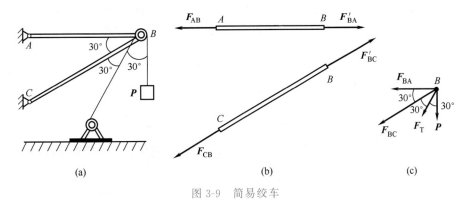

图 3-9 简易绞车

【例 3-5】 三铰拱桥结构如图 3-10（a）所示，已知：在 D 点作用水平力 $\boldsymbol{P}$，不计自重，求支点 A、C 的约束反力。

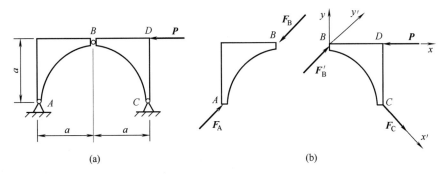

图 3-10 三铰拱桥

解：分析易知 OAB 是二力杆件。

① 以 BCD 为研究对象。

② 受力分析。

③ 列方程，求解

$$\sum F_x = 0 \qquad -P + F_B\cos 45° + F_C\sin 45° = 0$$
$$\sum F_y = 0 \qquad -F_C\cos 45° + F_B\sin 45° = 0$$

求得 $F_B = \dfrac{\sqrt{2}}{2}P \qquad F_C = \dfrac{\sqrt{2}}{2}P$

也可在 $Bx'y'$ 系中：$\sum F_{x'} = 0 \qquad F_C - P\cos 45° = 0$（只有 F_C 未知）

$$\sum F_{y'} = 0 \qquad F_B - P\sin 45° = 0 \text{（只有 } F_B \text{ 未知）}$$

比较上述计算可知：选择合适的坐标系，可以简化计算。

通过以上的例题，可以看出静力分析的方法在求解静力学平衡问题中的重要性。归纳出平面汇交力系平衡方程应用的主要步骤和注意事项如下。

① 选择研究对象时应注意：所选择的研究对象应作用有已知力（或已经求出的力）和未知力，这样才能应用平衡条件由已知力求得未知力；先以受力简单并能由已知力求得未知力的物体作为研究对象，然后再以受力较为复杂的物体作为研究对象。

② 取分离体，画受力图。确定研究对象之后，分析受力情况时需将研究对象从其周围物体中分离出来。根据所受的外载荷画出分离体所受的主动力；根据约束性质，画出分离体所受的约束力，最后得到研究对象的受力图。

③ 选取合适坐标系。坐标轴原则上可以任意选择，但实际选择时应尽量使坐标轴建立在相互垂直的力的作用线上，可以使力的投影简便，同时使平衡方程中包含较少数目的未知量，避免解联立方程。

④ 列平衡方程，求解未知量。若求出的力为正值，则表示受力图上所假设的力的指向与实际指向相同；若求出的力为负值，则表示受力图上力的实际指向与所假设的指向相反，在受力图上不必改正。在答案中要说明力的方向。

课题二　力矩与力偶分析

力对刚体的作用使刚体产生两种运动效应，即移动效应和转动效应。在平面力系中描述力对刚体的转动效应有两种物理量，它们是力对点之矩即力矩和力偶矩。

一、分析力对点之矩

力矩

在生产实践中，人们使用杠杆、滑轮等简单机械搬运或提升重物，以及用扳手旋动螺母，形成了力对点之矩这一概念。观察如图 3-11 所示扳手拧紧螺母的情况，当在扳手上施加一力 F 拧紧螺母时，扳手与螺母一起绕螺母轴线转动。转动的效应不仅与力 F 的大小有关，还与转动中心 O 点到力 F 的作用线的垂直距离 h 有关。显然，如果力 F 使扳手绕 O 点转动的方向不同，其作用效果也不相同（拧松或拧紧）。由此可见力 F 使扳手绕 O 点转动的效应取决于三个因素：①力 F 的大小；②转动中心 O 点到力 F 的作用线的垂直距离 h；③力 F 使

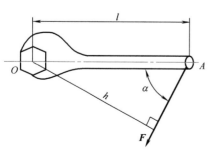

图 3-11　力对点之矩

扳手绕O点转动的方向。因此力学上用物理量Fh及其转向来度量力F使物体绕O点转动的效应，称为力F对O点之矩，简称力矩，记为

$$M_O(F) = \pm Fh \tag{3-11}$$

O点称为矩心；O点到力的作用线的垂直距离h称为力臂。

力矩是代数量。其符号规定为：力使物体绕矩心逆时针转动时为正，顺时针转动时为负。

在国际单位制中，力矩的单位是牛[顿]米（N·m）或千牛[顿]米（kN·m）。

由力矩的定义可知：

① 当力的作用线通过矩心时，力臂$h=0$，该力不能使物体绕矩心转动，$M_O(F)=0$。

② 当力F沿其作用线滑动时，力臂h不变，不改变该力对任一点之矩。

应当指出，力对点之矩与矩心的位置有关，计算力对点的矩时应指出矩心点。

【例 3-6】 圆柱直齿轮如图 3-12（a）所示，受到啮合力F_n的作用，设$F_n=1000$N，齿轮的压力角$\alpha=20°$，齿轮分度圆直径为$D_2=300$mm，试计算力F_n对轴心O的力矩。

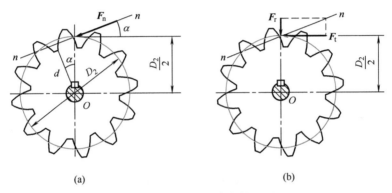

图 3-12 圆柱直齿轮

解法一： 直接按力矩的定义计算，如图 3-12（a）所示。

$$M_O(F_n) = F_n d = F_n \frac{D_2}{2} \cos\alpha = 1000 \times 0.15 \times \cos20° = 141(\text{N·m})$$

解法二： 将啮合力F_n正交分解为圆周切向力F_t和径向力F_r两个分力，如图 3-12（b）所示

$$\text{圆周力} \quad F_t = F_n \cos\alpha$$
$$\text{径向力} \quad F_r = F_n \sin\alpha$$

则有

$$M_O(F_n) = M_O(F_t) + M_O(F_r) = F_t \times \frac{D_2}{2} + 0 = F_n \cos\alpha \times \frac{D_2}{2}$$

$$= 1000 \times 0.15 \times \cos20° \approx 141 \ (\text{N·m})$$

可见，两种方法的结果是一样的。

由此，引申出具有普通意义的合力矩定理：合力对平面内任一点之矩，等于各分力对同一点之矩的代数和。其数学表达式为

$$M_O(F_R) = M_O(F_1) + M_O(F_2) + \cdots + M_O(F_n) = \sum M_O(F) \tag{3-12}$$

二、分析力偶与力偶矩

1. 力偶的概念

在实践中，汽车司机用双手转动方向盘，如图 3-13（a）所示；钳工用丝锥攻螺纹，如图 3-13（b）所示；以及日常生活中人们用手拧水龙头开关等，都是施加力偶的实例。上述实例中的力分别成对出现，它们大小相等，方向相反，作用线平行。力学中，把这些成对的力作为整体来考虑。

力学上把这种大小相等、方向相反、作用线平行的二力组成的力系称为力偶。力偶与力一样，也是力学中的一种基本物理量。力偶用符号（F，F'）表示。力偶所在的平面称为力偶作用面，力偶的二力间的垂直距离 d 称为力偶臂，如图 3-13 所示。

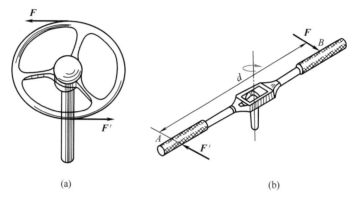

(a)   (b)

图 3-13　力偶实例

2. 力偶矩

由于力偶中的两个力大小相等、方向相反、作用线平行，可见力偶无合力，因而力偶对刚体不产生移动效应。实践证明力偶只能使刚体产生转动效应。力偶对刚体的这种转动效应可用力偶的两个力对其作用面内任一点之矩的代数和来度量。如图 3-14 所示，在力偶作用面内任取一点 O 为矩心，该点到力 F 和 F' 的垂直距离分别为 x 和 $x+d$，其中 d 为力偶中二力作用线的垂直距离，即为力偶臂。若用 $M_O(F，F')$ 表示力偶对 O 点之矩，则有

$$M_O(F,F')=M_O(F)+M_O(F')=F(x+d)-Fx=Fd \tag{3-13}$$

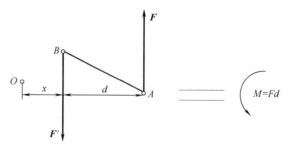

图 3-14　力偶矩

上述结果表明：力偶对作用面内任一点之矩恒等于力偶中一个力的大小和力偶臂的乘积，同时与力偶转向有关，而与矩心的位置无关。因此，力学上以力偶中力的大小与力偶臂的乘积 Fd 表示力偶对物体转动效应的度量，称为力偶矩，记为 $M(F，F')$，或简写为 M。在平面问题中，规定力偶使物体逆时针转动为正，顺时针转动为负，即

$$M(\boldsymbol{F},\boldsymbol{F}')=M=\pm Fd \tag{3-14}$$

力偶矩的单位同力矩单位，也是 N·m 或 kN·m。

所以，力偶对物体的转动效应取决于以下三个因素：①力偶矩的大小；②力偶的转向；③力偶作用面的方位。这就是力偶的三要素。

3. 力矩和力偶矩的异同

(1) 相同点：①均使物体产生转动效应；②量纲均是力×长度，单位都是 N·m 或 kN·m；③正负号规定一致，逆时针转为正，反之为负（人为制定的）。

(2) 不同点：①力矩是力对某固定点的矩，力偶矩是由两个等值、反向、不共线的力中的一个力与力偶臂的乘积；②力矩的大小与转向与矩心的选择有关，力偶矩对作用平面上任意点的矩等于力偶矩，与矩心的选择无关。

4. 平面力偶的性质

力偶是两个具有特殊关系的力的组合，具有与单个力不同的性质：

① 力偶由一对等值、反向、平行不共线的两个力组成，这样的一对力不能与一个力等效，也不能与一个力平衡，它必须用力偶来平衡。

② 力偶对物体的作用效应取决于力偶的三要素，力偶对于作用面内任一点的矩恒等于力偶矩，而与力偶和矩心间的位置无关。

③ 力偶对物体只产生转动效应，而不会产生移动效应。

力偶和力是力系的两个基本单元，其比较见表 3-1。

表 3-1　力和力偶的比较

项目	力	力偶
三要素	大小、方向、作用线	力偶矩的大小、力偶的转向、力偶的作用面
定量描述	滑移矢量	平面力偶矩是代数量,空间力偶矩是矢量
在轴上投影	与坐标轴方向有关	力偶中两个力在任意坐标轴上投影的代数和恒为零
对点取矩	与矩心有关	与矩心无关
合成	汇交力系可合成为一合力	平面力偶系可合成为一合力偶
等效条件	等值、同向、共线	力偶矩的大小相等、转向相同
性质	大小、方向、作用线都不能改变,不能平行移动	对刚体的作用效果只取决于力偶矩的大小和方向。力偶的作用面可任意平移;只要保持力偶矩不变,力偶中两个力可在力偶作用面内任意平移或转动,且可同时改变力偶中两个力的大小和力偶臂的长短
合力定理	合力投影定理： $F_{Rx}=F_{1x}+F_{2x}+\cdots+F_{nx}=\sum F_x$ $F_{Ry}=F_{1y}+F_{2y}+\cdots+F_{ny}=\sum F_y$	合力偶定理： $M=\sum M$

5. 力偶的等效定理

在同一平面内的两个力偶，二者的力偶矩相等，转向相同，则二力偶等效。这就是平面力偶等效定理。

由此定理可得如下推论：

① 只要不改变力偶矩的大小和力偶的转向，力偶的位置可以在它的作用平面内任意移动或转动，而不改变它对物体的作用效果。如图 3-15 (b) 所示。

② 只要不改变力偶矩的大小和力偶的转向，可以同时改变力偶中力的大小和力偶臂的长短，而不改变力偶对物体的作用效果。如图 3-15 (c) 所示。

所以，凡是三要素相同的力偶，都是等效力偶。

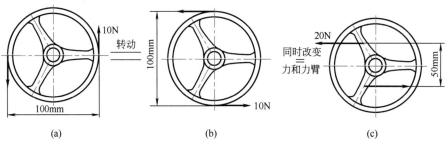

图 3-15 等效平面力偶

课题三 平面力偶系的合成与平衡计算

一、平面力偶系的合成

作用在物体同一平面上的一组力偶，称为平面力偶系。下面先讨论两个力偶的合成问题，设在物体的某一平面内作用有两个力偶（$\boldsymbol{F}_1$，$\boldsymbol{F}_1'$）和（$\boldsymbol{F}_2$，$\boldsymbol{F}_2'$），它们的力偶臂分别为 d_1 和 d_2，如图 3-16（a）所示。则该两力偶的力偶矩分别为

$$M_1 = F_1 d_1 \qquad M_2 = -F_2 d_2$$

根据力偶的等效性，在保证 M_1 和 M_2 不变的条件下，同时改变两力偶中力的大小和力偶臂的长短，并使两力偶具有相同的力偶臂，然后将这两个力偶臂相同的力偶在作用面内适当移转，使两力偶中力的作用线两两重合，如图 3-16（b）所示。

经过变换后的力偶中，力 $\boldsymbol{P}_1$、$\boldsymbol{P}_2$ 的大小由下式计算

$$P_1 = \frac{M_1}{d} = \frac{F_1 d_1}{d} \qquad P_2 = -\frac{M_2}{d} = \frac{F_2 d_2}{d}$$

将作用在 A 点的力 $\boldsymbol{P}_1'$、$\boldsymbol{P}_2'$ 和作用在 B 点的力 $\boldsymbol{P}_1$、$\boldsymbol{P}_2$ 分别加以合成（设 $\boldsymbol{P}_1 > \boldsymbol{P}_2$），得

$$R = P_1 - P_2 \qquad R' = P_1' - P_2'$$

则 $\boldsymbol{R}$ 与 $\boldsymbol{R}'$ 所组成的力偶（$\boldsymbol{R}$，$\boldsymbol{R}'$）就是原来两个力偶的合力偶，如图 3-16（c）所示，该合力偶的力偶矩为

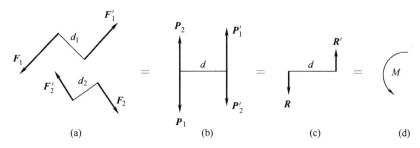

图 3-16 两个力偶的合成

$$M = Rd = (P_1 - P_2)d = P_1 d - P_2 d = M_1 + M_2$$

当在同一平面内有 n 个力偶作用时，以上分析依然成立，则有

$$M = M_1 + M_2 + \cdots + M_n = \sum M \tag{3-15}$$

二、平面力偶系的平衡计算

平面力偶系平衡的必要与充分条件是合力偶矩等于零。即力偶系中各力偶矩的代数和等于零。即

$$\sum M = 0 \tag{3-16}$$

式（3-16）为平面力偶系的平衡方程。由于只有一个平衡方程，因此只能求解一个未知量。

【例 3-7】 三铰拱桥结构如图 3-17（a）所示，已知左半部 AC 上作用一个力偶，其力矩为 M，转向如图。求支点 A、C 的约束反力。

解：铰 A 和 B 处的约束反力 F_A 和 F_B 的方向均未知，但右边 BC 为二力杆，故可知 F_B 必沿 BC 作用，假设指向如图 3-17（b）所示。

现在考虑整个三铰拱的平衡。因整个三铰拱只有一个力偶，F_A 和 F_B 应组成一个力偶才能与之平衡，从而可知 $F_A = -F_B$，而力臂为 $2a\cos 45°$。

所以平衡方程为

$$\sum M = 0 \qquad F_A \times 2a\cos 45° - M = 0$$

故

$$F_A = F_B = \frac{M\sqrt{2}}{2a}$$

思考一下：如将力偶移到右边部分 BC 上，结果将如何？

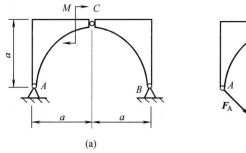 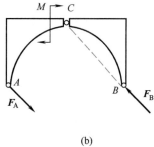

图 3-17 三铰拱桥

【例 3-8】 铰接四杆机构 $OABO_1$ 在图示位置平衡，如图 3-18（a）所示。已知：作用在 OA 上的力偶的力偶矩 $M_1 = 1\text{kN}\cdot\text{mm}$，$OA = 40\text{mm}$，$O_1B = 60\text{mm}$。试求力偶矩 M_2 的大小和杆 AB 所受的力（各杆自重均不计）。

解：

① 选取 OA 杆为研究对象。AB 杆是二力杆，假设 AB 受力图如图 3-18（c）所示。对 OA 进行受力分析，受到力偶矩 M_1，由于 OA 两个点约束，故 O、A 两点受到一对力偶的

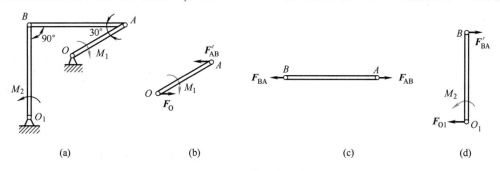

图 3-18 铰接四杆机构

作用（F_O 和 F'_{AB}），OA 杆受力图如图 3-18（b）所示。

根据平面力偶系的平衡条件列方程

$$\sum M = 0 \qquad F'_{AB} \times OA \sin 30° - M_1 = 0$$
$$F'_{AB} \times 40 \times 0.5 - 1000 = 0$$

解得

$$F'_{AB} = 50 \ (\text{N})$$

② 选取 O_1B 杆为研究对象。O_1B 杆受力图如图 3-18（d）所示。列平衡方程

$$\sum M = 0 \qquad M_2 - F'_{BA} \times O_1B = 0$$

解得

$$M_2 = 3 \ (\text{kN} \cdot \text{m})$$

课题四　力的平移分析

力的平移
定理

　　将一个力分解为一个力和力偶的过程叫做"力向一点平移"。应用加减平衡力系原理，可以证明：作用于刚体上的已知力 F 可以向同一刚体内的任意一点平行移动，平移时需要附加一力偶，附加力偶的力偶矩 M 等于已知力 F 对平移点之矩，此即力的平移定理。

　　如图 3-19 所示，要将力 F 平移至 O 点，可在 O 点加一对平衡力（F'，F''），使 F' 平行于 F，且 $F' = F'' = F$。由于在刚体上加上一对平衡力，并不改变原来的力或力系的作用效果，故变换是等效的。因为（F，F''）组成一个力偶，则原来的力 F 就等效地变换成为作用在 O 点的力 F' 和力偶 M。显然，力偶矩为 $M_O(F) = Fh$，其大小和正负与平移点 O 的位置有关。

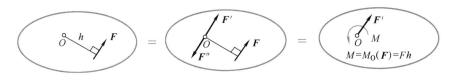

图 3-19　力的平移

　　力的平移定理在理论和实际应用方面都具有重要意义，它不仅是力系向一点简化的理论依据，同时还可以直接用来分析和解决许多工程实际中的力学问题。

　　思考：

　　1. 为什么攻螺纹时，必须两手握住扳手，而且用力应该相等，否则丝锥容易变形或折断？

　　2. 用力的平移定理解释拍削乒乓球时，乒乓球既有旋转又有一定的前冲的现象。

课题五　平面一般力系的简化与平衡计算

一、平面一般力系向平面内一点的简化

　　设刚体上作用有 n 个力 F_1、F_2、$\cdots$、F_n 组成的平面任意力系，如图 3-20（a）所示。在力系所在平面内任取点 O 作为简化中心，由力的平移定理将力系中各力向 O 点平移，如

图 3-20（b）所示，得到作用于简化中心 O 点的平面汇交力系 F'_1、F'_2、$\cdots$、F'_n 和附加平面力偶系，其矩为 M_1、M_2、$\cdots$、M_n。

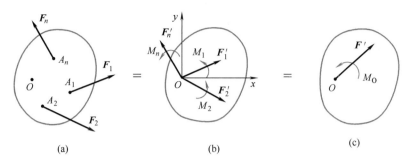

图 3-20　平面力系的简化

平面汇交力系 F_1、F_2、$\cdots$、F_n 可以合成为力的作用线通过简化中心 O 的一个力 F'_R，此力称为原来力系的主矢，即主矢等于力系中各力的矢量和。有

$$F'_R = F'_1 + F'_2 + \cdots + F'_n = F_1 + F_2 + \cdots + F_n = \sum F \tag{3-17}$$

平面力偶系 M_1、M_2、$\cdots$、M_n 可以合成一个力偶，其矩为 M_O，此力偶矩称为原来力系的主矩，即主矩等于力系中各力矢量对简化中心的矩的代数和。有

$$M_O = M_1 + M_2 + \cdots + M_n = \sum M_O(F) \tag{3-18}$$

结论：平面任意力系向力系所在平面内任意点简化，得到一个力和一个力偶，如图 3-20（c）所示，此力称为原来力系的主矢，与简化中心的位置无关；此力偶矩称为原来力系的主矩，与简化中心的位置有关。

利用平面汇交力系和平面力偶系的合成方法，可求出力系的主矢和主矩。如图 3-20（c）所示，主矢的大小和方向为

$$F_R = \sqrt{F'^2_{Rx} + F'^2_{Ry}} = \sqrt{(\sum F_x)^2 + (\sum F_y)^2} \tag{3-19}$$

$$\tan\alpha = \left| \frac{\sum F_y}{\sum F_x} \right| \tag{3-20}$$

主矩的解析表达式为

$$M_O(F_R) = \sum (xF_y - yF_x) \tag{3-21}$$

在工程实际中，作用在结构上的力系有多种形式，其中力的作用线可以简化在同一平面上的力系称为平面力系，同时力系中力的作用线不全交于一点或不全彼此平行的力系称为平面任意力系。本章通过力系的简化，研究平面任意力系，并且建立平面任意力系的平衡条件。

工程中，固定端约束也是一种常见的约束。例如插入地基中的电线杆、跳水时用的跳台上的跳板、建筑物上的阳台、刀具或夹具的锥柄以及车床主轴卡盘上的工件等。这类物体连接方式的特点是连接处刚性很大。两物体既不能产生相对平动，也不能产生相对转动，这种约束称为固定端约束，如图 3-21（a）所示。计算时所用的计算简图如图 3-21（b）所示，可以根据平面一般力系向一点简化的方法来分析，简化为一个力和一个力偶矩，如图 3-21（c）所示。这个力的大小和方向为未知量，一般用两个分力来代替。因此对于 A 端平面固

定端约束可以简化为两个约束反力 F_{Ax}、F_{Ay} 和一个反力偶矩 M_A，如图 3-21（d）所示。

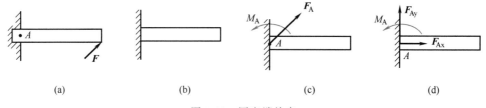

（a）　　　　　　（b）　　　　　　（c）　　　　　　（d）

图 3-21　固定端约束

二、讨论平面任意力系简化的结果

平面任意力系的简化，一般可得到主矢 F_R' 与主矩 M_O，但它不是简化的最终结果，简化结果通常有以下四种情况。

① 当 $F_R'=0$，$M_O \neq 0$ 时，简化为一个力偶。此时的力偶矩与简化的位置无关，主矩 M_O 为原来力系的合力偶矩，即 $M_O = \sum M_O(F)$。

② 当 $F_R' \neq 0$，$M_O = 0$ 时，简化为一个合力 F_R。此时的主矢 $F_R' = F_R$，合力的作用线通过简化中心。

③ 当 $F_R' \neq 0$，$M_O \neq 0$ 时，由力的平移定理的逆过程可以将 F_R' 与 M_O 简化为一个合力 F_R，此时的主矢 $F_R' = F_R$，合力的作用线到 O 点的距离 d 为

$$d = \frac{|M_O|}{F_R'}$$

如图 3-22 所示，合力对 O 点的矩为

$$M_O(F_R) = F_R d = M_O = \sum M_O(F) \tag{3-22}$$

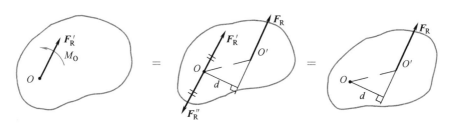

图 3-22　力偶与力合成

于是得合力矩定理：平面任意力系的合力对力系所在平面内任意点的矩等于力系中各力对同一点的矩的代数和。

④ 当 $F_R'=0$，$M_O=0$ 时，平面任意力系为平衡力系。

由上面②、③可以看出不论主矩是否等于零，只要主矢不等于零，力系最终简化为一个合力。

由表 3-2 可见，平面一般力系简化的最终结果，只有三种可能：

① 合成为一个力；

② 合成为一个力偶；

③ 为平衡力系。

利用力系简化的方法，可以求得平面任意力系的合力。

表 3-2　平面一般力系简化的最终结果

情况分类	向 O 点简化的结果		力系简化的最终结果（与简化中心无关）
	主矢 $\boldsymbol{F}'_R$	主矩 M_O	
1	$F'_R=0$	$M_O=0$	平衡状态（力系对物体的移动和转动作用效果均为零）
2	$F'_R=0$	$M_O\neq0$	一个力偶（合力偶 M_R），力偶矩 $M_R=M_O$
3	$F'_R\neq0$	$M_O=0$	一个力（合力 $\boldsymbol{F}_R$），合力 $\boldsymbol{F}_R=\boldsymbol{F}'_R$，作用线过 O 点
4	$F'_R\neq0$	$M_O\neq0$	一个力（合力 $\boldsymbol{F}_R$），其大小为 $F_R=F'_R$，$\boldsymbol{F}_R$ 的作用线到 O 点的距离为 $d=\lvert M_O\rvert/F'_R$。$\boldsymbol{F}_R$ 作用在 O 点的哪一边，由 M_O 的符号决定

三、平面任意力系的平衡计算

平面任意力系平衡的必要与充分条件：力系的主矢和对任意点的主矩均等于零。即

$$\begin{cases}\boldsymbol{F}'_R=0\\ M_O=0\end{cases} \tag{3-23}$$

由式（3-18）和式（3-19）得

$$\begin{cases}\sum F_x=0\\ \sum F_y=0\\ \sum M(\boldsymbol{F})=0\end{cases} \tag{3-24}$$

于是得平面任意力系平衡的解析条件：平面任意力系中各力向力系所在平面的两个垂直的坐标轴的投影的代数和为零，各力对任意点的矩的代数和为零。式（3-24）为平面任意力系的平衡方程，是三个独立方程，最多只能解三个未知力。

式（3-24）为平面任意力系平衡方程的基本形式，还有其他两种形式的方程，即

$$\begin{cases}\sum F_x=0\quad 或\quad \sum F_y=0\\ \sum M_A(\boldsymbol{F})=0\\ \sum M_B(\boldsymbol{F})=0\end{cases} \tag{3-25}$$

式（3-25）为二力矩式，附加条件：x 轴或 y 轴不能与 A、B 连线垂直。

$$\begin{cases}\sum M_A(\boldsymbol{F})=0\\ \sum M_B(\boldsymbol{F})=0\\ \sum M_C(\boldsymbol{F})=0\end{cases} \tag{3-26}$$

式（3-26）为三力矩式，附加条件：A、B、C 三点不能共线。

总之，尽管平衡方程可以写成不同的形式，但是平面一般力系的独立方程只有三个，因此只能求解三个未知数。为了简化计算，可以适当地选取坐标轴和矩心（坐标轴的选取应尽可能用相互垂直的力的作用线分别作为坐标轴的横坐标与纵坐标；矩心应尽量选在未知力较多的汇交力处），这样尽可能使一个方程中只有一个未知量，从而不解或少解联立方程组。

平面汇交力系、平面力偶系的平衡方程也可以从上面结果中得到。

【例 3-9】　水平简支梁 AB，A 端为固定铰支座，B 端为水平面上的滚动支座，受力及几何尺寸如图 3-23（a）所示，试求 A、B 端的约束力。

解：

（1）选梁 AB 为研究对象，作用在它上的主动力有：均布荷载 q（均布荷载即载荷集度，q 的单位是 kN/m 或 N/m，其合力可当作均质杆的重力处理，所以合力的大小＝载荷集度 q×分布段长度，作用点在分布段中点），力偶矩 M；约束力为固定铰支座 A 端的

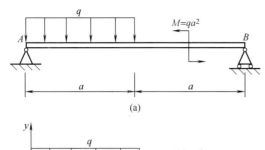

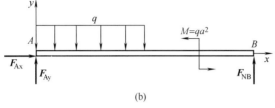

图 3-23 简支梁

F_{Ax}、F_{Ay} 两个分力，滚动支座 B 端的铅垂向上的法向力 F_{NB}，如图 3-23（b）所示。

（2）建立合适坐标系 [见图 3-23（b）]

（3）列平衡方程。

$$\sum M_A(F)=0, F_{NB}\times 2a+M-\frac{1}{2}qa^2=0 \tag{1}$$

$$\sum F_x=0, F_{Ax}=0 \tag{2}$$

$$\sum F_y=0, F_{Ay}+F_{NB}-qa=0 \tag{3}$$

由式（1）、式（2）、式（3）解得 A、B 端的约束力为

$$F_{NB}=-\frac{qa}{4}$$ （负号说明原假设方向与实际方向相反）；

$$F_{Ax}=0 \qquad F_{Ay}=\frac{5qa}{4}$$

【例 3-10】 如图 3-24（a）所示支架，已知：$W=70\text{kN}$，$\alpha=30°$。求：A 处约束反力及 CD 杆所受的力。

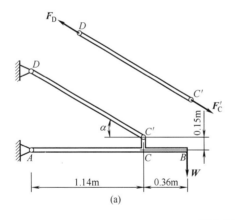

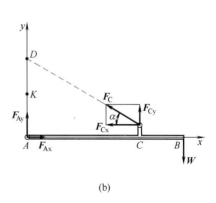

图 3-24 支架

解法一：

① 选择横梁 AB 为研究对象，画如图 3-24（b）所示的受力图。

② 建立合适的坐标系。见图 3-24（b）。

③ 列平衡方程

$\sum M_A(F)=0 \qquad F_{Cx}\times 0.15+F_{Cy}\times 1.14-W\times(1.14+0.36)=0$

$\qquad\qquad\qquad\quad F_C\cos 30°\times 0.15+F_C\sin 30°\times 1.14-70\times 1.5=0$

$\qquad\qquad\qquad\quad F_C=150 \text{（kN）}$

$\sum F_x=0 \qquad F_{Ax}-F_C\cos 30°=0$

$\qquad\qquad\qquad\quad F_{Ax}=F_C\cos 30°=150\times\cos 30°=130 \text{（kN）}$

$\sum F_y=0 \qquad F_{Ay}+F_C\sin 30°-W=0$

$\qquad\qquad\qquad\quad F_{Ay}=W-F_C\sin 30°=70-150\times\sin 30°=-5 \text{（kN）}$（与实际方向相反）

解法二：分别以 A、D、C'点为矩心，列力矩平衡方程求解未知力

$\sum M_A(\boldsymbol{F})=0 \quad F_{Cx}\times 0.15+F_{Cy}\times 1.14-W\times(1.14+0.36)=0$（只有 F_C 未知）

$\qquad F_C=150$ （kN）

$\sum M_D(\boldsymbol{F})=0 \quad F_{Ax}\times(0.15+1.14\times\tan30°)-W\times(1.14+0.36)=0$（只有 F_{Ax} 未知）

$\qquad F_{Ax}=130$ （kN）

$\sum M_{C'}(\boldsymbol{F})=0 \quad -F_{Ay}\times 1.14+F_{Ax}\times 0.15-W\times 0.36=0$（只有 F_{Ay} 未知数）

$\qquad F_{Ay}=-5$ （kN）（负号说明原假设方向与实际方向相反）

四、平面平行力系的平衡计算

如图 3-25 所示，设在 Oxy 坐标下，有一组作用线均与 x 轴或 y 轴平行的力系 $\boldsymbol{F}_1$、$\boldsymbol{F}_2$、$\cdots$、$\boldsymbol{F}_n$，此力系称为平面平行力系，则平衡方程（3-24）变为

$$\begin{cases}\sum F_x=0 \quad 或 \quad \sum F_y=0 \\ \sum M_O(\boldsymbol{F})=0\end{cases} \qquad (3\text{-}27)$$

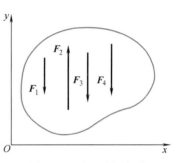

图 3-25 平面平行力系

式（3-27）为平面平行力系平衡方程的基本形式，还有一种形式的方程，即

$$\begin{cases}\sum M_A(\boldsymbol{F})=0 \\ \sum M_B(\boldsymbol{F})=0\end{cases} \qquad (3\text{-}28)$$

式（3-28）为二力矩式，附加条件为：A、B 连线不能与力的作用线平行。

因此平面平行力系的平衡方程共有两种形式，每种形式只能列两个方程，共解两个未知力。

【例 3-11】 行走式起重机如图 3-26（a）所示，设机身的重量为 $P_1=500$kN，其作用线距右轨的距离为 $e=1$m，起吊的最大重量为 $P_2=200$kN，其作用线距右轨的最远距离为 $l=10$m，两个轮距为 $b=3$m，试求使起重机满载和空载不至于翻倒时，起重机平衡重 $\boldsymbol{P}$ 的值，平衡重 $\boldsymbol{P}$ 的作用线距左轨的距离为 $a=4$m。

解：（1）选起重机为研究对象，作用在它上的主动力有：起重机机身的重力 $\boldsymbol{P}_1$ 和起吊重物的重力 $\boldsymbol{P}_2$，平衡重 $\boldsymbol{P}$；约束力为 A 端 $\boldsymbol{F}_A$，B 端 $\boldsymbol{F}_B$，如图 3-26（b）所示。

（2）建立坐标系，列平衡方程。

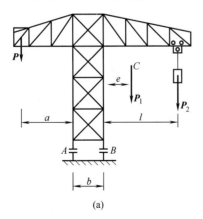
(a)

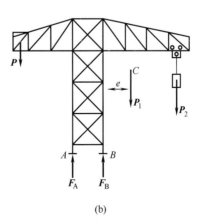
(b)

图 3-26 起重机

当满载时

$$\sum M_{\mathrm{B}}(\boldsymbol{F})=0 \qquad (a+b)P-eP_1-lP_2-bF_{\mathrm{A}}=0 \tag{1}$$

使起重机满载不至于翻倒的条件为

$$F_{\mathrm{A}}\geqslant 0$$

从而由式（1）有

$$F_{\mathrm{A}}=\frac{1}{b}[(a+b)P-eP_1-lP_2]\geqslant 0$$

解得平衡重 $\boldsymbol{P}$ $\qquad P\geqslant\dfrac{eP_1+lP_2}{a+b}=\dfrac{1\times500+10\times200}{4+3}=359.14\,(\mathrm{kN}) \tag{2}$

当空载时

$$\sum M_{\mathrm{A}}(\boldsymbol{F})=0 \qquad -(e+b)P_1+aP+bF_{\mathrm{B}}=0 \tag{3}$$

使起重机空载不至于翻倒的条件为

$$F_{\mathrm{B}}\geqslant 0$$

从而由式（3）有

$$F_{\mathrm{B}}=\frac{1}{b}[(e+b)P_1-aP]\geqslant 0$$

解得平衡重 $\boldsymbol{P}$ $\qquad P\leqslant\dfrac{(e+b)P_1}{a}=\dfrac{(1+3)\times500}{4}=500\,(\mathrm{kN}) \tag{4}$

因此由式（2）和式（4）得起重机平衡重的值 P 为

$$359.14\mathrm{kN}\leqslant P\leqslant 500\mathrm{kN}$$

五、分析物体系统的平衡问题

1. 静定与静不定问题的概念

在静力平衡问题中，若未知量数目等于独立平衡方程的数目时，则全部未知量都能由力平衡方程求出，这类问题称为"静定问题"。显然上节中所举的各例题都是静定问题。

如果未知量的数目多于独立平衡方程的数目，则由静力平衡方程就不能求出全部未知量，这类问题称为"静不定问题"，又称"超静定问题"。在静不定问题中，未知量数目减去独立平衡方程数目就称为静不定次数。

在工程实际中，有时为了提高结构的刚度和坚固性，经常在结构上增加多余约束，这原来的静定结构就变成了超静定结构。如图 3-27（a）所示的简支梁 AB，有三个未知量，作为平面力系，可列出三个独立的平衡方程，是一个静定问题；如在梁中间增加一个支座 C，如图 3-27（b）所示，则有四个未知量，独立的平衡方程数仍为三个，即未知量比独立方程少一个，故为一次静不定问题。又如图 3-27（c）所示为平面汇交力系，有两个未知量，可列出两个独立的平衡方程，是一个静定问题；若再增加一个约束，就称为一次静不定问题，

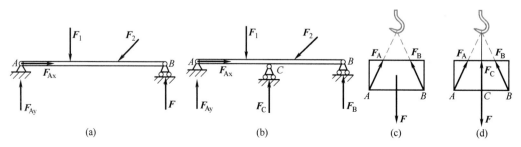

图 3-27 静定与静不定问题

如图 3-27（d）所示。

求解静不定问题时，必须考虑物体在受力后产生的变形，根据物体的变形协调条件，列出足够的补充方程，才能求出全部未知量。这类问题将在材料力学中进行研究，在本篇中只研究静定问题。

2. 物体系统的平衡问题

前面分析了单个物体的平衡问题，本节研究物体系统的平衡问题。由若干个物体通过适当的连接方式（约束）组成的，统称为物体系统，简称物系。工程实际中的结构或机构，如多跨梁、三铰拱、组合构架、曲柄滑块机构等都可看作物体系统。

在研究物体系统的平衡问题时，必须注意以下几点。

（1）应根据问题的具体情况，恰当地选取研究对象，这是对问题求解过程的繁简起决定性作用的一步。

（2）必须综合考查整体与局部的平衡。当物体系统平衡时，组成该系统的任何一个局部系统或任何一个物体也必然处于平衡状态。不仅要研究整个系统的平衡，而且要研究系统内某个局部或单个物体的平衡。

（3）在画物体系统、局部、单个物体的受力图时，特别要注意施力体与受力体、作用力与反作用力的关系，由于力是物体之间相互的机械作用，因此对于受力图上的任何一个力，必须明确它是哪个物体所施加的，决不能凭空臆造。

（4）在列平衡方程时，适当地选取矩心和投影轴，选择的原则是尽量做到一个平衡方程中只有一个未知量，以避免求解联立方程。

【例 3-12】 如图 3-28（a）所示构架，无重直杆 AC 长 L，BC 长 $2L$，C 端用铰链相连，A、B 两端用铰链固定。两杆各与铅垂线的夹角 $\alpha = 45°$，AC 杆中点 D 作用铅垂力 $P = 1000N$，BC 杆中点 E 作用水平力 $Q = 2000N$，试求 A、B 两处之约束力。

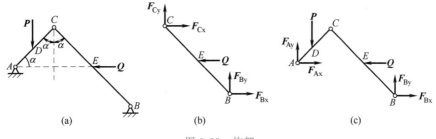

图 3-28 构架

解：

（1）取 BC 为研究对象，受力分析如图 3-28（b）所示，列方程

$$\sum M_C(\boldsymbol{F}) = 0 \qquad F_{Bx} \times 2L\cos 45° + F_{By} \times 2L\sin 45° - Q \times L\cos 45° = 0 \qquad (1)$$

（2）整体为研究对象，受力分析如图 3-28（c）所示，列方程

$$\sum M_A(\boldsymbol{F}) = 0 \qquad F_{Bx} \times L\cos 45° + F_{By} \times 3L\sin 45° - P \times \frac{L}{2}\sin 45° = 0 \qquad (2)$$

$$\sum F_x = 0 \qquad F_{Ax} + F_{Bx} - Q = 0 \qquad (3)$$

$$\sum F_y = 0 \qquad F_{Ay} + F_{By} - P = 0 \qquad (4)$$

联立式（1）、式（2）可得 $F_{Bx} = 1250$（N），$F_{By} = -250$（N）

代入式（3）、式（4）得 $F_{Ax} = 750$（N），$F_{Ay} = 1250$（N）

【例 3-13】 三铰拱桥如图 3-29（a）所示，已知每个半拱的重量为 $W = 300\text{kN}$，跨度

$l=32\text{m}$，高度 $h=10\text{m}$。试求支座 A、B 的反力。

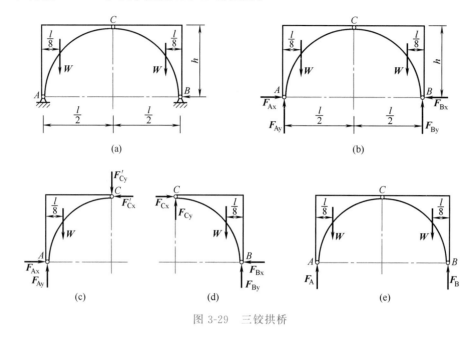

图 3-29 三铰拱桥

解：

（1）取整体为研究对象。整体受力图如图 3-29（b）所示。列出平衡方程

$$\sum M_A(\boldsymbol{F})=0 \qquad F_{By}l-W\times\frac{7}{8}l-W\times\frac{1}{8}l=0$$

$$\sum M_B(\boldsymbol{F})=0 \qquad -F_{Ay}l+W\times\frac{7}{8}l+W\times\frac{1}{8}l=0$$

$$\sum F_x=0 \qquad\qquad F_{Ax}-F_{Bx}=0$$

代入数值求解方程得

$$F_{Ay}=F_{By}=300\ (\text{kN})$$

尚有两个未知量 $\boldsymbol{F}_{Ax}$ 和 $\boldsymbol{F}_{Bx}$，不能从方程中解出。为了求解 $\boldsymbol{F}_{Ax}$ 和 $\boldsymbol{F}_{Bx}$，必须考查与这些未知量有关的其他刚体的平衡。

（2）以右半拱为研究对象，其受力图如图 3-29（d）所示，列平衡方程

$$\sum M_C(\boldsymbol{F})=0, \qquad F_{By}\times\frac{1}{2}l-F_{Bx}h-W\times\frac{3}{8}l=0$$

$$\sum F_x=0 \qquad\qquad F_{Cx}-F_{Bx}=0$$

$$\sum F_y=0 \qquad\qquad F_{Cy}+F_{By}=0$$

代入数值求解方程得

$$F_{Bx}=F_{Cx}=120\ (\text{kN}), \ F_{Cy}=-300\ (\text{kN})$$

从而得到

$$F_{Ax}=120\ (\text{kN})$$

工程中，经常遇到对称结构上作用对称载荷的情况，在这种情形下，结构的支座反力也对称。有时，可以根据这种对称性直接判断出某些约束力的大小，但这些结果及关系都包含在平衡方程中。例如，本例题中，根据对称性，可得 $\boldsymbol{F}_{Ax}=\boldsymbol{F}_{Bx}$，再根据铅垂方向的平衡方程，容易得到 $\boldsymbol{F}_{Ay}=\boldsymbol{F}_{By}=W$。从本例题还可看出，所谓"某一方向的主动力只会引起该方

向的约束力"的说法是错误的。本题中，在研究整体的平衡时，图 3-29（e）所示的受力图是错误的，根据这种受力分析，整体虽然是平衡的，但局部（左半拱或右半拱）却是不平衡的。

六、平面简单桁架的内力计算

桁架：两端用铰链彼此相连，受力后几何形状不变的杆系结构。桁架中铰链称为结点。例如工程中屋架结构、场馆的网状结构、桥梁以及电视塔架等均看成桁架结构。

这部分只研究简单静定桁架结构的内力计算问题。实际的桁架受力较为复杂，为了便于工程计算，采用以下假设：

① 桁架所受力（包括重力、风力等外荷载）均简化在结点上；

② 桁架中的杆件是直杆，主要承受拉力或压力；

③ 桁架中铰链忽略摩擦为光滑铰链。

这样的桁架称为理想桁架。若桁架的杆件位于同一平面内，则称平面桁架。若以三角形为基础组成的平面桁架，称平面简单静定桁架。

平面简单静定桁架的内力计算有两种方法：结点法和截面法。

1. 结点法

以每个节点为研究对象，构成平面汇交力系，列两个平衡方程。计算时应从两个杆件连接的结点进行求解，每次只能求解两个未知力，逐一结点求解，直到全部杆件内力求解完毕，此法称结点法。

【例 3-14】　用结点法求平面桁架各杆的内力，受力及几何尺寸如图 3-30（a）所示。

解：

（1）求平面桁架的支座约束力，受力如图 3-30（a）所示。列平衡方程

$$\sum M_A(\boldsymbol{F})=0 \qquad 16F_B-4\times10-8\times10-12\times10-16\times10=0$$
$$\sum F_x=0 \qquad F_{Ax}=0$$
$$\sum F_y=0 \qquad F_{Ay}+F_B-5\times10=0$$

解得 $\qquad F_{Ay}=F_B=25$（kN）

（2）求平面桁架各杆的内力。假设各杆的内力为拉力。

① 结点：受力如图 3-30（b）所示，列平衡方程

$$\sum F_x=0 \qquad F_{14}=0$$
$$\sum F_y=0 \qquad -F_{12}-10=0$$

解得 $\qquad F_{14}=0 \qquad F_{12}=-10$（kN）（压）

② 结点：受力如图 3-30（c）所示，列平衡方程

$$\sum F_x=0 \qquad F_{23}+F_{24}\cos45°=0$$
$$\sum F_y=0 \qquad F_{12}+F_{24}\sin45°+F_{Ay}=0$$

由于 $F_{21}=F_{12}=-10$（kN），代入上式得

$$F_{24}=-15\sqrt{2}\text{（kN）（压）} \qquad F_{23}=15\text{（kN）（拉）}$$

③ 结点：受力如图 3-30（d）所示，列平衡方程

$$\sum F_x=0 \qquad F_{36}-F_{32}=0$$
$$\sum F_y=0 \qquad F_{34}=0$$

由于 $F_{32}=F_{23}=15$（kN），代入上式得

$$F_{36}=15\text{（kN）（拉）} \qquad F_{34}=0$$

④ 结点：受力如图 3-30（e）所示，列平衡方程

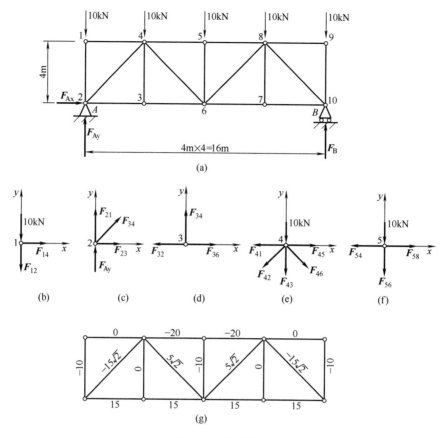

图 3-30 平面桁架

$$\sum F_x = 0 \qquad F_{45} + F_{46}\cos45° - F_{41} - F_{42}\cos45° = 0$$
$$\sum F_y = 0 \qquad -F_{43} - F_{46}\sin45° - F_{42}\sin45° - 10 = 0$$

由于 $F_{41} = F_{14} = 0$、$F_{42} = F_{24} = -15\sqrt{2}$ kN、$F_{43} = F_{34} = 0$，代入上式得

$$F_{45} = -20 \text{（kN）（压）} \qquad F_{46} = 5\sqrt{2} \text{（kN）（拉）}$$

⑤ 结点：受力如图 3-30（f）所示，列平衡方程

$$\sum F_x = 0 \qquad F_{58} - F_{54} = 0$$
$$\sum F_y = 0 \qquad -F_{56} - 10 = 0$$

由于 $F_{54} = F_{45} = -20$（kN），代入上式得

$$F_{58} = -20 \text{（kN）（压）} \qquad F_{56} = -10 \text{（kN）（压）}$$

由于对称性剩下部分不用再求了，将内力表示在图上，如图 3-30（g）所示。

由上面例子可见，桁架中存在内力为零的杆，通常将内力为零的杆称为零力杆。如果在进行内力计算之前根据结点平衡的一些特点，将桁架中的零力杆找出来，便可以节省这部分计算工作量。下面给出一些特殊情况判断零力杆：

（1）一个结点连着两个杆，当该结点无荷载作用时，这两个杆的内力均为零。

（2）三个杆汇交的结点上，当该结点无荷载作用时，且其中两个杆在一条直线上，则第三个杆的内力为零，在一条直线上的两个杆内力大小相同，符号相同。

（3）四个杆汇交的结点上无荷载作用时，且其中两个杆在一条直线上，另外两个杆在另一条直线上，则共线的两杆内力大小相同，符号相同。

2. 截面法

如果只求桁架中的部分杆件的内力时，选择一个截面假想地将要求的杆件截开，使桁架成为两部分，并选其中一部分作为研究对象，所受力一般为平面任意力系，列相应的平衡方程求解，此法称截面法。关于用截面法求内力的方法还将在后面详细介绍。

【例 3-15】 平面桁架力受力及几何尺寸如图 3-31（a）所示，试用截面法求 1、2、3 杆的内力。

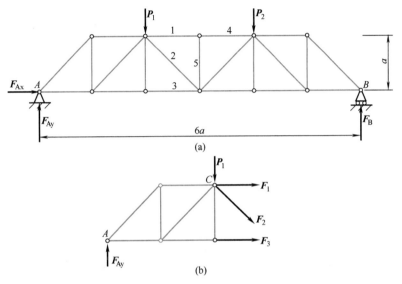

图 3-31 平面桁架

解：（1）求平面桁架的支座约束力，受力如图 3-31（a）所示。列平衡方程

$$\sum M_A(\pmb{F}) = 0 \qquad 6aF_B - 2aP_1 - 4aP_2 = 0$$
$$\sum F_x = 0 \qquad F_{Ax} = 0$$
$$\sum F_y = 0 \qquad F_{Ay} + F_B - P_1 - P_2 = 0$$

解得

$$F_B = \frac{P_1 + 2P_2}{3} \qquad F_{Ay} = \frac{2P_1 + P_2}{3}$$

（2）求 1、2、3 杆的内力。假想将 1、2、3 杆截开，取其中一部分，如图 3-31（b）所示。列平衡方程

$$\sum M_C(\pmb{F}) = 0 \qquad -2aF_{Ay} + aF_3 = 0$$
$$\sum F_x = 0 \qquad F_1 + F_3 + F_2 \sin 45° = 0$$
$$\sum F_y = 0 \qquad F_{Ay} - P_1 - F_2 \cos 45° = 0$$

解得

$$F_3 = \frac{4P_1 + 2P_2}{3} \qquad F_2 = \frac{\sqrt{2}(P_2 - P_1)}{3} \qquad F_1 = -P_1 - P_2$$

在桁架计算中，有时结点法和截面法联合应用，计算将会更方便。例如在上面的例 3-15 中，求 1、2、3 内力用截面法，4 杆的内力用结点法。

课题六 考虑摩擦时物体的平衡计算

摩擦是在机械运动中普遍存在的一种自然现象，例如人行走、车辆行驶、机械各零件连接处及建筑物各杆间接触处等，都存在着摩擦。但在以前的内容中把物体接触表面假设为绝对光滑的，忽略了物体之间的摩擦，这是对实际情况的一种理想化。如果物体接触面比较光滑，或者有良好的润滑，以致摩擦作用很小对问题的研究不会起重要作用，此时这种理想化是合理的。但是当摩擦的作用对问题的研究有重要影响时，就不能忽略摩擦了。对摩擦的研究涉及很多学科，是个十分复杂的问题。本节的内容是对光滑接触面约束的重要补充，也是平面力系平衡理论的一个重要应用。

按物体表面相对运动的形式，摩擦可以分为滑动摩擦和滚动摩擦两类；按物体表面是否存在相对运动，摩擦又可以分为动摩擦和静摩擦两种情况。本节主要介绍静滑动摩擦及考虑摩擦时物体的平衡问题。

一、滑动摩擦

1. 静滑动摩擦

静滑动摩擦是物体间具有相对运动趋势时的摩擦。静摩擦力的大小随主动力的大小而改变，其大小可以通过力的平衡方程求得，它的方向与两个接触物体相对滑动的趋势相反。静摩擦力的取值范围是：

$$0 \leqslant F \leqslant F_{max} \tag{3-29}$$

大量的实验表明，最大静摩擦力的大小与支撑面对物块的约束反力（即法向反力或称正反力）N 成正比。用数学式表述为

$$F_{max} = f_s N \tag{3-30}$$

式中，f_s 称为静摩擦因子，其大小与接触面的大小无关，而与接触面的材料、粗糙度、温度、湿度等环境条件有关。一般材料的静摩擦因子 f_s 可以在《机械设计手册》中查到。

2. 动滑动摩擦

当拉力刚刚超过极限摩擦力，即最大静摩擦力，接触面对物块的摩擦力无法让物块继续保持平衡状态而发生滑动。这时的摩擦力称为动滑动摩擦力，它的方向与物体间相对滑动的速度方向相反，实验结果表明，它的大小由下式确定

$$F' = f N \tag{3-31}$$

式中，f 为动摩擦因子，一般情况下，取值与静摩擦因子相同；N 仍然为接触面的正约束反力。

二、摩擦角与自锁现象

摩擦角

1. 摩擦角

如图 3-32 所示，物块置于水平接触面上，假设物块受到力 P 的作用具有向右滑动的趋势，如果物块处于静止状态，此时，R（静摩擦力 F 与接触面的正反力 N 的合力）与 P 一定等值反向，构成一对平衡力。N 与 R 之间的夹角为 φ，由力的平行四边形法则可以看出，夹角 φ 随着静摩擦力 F 的增大而增大。当物块处于滑动的临界状态时，静摩擦力 F 达到最大值 F_{max}，夹角 φ 也达到最大，将此时正反力与合力间的夹角称为摩擦角，记为 φ_m。

由摩擦角的定义，有

$$\tan\varphi_m = \frac{F_{max}}{N} = \frac{f_s N}{N} = f_s \tag{3-32}$$

由此可见，摩擦角的正切就等于静摩擦因子。

2. 自锁现象

根据摩擦角的定义，合力与正反力间的夹角最大值不会超过摩擦角。因此，外力 P（主

动力）的作用线落在摩擦角内时，见图 3-33（a），则不论外力 **P** 多大，总有一个静摩擦力和正反力的合力 **R** 与之平衡，物块不会发生滑动，这种现象就称为自锁。但是，一旦外力的作用线落在摩擦角之外，即 $\varphi > \varphi_m$ 时，见图 3-33（b），则无论 **P** 是多大，物块将不会保持平衡而开始滑动。在机械传动装置的设计中，为避免机构间自行卡死，需要注意避免自锁现象的发生；反之，为了机构的安全，往往也需要自锁设计，比如蜗轮蜗杆传动中的自锁等。

从图中可以看出：$\varphi < \varphi_m$，物体保持平衡；$\varphi > \varphi_m$，物体发生运动；$\varphi = \varphi_m$，物体处于平衡与运动的临界状态。

由此可知：自锁条件是 $\varphi \leqslant \varphi_m$。

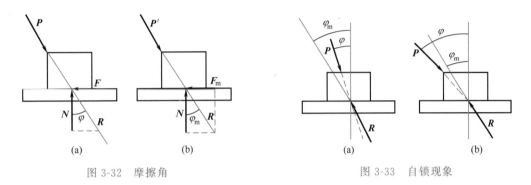

图 3-32　摩擦角　　　　　　　　　　　图 3-33　自锁现象

三、考虑有滑动摩擦的平衡计算

当考虑有滑动摩擦的平衡问题时，其约束力应增加静滑动摩擦力，所列的方程除了平衡方程外应列最大静滑动摩擦力方程，即式（3-30）$F_{max} = f_s N$。

应当注意的是静滑动摩擦力 **F** 应是一个范围值，即 $0 \leqslant F \leqslant F_{max}$，所以在考虑有摩擦的平衡问题时，其解答也应是一个范围值。但为了便于计算，总是以物体处于最大静滑动摩擦状态（即临界状态）来计算，然后再考虑解答的范围值，同时静滑动摩擦力方向不能任意假定，要与物体的运动趋势相反。

【例 3-16】　某刹车装置如图 3-34（a）所示。作用在半径为 r 的制动轮 O 上的力偶矩为 M，摩擦面到刹车手柄中心线间的距离为 e，摩擦块 C 与轮子接触表面间的摩擦系数为 f_s，求制动所必需的最小作用力的值 F_{1min}。

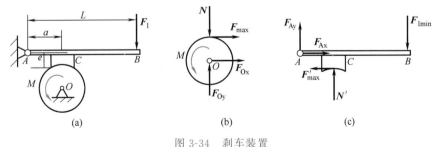

图 3-34　刹车装置

解：

要求 F_1 最小而制动，摩擦力应达到最大，讨论摩擦力到达最大值 F_{max} 时的临界状态。

（1）取轮 O 为研究对象，画受力图。摩擦力 **F** 沿接触面切向且阻止轮 O 逆时针转动，故其指向应与轮 O 欲滑动的方向相反，如图 3-34（b）所示。

在临界状态下，有平衡方程

$$\sum M_O(\boldsymbol{F})=M-F_{\max}r=0 \tag{1}$$

（2）再研究制动杆的平衡，受力如图 3-34（c）所示。

注意（$\boldsymbol{N},\boldsymbol{N}'$）、（$\boldsymbol{F}_{\max},\boldsymbol{F}'_{\max}$）间的作用力与反作用力关系，有平衡方程

$$\sum M_A(\boldsymbol{F})=Na-F_{\max}e-F_{1\min}L=0 \tag{2}$$

和摩擦补充方程

$$F_{\max}=f_sN \tag{3}$$

由式（1）、式（3）可得到

$$N=F_{\max}/f_s=M/(f_sr)$$

再代入式（2），即可求得

$$F_{1\min}=[Ma/(f_sr)-Me/r]/L=M(a-f_se)/(f_srL)$$

故制动的要求是：$F_1>F_{1\min}=M(a-f_se)/(f_srL)$

可见，杆越长，轮直径越大，摩擦因数越大，刹车越省力。

注意，由上述两个研究对象的受力图还可各列出两个独立平衡方程，由这些平衡方程可以求出 O、A 二铰链处的约束力 $\boldsymbol{F}_{Ox}$、$\boldsymbol{F}_{Oy}$ 和 $\boldsymbol{F}_{Ax}$、$\boldsymbol{F}_{Ay}$。

【例 3-17】 如图 3-35（a）所示，重量为 Q 的物块置于倾角为 α 的斜面上，显然，当 α 角超过某个值时，物块将沿斜面向下滑动，此时如果加以水平力 P，可维持物块在斜面上的平衡状态。试求 P 值的范围。

解：水平力 P 值之所以有一个范围，是因为 P 太小不能防止物块下滑，而 P 太大则可能使物块沿斜面向上滑动，也不能平衡。两种情况都是需要计算临界状态。

（1）防止物块下滑

对物块做受力分析，如图 3-35（b）所示。列写平衡方程如下

$$\sum F_x=0 \qquad P_{\min}\cos\alpha+F_{1\max}-Q\sin\alpha=0 \tag{1}$$

$$\sum F_y=0 \qquad N_1-P_{\min}\sin\alpha-Q\cos\alpha=0 \tag{2}$$

又 $$F_{1\max}=f_sN_1 \tag{3}$$

将式（1）、式（2）、式（3）联立求解，可得

$$P_{\min}=\frac{\sin\alpha-f_s\cos\alpha}{\cos\alpha+f_s\sin\alpha}Q$$

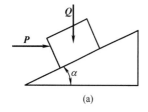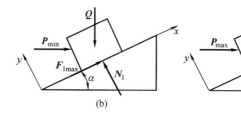

图 3-35 物块在斜面上的运动情况

（2）防止物块上滑

对物块做受力分析，如图 3-35（c）所示。列写平衡方程如下

$$\sum F_x=0 \qquad P_{\max}\cos\alpha-F_{2\max}-Q\sin\alpha=0 \tag{4}$$

$$\sum F_y=0 \qquad N_2-P_{\max}\sin\alpha-Q\cos\alpha=0 \tag{5}$$

又 $$F_{2\max}=f_sN_2 \tag{6}$$

同理可解得

$$P_{max} = \frac{\sin\alpha + f_s\cos\alpha}{\cos\alpha - f_s\sin\alpha}Q$$

综合上述两种情况，物块在斜面上要维持平衡状态，水平推力的取值范围是

$$\frac{\sin\alpha - f_s\cos\alpha}{\cos\alpha + f_s\sin\alpha}Q \leqslant P \leqslant \frac{\sin\alpha + f_s\cos\alpha}{\cos\alpha - f_s\sin\alpha}Q$$

四、滚动摩擦

由生活经验可知，滚动比滑动要省力得多，工程实际中也是如此，原因是滚动的阻力比滑动的阻力要小得多。如图 3-36 中轮子的滚动，假设轮子重为 Q，半径为 r，与水平面的接触点为 A，轮子作用一个水平推力 P，当推力较小时，轮子不会滑动，也不会转动。对轮子做受力分析，如图 3-36（a）所示，接触面正反力 N 与重力 Q 等值反向；静摩擦力 F 与推力 P 也等值反向。但是，从图中可以看出，光有这些力并不能使轮子达到平衡，因为这些力中，静摩擦力 F 与推力 P 构成了一对力偶，它们产生的转动效应需要一个反向力偶矩来平衡。

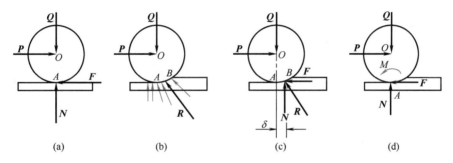

图 3-36　轮子滚动

由于接触面并非理想光滑，轮子在 F 与 P 构成的力偶作用下具有转动的趋势，粗糙的接触面由于轮子的压迫会产生一定的变形，如图 3-36（b）所示，此时轮子与接触面不是一个点接触，而是沿 AB 段圆弧接触，轮子在 AB 段承受的是平面任意力系，它们可以简化成一个主矢量 R，但是，该主矢量并不是作用在 A 点，如图 3-36（c）所示，主矢量 R 的两个分量就是正反力和静摩擦力，其中正反力与 A 点的距离设为 δ。如果将正反力和静摩擦力向 A 点简化，根据平面力系简化的结果，此时，就要增加一个力偶矩 $M = N\delta$，如图 3-36（d）所示，这个力偶矩称作最大滚动摩擦力偶矩，它的作用就是阻碍轮子的转动。显然，当推力 P 对接触点 A 的主动力矩超过最大滚动摩擦力偶矩时，轮子将开始转动。δ 称为滚动摩擦因子，一般以 cm 作单位。滚动摩擦因子也可以通过查表得到，一般来讲，滚动摩擦因子 δ 比滑动摩擦因子 f 小得多，所以滚动比滑动省力。

📚 小结

1. 力的合成

力合成为一个合力 F_R，合力等于各个分力的矢量和，即

$$F_R = F_1 + F_2 + \cdots + F_n = \sum F$$

平面一般
力系平衡
计算总结

（1）几何法：用力多边形的封闭边来表示合力 $\boldsymbol{F}_R$ 的大小和方向。

（2）解析法：合力的大小和方向的计算公式

$$F_x = F\cos\alpha$$

2. 平面汇交力系平衡

平面汇交力系平衡的充要条件是合力 $\boldsymbol{F}$ 为零。

（1）几何法：力的多边形自行封闭。

（2）解析法：平面汇交力系的平衡方程

$$\begin{cases} \sum F_x = 0 \\ \sum F_y = 0 \end{cases}$$

3. 力矩

力矩是衡量对物体转动效应的度量。计算公式

$$M_O(\boldsymbol{F}) = \pm Fh$$

4. 力偶和力偶矩的概念

（1）大小相等，方向相反，且互相平行的二力组成的力系称为力偶。

（2）力偶无合力，因而力偶对刚体不产生移动效应。因此不能用一个力与之平衡。

（3）在同一平面内的两个力偶，只要力偶矩大小相等，转向相同，则两个力偶必然等效。

5. 合力矩定理

平面任意力系的合力对力系所在平面内任意点的矩等于力系中各力对同一点的矩的代数和。即

$$M_O(\boldsymbol{F}_R) = \sum M_O(\boldsymbol{F})$$

6. 平面力偶系的平衡方程

$$\sum M = 0$$

7. 力的平移定理

作用在刚体上任意点 A 的力 $\boldsymbol{F}$ 可以平行移到另一点 B，只需附加一个力偶，此力偶的矩等于原来的力 $\boldsymbol{F}$ 对平移点 B 的矩。

8. 平面任意力系简化结果

（1）当 $\boldsymbol{F}'_R = 0$，$M_O \neq 0$ 时，简化为一个力偶。此时的力偶矩与简化的位置无关，主矩 M_O 为原来力系的合力偶矩，即 $M_O = \sum M_O$（$\boldsymbol{F}$）。

（2）当 $\boldsymbol{F}'_R \neq 0$，$M_O = 0$ 时，简化为一个合力 $\boldsymbol{F}_R$。此时的主矢 $\boldsymbol{F}'_R = \boldsymbol{F}_R$，合力的作用线通过简化中心。

（3）当 $\boldsymbol{F}'_R \neq 0$，$M_O \neq 0$ 时，由力的平移定理的逆过程可以将 $\boldsymbol{F}'_R$ 与 M_O 简化为一个合力 $\boldsymbol{F}_R$，此时的主矢 $\boldsymbol{F}'_R = \boldsymbol{F}_R$，合力的作用线到 O 点的距离 d 为

$$d = \frac{|M_O|}{F'_R}$$

（4）当 $\boldsymbol{F}'_R = 0$，$M_O = 0$ 时，平面任意力系为平衡力系。

9. 平面任意力系的平衡方程

$$（一般式）\begin{cases} \sum F_x = 0 \\ \sum F_y = 0 \\ \sum M(\boldsymbol{F}) = 0 \end{cases}$$

$$（二矩式）\begin{cases} \sum F_x = 0 \quad 或 \quad \sum F_y = 0 \\ \sum M_A(\boldsymbol{F}) = 0 \\ \sum M_B(\boldsymbol{F}) = 0 \end{cases}$$

附加条件：x 轴或 y 轴不能与 A、B 连线垂直。

$$（三矩式）\begin{cases} \sum M_A(\boldsymbol{F}) = 0 \\ \sum M_B(\boldsymbol{F}) = 0 \\ \sum M_C(\boldsymbol{F}) = 0 \end{cases}$$

附加条件：A、B、C 三点不能共线。

10. 平面任意力系的求解分为两种形式

（1）平面静定刚体系的平衡问题

① 要明确刚体系是由哪些单一刚体组成的，受力如何，哪些是外力，哪些是内力；

② 正确地运用作用力与反作用力的关系对所选的研究对象进行受力分析；

③ 选择上述某种形式的平衡方程，尽量做到投影轴与某未知力垂直，矩心点选在某未知力的作用点上，使一个平衡方程含有一个未知力，避免联立求解，只有这样才能减少解题的工作量。

（2）平面简单桁架的内力计算　桁架的杆件均为二力杆，外力作用在桁架的结点上。平面简单桁架的内力计算有以下两种方法。

① 结点法：计算时应先从两个杆件连接的结点进行求解，列平面汇交力系的平衡方程，按结点顺序逐一结点求解。

② 截面法：主要是求某些杆件的内力，即假想地将要求的杆件截开，取桁架的一部分为研究对象，列平面任意力系的平衡方程，注意每次截开只能求出三个杆件的未知力。

在有些桁架的内力计算时还可以是上面两种方法的联合应用。

11. 考虑摩擦时的平衡问题

考虑摩擦时的平衡问题，与不考虑摩擦时物体的平衡问题相比，无本质上的区别，两者都要满足力系的平衡条件。但有摩擦时的平衡问题有其特点：首先，摩擦力有一个变化范围，在 $0 \leqslant F \leqslant F_{max}$ 内取值，因此物体的平衡同样有一个范围；其次，在有摩擦时物体受力图中多了未知的摩擦力，如静滑动摩擦时约束力应增加静滑动摩擦力，但又可以补充最大静滑动摩擦力方程，即 $F_{max} = f_s N$（N 为支撑面的法向约束力），这样如果原来是静定问题，考虑摩擦后仍为静定问题，因此不影响问题的求解。

静滑动摩擦力方向不能任意假定，要与物体的运动趋势相反，其解答应是一个范围值。

 思考题

1. 试指出图 3-37 所示各力的多边形中，哪个是自行封闭的？哪个不是自行封闭的？并指明

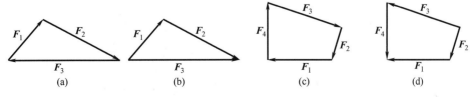

(a)　　　　　　(b)　　　　　　(c)　　　　　　(d)

图 3-37　思考题 1 图

哪些力是分力？哪些力是合力？

2. 用解析法求平面汇交力系的合力时，是否一定应用直角坐标系？若取不同的直角坐标系，所得的合力是否相同？

3. 如何正确理解投影和分力、力对点的矩和力偶矩的概念？

4. 试比较力矩与力偶矩二者的异同。

5. 力偶可否用一个力来平衡？为什么？

6. 若有两力偶（F_1，F_1'）和（F_2，F_2'），其中 $F_1 = 10\text{kN}$，$F_2 = 15\text{kN}$，能否说力偶（F_2，F_2'）对物体的作用效果比（F_1，F_1'）的作用效果大？应该怎样比较两力偶对物体的转动效果？

7. 某平面力系向两点简化的主矩皆为零，此力系简化的最终结果可能是一个力吗？可能是一个力偶吗？可能平衡吗？

8. 平面汇交力系向汇交点以外一点简化，其结果可能是一个力吗？可能是一个力和一个力偶吗？

9. 为什么力系的简化结果与简化中心无关？

10. 将平面汇交力系向汇交点以外的任意一点简化，力系初步简化结果是什么？

11. 试根据平面一般力系的平衡方程推出平面内其他力系的平衡方程。

12. 图 3-38 中哪些为静定结构，哪些为超静定结构？

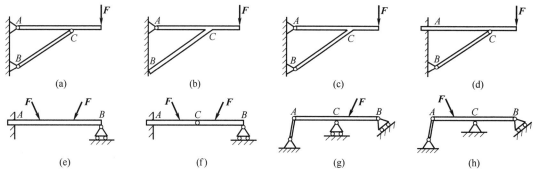

图 3-38　思考题 12 图

13. 如何理解桁架求解的两个方法？其平衡方程如何选取？

14. 摩擦角与摩擦因数的关系是什么？有摩擦的平衡问题应如何求解？

15. 为什么平面汇交力系的平衡方程可以取两个力矩方程或者是一个投影方程和一个力矩方程？矩心和投影轴的选择有什么条件？

16. 平面力系向任意点简化的结果相同，则此力系的最终结果是什么？

17. 在刚体的 A、B、C、D 四点作用有四个大小相等、两两平行的力，如图 3-39 所示，这四个力组成封闭的力的多边形，试问此刚体平衡吗？若使刚体平衡，应如何改变力系中力的方向？

18. 力偶不能单独与一个力相平衡，为什么如图 3-40 所示的轮子又能平衡呢？

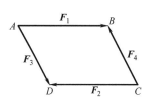

图 3-39　思考题 17 图

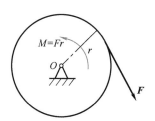

图 3-40　思考题 18 图

训练题

1. 判断题

（　　）3-1　平面汇交力系平衡的几何条件是力的多边形自行封闭。

（　　）3-2　如果两个力 F_1、F_2 在同一轴上的投影相等，则这两个力大小一定相等。

（　　）3-3　力在某一轴上的投影等于零则该力一定为零。

（　　）3-4　用绘图法对平面汇交力系求合力时，作图时画力的顺序可以不同，其合力不变。

（　　）3-5　力偶使刚体只能转动，而不能移动。

（　　）3-6　任意两个力都可以合成为一个合力。

（　　）3-7　平面任意力系中主矢的大小与简化中心的位置有关。

（　　）3-8　平面力偶矩的大小与矩心点的位置有关。

（　　）3-9　滚动摩擦因子 Δ 比滑动摩擦因子 f 大得多，所以滚动比滑动省力。

（　　）3-10　作用在刚体上的力可以任意移动，不需要附加任何条件。

（　　）3-11　作用在刚体上的任意力系，如果力的多边形自行封闭，则该力系一定平衡。

（　　）3-12　平面任意力系向任意点简化的结果相同，则该力系一定平衡。

（　　）3-13　静滑动摩擦力方向不能任意假定，要与物体的运动趋势相反，其解答应是一个范围值。

（　　）3-14　作用于力偶中的两个力在其作用面内任意直线段上的投影的代数和恒为零。

2. 填空题

3-15　作用在刚体上的三个力使刚体处于平衡状态，其中两个力汇交于一点，则第三个力的作用线_____。

3-16　如图 3-41 所示，不计重量的直杆 AB 与折杆 CD 在 B 处用光滑铰链连接，若结构受力 F 作用，则支座 C 处的约束力大小_____，方向_____。

3-17　用解析法求汇交力系合力时，若采用的坐标系不同，则所求的合力_____。

3-18　力偶是由_____、_____、_____的两个力组成的。

3-19　同平面的两个力偶，只要_____相同，则这两个力偶等效。

3-20　如图 3-42 所示，平面系统受力偶矩 $M=20\text{kN}\cdot\text{m}$ 的作用，杆 AC、BC 自重不计，A 支座约束力大小是_____，B 支座约束力大小是_____。

习题 3-20 讲解

3-21　如图 3-43 所示，在力偶矩作用下，梁 A 支座约束力大小是_____，B 支座约束力的大小为_____。

3-22　如图 3-44 所示，已知：$F_1=F_2=F_3=F_4=F$，$M=Fa$，a 为三角形边长，如以 A 为简化中心，则最后的结果其约束力大小为_____，方向_____。

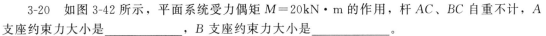

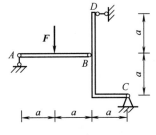

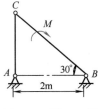

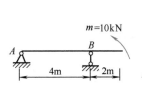

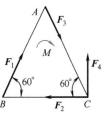

图 3-41　题 3-16 图　　　图 3-42　题 3-20 图　　　图 3-43　题 3-21 图　　　图 3-44　题 3-22 图

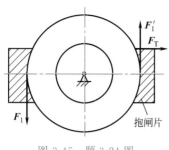

图 3-45 题 3-24 图

3-23 平面力偶系的平衡条件是_____。

3-24 如图 3-45 所示，抱闸的直径是轴的直径的两倍，如果在轴上作用一个力 F_T，抱闸制动时作用在抱闸上的力为 F_1，则 $F_1 =$ _____ F_T。

3. 单项选择题

3-25 已知某平面任意力系的合成结果为一合力，该力系向 O 点简化，以 F' 代表主矢，M_O 代表主矩，则必有_____，也可能有_____。

A. $F' = 0$ B. $F' \neq 0$

C. $F' = 0$，$M_O \neq 0$ D. $F' \neq 0$，$M_O \neq 0$

3-26 有四个平面任意力系，分别作用在四个刚体上，各力的大小均相等，方向如图 3-46（a）、（b）、（c）、（d）所示，诸正多边形的边长均为 200mm，则各力系合成的最终结果为：

（a）_____   （b）_____   （c）_____   （d）_____

A. 合力偶   B. 合力   C. 平衡

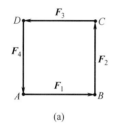
(a)

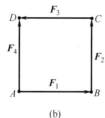
(b)

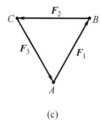
(c)

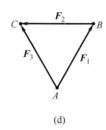
(d)

图 3-46 题 3-26 图

3-27 平面平行力系的平衡方程写为二矩 $\sum M_A(F) = 0$、$\sum M_B(F) = 0$，其限制条件是 AB 连线与 F _____。

A. 不平行   B. 平行   C. 垂直   D. 不垂直

3-28 如图 3-47 所示，平面连杆机构中的 AB，CD 杆上作用等值反向力偶 M_1、M_2，此时 BC 不平行于 AD，如不计杆重，则该机构处于_____。

A. 平衡   B. 不平衡   C. 无法判断

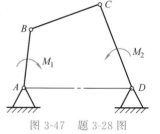

图 3-47 题 3-28 图

3-29 同一圆盘上，受力情况如图 3-48（a）、（b）、（c）所示，则_____是等效力系。

A. （a）与（b）   B. （b）与（c）

C. （c）与（a）   D. 无法比较

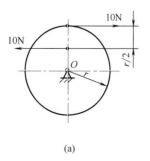
(a)

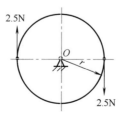
(b)

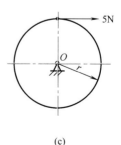
(c)

图 3-48 题 3-29 图

4. 计算题

3-30 试计算图 3-49 中力 F 对点 O 的矩。

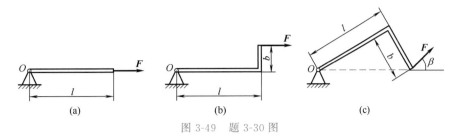

图 3-49 题 3-30 图

3-31 如图 3-50 所示，已知：$F=300\text{N}$，$\alpha=30°$，$a=0.25\text{m}$，$b=0.05\text{m}$。求：$M_B(F)$。

3-32 如图 3-51 所示：已知 $F_1=150\text{N}$，$F_2=200\text{N}$，$F_3=300\text{N}$，$F=F'=200\text{N}$，求力系向点 O 简化的结果，合力的大小及到原点 O 的距离。

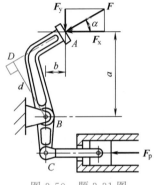

图 3-50 题 3-31 图

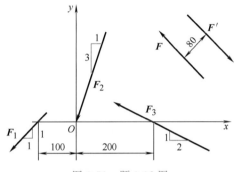

图 3-51 题 3-32 图

3-33 如图 3-52 所示，水平梁 AB 由铰链 A 和杆 BC 支持。在梁的 D 处用销子安装滑轮，半径为 $r=0.1\text{m}$。有一跨过滑轮的绳子一端水平地系在墙上，另一端悬挂有重为 1800N 的重物。其中 $AD=0.2\text{m}$，$BD=0.4\text{m}$，$\varphi=45°$，不计梁、滑轮和绳子的自重，求固定铰支座 A 和杆 BC 的约束力。

3-34 图 3-53 所示的组合梁由 AC 和 CD 铰接而成，起重机放在梁上。已知梁重为 $P_1=50\text{kN}$，重心在铅直线 EC 上，起重荷载为 $P=10\text{kN}$，不计梁的自重，试求支座 A、D 处的约束力。

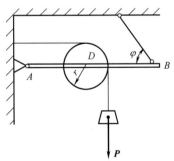

图 3-52 题 3-33 图

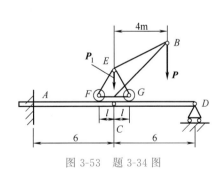

图 3-53 题 3-34 图

3-35 如图 3-54 所示，均质杆 AB 重为 P_1，一端用铰链 A 支于墙面上，并用滚动支座 C 维持平衡，另一端又与重为 P_2 的均质杆 BD 铰接，杆 BD 靠于光滑的台阶 E 上，且倾角为 α，设：$AC=\dfrac{2}{3}AB$，$BE=\dfrac{2}{3}BD$。试求 A、C 和 E 三处的约束力。

3-36 图 3-55 所示为一拔桩装置。在木桩的点 A 上系一绳,将绳的另一端固定在点 C,在绳的点 B 系另一绳 BE,将它的另一端固定在点 E,然后在绳的点 D 用力向下拉,并使绳的 BD 段水平,AB 段铅直,DE 段与水平线、CB 段与铅垂直线间成等角 $\theta=0.1$ rad(当 θ 很小时,$\tan\theta\approx\theta$)。如向下的拉力 $F=800$N,求绳 AB 作用于桩上的拉力。

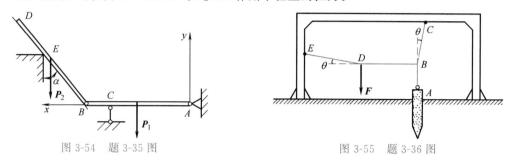

图 3-54 题 3-35 图   图 3-55 题 3-36 图

3-37 求图 3-56 所示多跨静定梁的支座约束力。

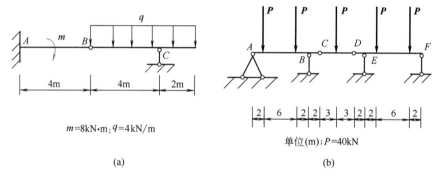

$m=8$kN·m;$q=4$kN/m   单位(m);$P=40$kN

(a)   (b)

图 3-56 题 3-37 图

3-38 如图 3-57 所示,构架由杆 AB、AC 和 DF 铰接而成,在杆 DEF 上作用一力偶矩为 M 的力偶,不计各杆的自重,试求杆 AB 上的铰链 A、D、B 处所受的力。

3-39 如图 3-58 所示的构架,起吊重物的重为 1200N,细绳跨过滑轮水平系于墙面上,不计滑轮和杆的自重,几何尺寸如图 3-58 所示。试求支座 A、B 处的约束力,杆 BC 的内力。

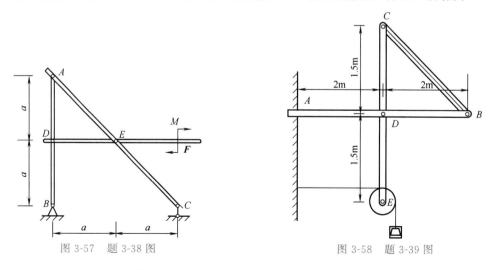

图 3-57 题 3-38 图   图 3-58 题 3-39 图

3-40 如图 3-59 所示,铰链四杆机构 ABCD 受两个力偶作用处于平衡状态,已知力偶矩

$M_1 = 1\text{N} \cdot \text{m}$，$CD = 0.4\text{m}$，$AB = 0.6\text{m}$，各杆自重不计，试求力偶矩 M_2 及 BC 杆所受的力。

3-41　如图 3-60 所示为曲轴冲床简图，A、B 两处为铰链连接，$OA = R$、$AB = l$，忽略摩擦和物体的自重，当 OA 在水平位置时，冲头的压力为 F 时，求：（1）作用在轮子上的力偶矩 M 的大小；（2）轴承 O 处的约束力；（3）连杆 AB 所受的力；（4）冲头给导轨的侧压力。

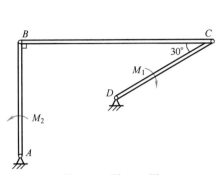

图 3-59　题 3-40 图

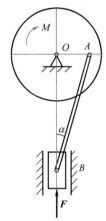

图 3-60　题 3-41 图

3-42　如图 3-61 所示的构架中，在杆 BE 上作用一力偶，其矩为 M，C、D 在 AE、BE 杆的中点，各杆的自重不计，试求支座 A 和铰链 E 处的约束力。

3-43　尖劈起重装置尺寸如图 3-62 所示，A 的顶角为 α，物块 B 受力 F_1 的作用，物块 A、B 间的摩擦因数为 f_s（由滚珠处的摩擦忽略不计），物块 A、B 的自重不计，试求使系统保持平衡的力 F_2 的范围。

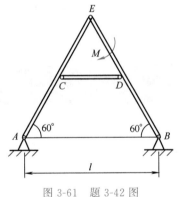

图 3-61　题 3-42 图

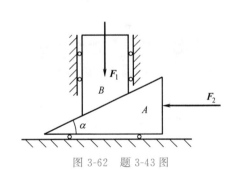

图 3-62　题 3-43 图

3-44　平面桁架受力如图 3-63 所示，试求 1、2、3 杆的内力。

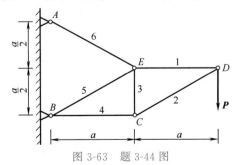

图 3-63　题 3-44 图

单元四

空间力系和重心

课题一　空间一般力系的简化

各力的作用线在空间呈任意分布的力系称空间力系，因而它是物体最一般的受力情形。其他各种力系均可视作该力系的特例。如图 4-1 所示传动轴和车床主轴传动系统，均为空间

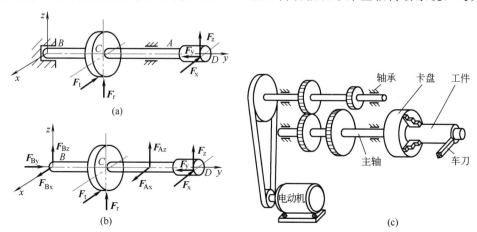

图 4-1　空间力系

力系问题。

与平面力系一样，空间力系也可分为汇交力系、平行力系、力偶系和任意力系。

一、力在空间直角坐标上的投影分析

力 F 在空间直角坐标上的投影有两种方法。

1. 一次投影法（直接投影法）

在研究平面力系时，根据力的平行四边形法则讨论了力的投影定理，力的投影定理是研究力系平衡时的一个方便而重要的方法。对于空间力系，可以将力的投影定理扩大到三维空间，即力在笛卡儿直角坐标轴上的投影。如图 4-2 所示，假设力 F 与坐标轴 x、y、z 的夹角分别为 α、β 和 γ，则力在三个坐标轴上的投影分别为

$$\begin{cases} F_x = \pm F\cos\alpha \\ F_y = \pm F\cos\beta \\ F_z = \pm F\cos\gamma \end{cases} \tag{4-1}$$

式（4-1）中投影正负号的选取方法与平面力系完全相同。

2. 二次投影法（间接投影法）

力的投影还可以采用间接投影的方法，先投影到某坐标平面后再投影到坐标轴上。如图 4-3 所示，假设已知力 F 先投影到 xy 平面，得到 F_{xy}，再利用 F_{xy} 与 x 轴夹角 φ 将其投影到 x、y 轴上，至于 z 轴的投影可以直接将该力投影到 z 轴上。于是投影结果为

$$\begin{cases} F_x = F\sin\gamma\cos\varphi \\ F_y = F\sin\gamma\sin\varphi \\ F_z = F\cos\gamma \end{cases} \tag{4-2}$$

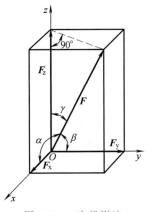

图 4-2 一次投影法

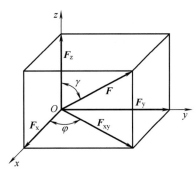

图 4-3 二次投影法

如果已知力在坐标轴上的投影 F_x、F_y、F_z，则力 F 的大小和方向余弦为

$$\begin{cases} F = \sqrt{F_x^2 + F_y^2 + F_z^2} \\ \cos\alpha = \dfrac{F_x}{F} \quad \cos\beta = \dfrac{F_y}{F} \quad \cos\gamma = \dfrac{F_z}{F} \end{cases} \tag{4-3}$$

【例 4-1】 半径为 r 的斜齿圆柱齿轮，其上作用力 F_n，如图 4-4 所示。求该力在坐标轴上的投影。

解： 用二次投影法求力 F_n 在坐标轴上的投影，由图 4-4（c）得

切向力（圆周力） $\qquad F_x = F_t = F_n\cos\alpha\cos\beta$

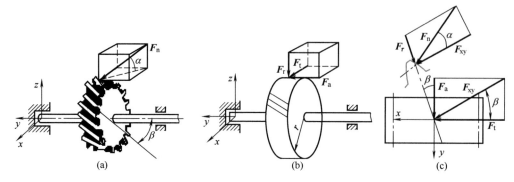

图 4-4　斜齿圆柱齿轮受力分析

轴向力 $\qquad\qquad\qquad\qquad F_y = F_a = F_n \cos\alpha \sin\beta$

径向力 $\qquad\qquad\qquad\qquad F_z = F_r = -F_n \sin\alpha$

二、力对轴之矩计算

在平面力系作用下，物体只能在平面内绕某点转动，力使物体发生转动状态改变的效果是用力对点之矩度量的。在空间问题中，物体发生的绕某轴转动状态改变的效果，例如门绕门轴转动、飞轮绕转轴转动等均为物体绕定轴转动，描述力对轴的转动效应时则用力对轴之矩度量。

现在，以门绕 z 轴的转动为例，如图 4-5 所示，讨论力对轴之矩。

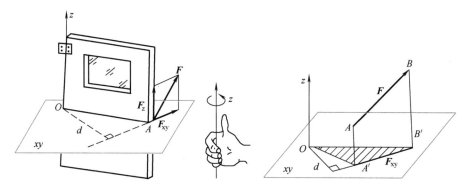

图 4-5　力对轴之矩

如图 4-5 所示，作用在门上 A 点的力 F，将力 F 沿与门轴 z 平行和垂直于门轴的平面这两个方向进行分解，得分力 F_{xy} 和 F_z。实践表明 F_z 对门不产生转动效应，只有 F_{xy} 才对门产生转动效应。用 $M_z(F)$ 表示力对轴的矩，因此，定义力对轴的矩等于分力 F_{xy} 对其所在的平面与门轴 z 交点 O 的矩，即

$$M_z(F) = M_O(F_{xy}) = \pm F_{xy} d \qquad\qquad (4\text{-}4)$$

由此得力对轴的矩是描述刚体绕轴转动效应的物理量，它是一个代数量，其大小等于这个力在垂直于该轴的平面上的投影对于这个平面与该轴交点的矩。其符号用右手螺旋法则来确定：如图 4-6 所示，伸出右手，手心对着轴线，四指沿力的作用线弯曲握着轴，若拇指与轴同向，力矩为正，反之则为负。或从 z 轴的正向看，逆时针旋转的力矩为正，顺时针旋转的力矩为负。

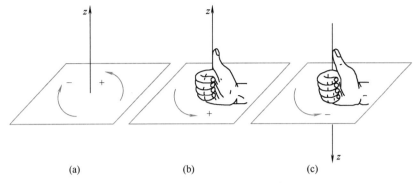

图 4-6　力对轴之矩方向判别

特殊情况：当 $M_z(\boldsymbol{F})=0$ 时，则（1）$\boldsymbol{F}_{xy}=0$，此时力 $\boldsymbol{F}$ 与转轴平行；（2）$h=0$，此时力 $\boldsymbol{F}$ 与转轴相交。即当力的作用线与转轴共面时，力对该轴的矩等于零。

力对轴的矩的单位：牛顿·米（N·m）或千牛顿·米（kN·m）。

三、合力矩定理

空间任意力系的合力对任意一点的矩等于力系中各力对同一点的矩的矢量和。即

$$M_O=\sum M_O(\boldsymbol{F}) \tag{4-5}$$

将上式向直角坐标轴 x、y、z 投影，得对某轴的合力矩定理：

空间任意力系的合力对某轴的矩等于力系中各力对同一轴的矩的代数和。即

$$\begin{cases}M_x=\sum M_x(\boldsymbol{F})\\M_y=\sum M_y(\boldsymbol{F})\\M_z=\sum M_z(\boldsymbol{F})\end{cases} \tag{4-6}$$

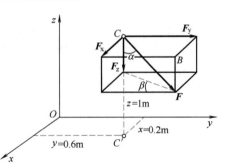

图 4-7　空间力

【例 4-2】　如图 4-7 所示，力 $F=100\text{N}$，$\alpha=60°$，$\beta=30°$，求力 $\boldsymbol{F}$ 在各正交坐标轴上的投影及力对轴之矩。

解：（1）$\boldsymbol{F}$ 在各坐标轴上的投影为

$F_z=-F\cos\alpha=-100\times0.5=-50$（N）

$F_x=F\sin\alpha\sin\beta=100\times\sin60°\sin30°=43.3$（N）

$F_y=F\sin\alpha\cos\beta=100\times\sin60°\cos30°=75$（N）

（2）力 $\boldsymbol{F}$ 对各坐标轴之矩为

$M_z(\boldsymbol{F})=M_z(\boldsymbol{F}_x)+M_z(\boldsymbol{F}_y)=-F_xy-F_yx=-10.98$（N·m）

$M_x(\boldsymbol{F})=M_x(\boldsymbol{F}_y)+M_x(\boldsymbol{F}_z)=-F_yz-F_zy=-105$（N·m）

$M_y(\boldsymbol{F})=M_y(\boldsymbol{F}_x)+M_y(\boldsymbol{F}_z)=F_xz+F_zx=53.3$（N·m）

【例 4-3】　如图 4-8（a）所示手摇曲柄，已知 $F=100\text{kN}$，求力对 z 轴的力矩。

解：（1）将力 $\boldsymbol{F}$ 沿 x、y、z 轴方向分解，根据图 4-8（a）中的已知数据，将空间力 $\boldsymbol{F}$ 画成图 4-8（b）所示情形，由此可得

$$F_y=F\sin\alpha\cos\beta=100\times\frac{\sqrt{10}}{\sqrt{35}}\times\frac{3}{\sqrt{10}}=50.709\text{（kN）}$$

$$F_x = F\sin\alpha\sin\beta = 100 \times \frac{\sqrt{10}}{\sqrt{35}} \times \frac{1}{\sqrt{10}} = 16.903 \text{（kN）}$$

（2）应用合力矩定理，得

$$
\begin{aligned}
M_z(\boldsymbol{F}) &= M(\boldsymbol{F}_y) + M(\boldsymbol{F}_x) \\
&= -50.709 \times 15 - 16.903 \times 15 \\
&= -10.1418(\text{kN} \cdot \text{m})
\end{aligned}
$$

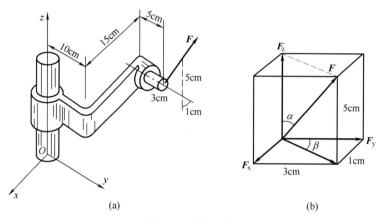

图 4-8　手摇曲柄

课题二　空间力系的平衡计算

一、空间任意力系的平衡方程建立

空间力系同样可以简化为一个主矢和一个主矩，根据静力平衡条件，物体受空间力系作用的平衡条件也应该是主矢和主矩均等于零，即必须满足

$$
\begin{cases}
\boldsymbol{F}'_R = \sum F = 0 \\
M_O = \sum M_O(\boldsymbol{F}) = 0
\end{cases} \tag{4-7}
$$

写作投影（分量）的形式为

$$
\begin{cases}
\sum F_x = 0 \\
\sum F_y = 0 \\
\sum F_z = 0 \\
\sum M_x(\boldsymbol{F}) = 0 \\
\sum M_y(\boldsymbol{F}) = 0 \\
\sum M_z(\boldsymbol{F}) = 0
\end{cases} \tag{4-8}
$$

以上六个方程即为空间任意力系的平衡方程，显然，通过该方程可以求得六个未知量。如果未知力的个数超过六个则为静不定问题。

需要注意的是：在空间力系平衡问题的六个平衡方程中，应使每个方程的未知数尽可能少，以避免解联立方程，列写六个方程的先后顺序也应灵活选取。

二、空间任意力系的特殊情况分析

空间平行力系 $\begin{cases} \sum F_z = 0 \\ \sum M_x(\boldsymbol{F}) = 0 \\ \sum M_y(\boldsymbol{F}) = 0 \end{cases}$ (4-9)

空间力偶系 $\begin{cases} M_x = \sum M_x(\boldsymbol{F}) \\ M_y = \sum M_y(\boldsymbol{F}) \\ M_z = \sum M_z(\boldsymbol{F}) \end{cases}$ (4-10)

空间汇交力系 $\begin{cases} \sum F_x = 0 \\ \sum F_y = 0 \\ \sum F_z = 0 \end{cases}$ (4-11)

三、空间常见约束的简化

在空间问题中，所研究问题的约束最多应有 6 个，这样上述的平衡方程才能求解。在实际物体中，由于受力较为复杂，应抓住物体受力的主要因素，忽略次要因素，才能将复杂问题加以简化。表 4-1 列出了几种典型空间约束简化形式。

表 4-1　空间约束类型及其约束力

约束类型	简化符号	约束力表示
向心轴承		
向心推力轴承		
空间固定端		
球铰		

续表

约 束 类 型	简 化 符 号	约 束 力 表 示
空间轴的约束	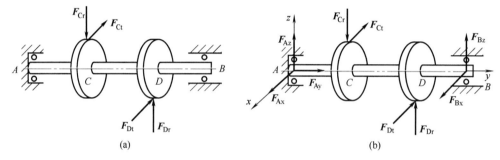	

（a）一对轴承　　　　　（b）固定端

【例 4-4】 传动轴如图 4-9（a）所示，齿轮 C、D 半径分别为 r_1、r_2，试用直接法写出其平衡方程组。

解：画受力图。约束为一对轴承，反力如图 4-9（b）所示。为避免在列平衡方程时发生遗漏或错误，可如下表所示，逐一列出各力在坐标轴上的投影及其对轴之矩。

图 4-9 传动轴

项目	F_{Ax}	F_{Ay}	F_{Az}	F_{Bx}	F_{Bz}	F_{Ct}	F_{Cr}	F_{Dt}	F_{Dr}
F_x	F_{Ax}	0	0	F_{Bx}	0	$-F_{Ct}$	0	$-F_{Dt}$	0
F_y	0	F_{Ay}	0	0	0	0	0	0	0
F_z	0	0	F_{Az}	0	F_{Bz}	0	$-F_{Cr}$	0	F_{Dr}
$M_x(\boldsymbol{F})$	0	0	0	0	$F_{Bz}AB$	0	$-F_{Cr}AC$	0	$F_{Dr}AD$
$M_y(\boldsymbol{F})$	0	0	0	0	0	$-F_{Ct}r_1$	0	$F_{Dt}r_2$	0
$M_z(\boldsymbol{F})$	0	0	0	$-F_{Bx}AB$	0	$F_{Ct}AC$	0	$F_{Dt}AD$	0

空间力系直接求解法

由表中各行可以列出平衡方程如下

$$\sum F_x = F_{Ax} + F_{Bx} - F_{Ct} - F_{Dt} = 0 \tag{1}$$

$$\sum F_y = F_{Ay} = 0 \tag{2}$$

$$\sum F_z = F_{Az} + F_{Bz} - F_{Cr} + F_{Dr} = 0 \tag{3}$$

$$\sum M_x(\boldsymbol{F}) = F_{Bz}AB - F_{Cr}AC + F_{Dr}AD = 0 \tag{4}$$

$$\sum M_y(\boldsymbol{F}) = -F_{Ct}r_1 + F_{Dt}r_2 = 0 \tag{5}$$

$$\sum M_z(\boldsymbol{F}) = -F_{Bx}AB + F_{Ct}AC + F_{Dt}AD = 0 \tag{6}$$

利用上述六个方程，除可求五个约束反力外，还可确定平衡时轴所传递的载荷。

上述求解空间力系平衡问题的方法，称为直接求解法。

课题三 轮轴类部件平衡问题的平面解法

空间力系若为平衡力系，则空间平衡力系中各力在正交坐标系中任一个平面上的分量（其大小等于力在该平面上的投影）所形成的平面力系，也必为平衡力系。因为处于平衡的物体，不能在任何平面内发生移动或转动状态的改变。

只要能正确地将空间力系投影到三个坐标平面上，则空间力系的平衡问题即可转化成平面力系的平衡问题，用前面所学的方法求解。这种方法称为投影法，其优点是图形简明，几何关系清楚，在工程中经常采用。

【例 4-5】 传动轴受力图如图 4-10 （a）所示（与例 4-3 相同），齿轮 C、D 半径分别为 r_1、r_2，试用投影法写出其平衡方程组。

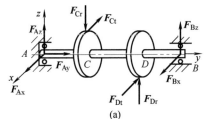

(a)

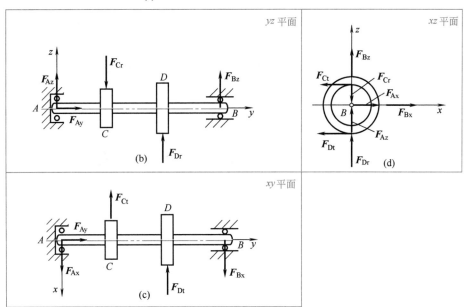

图 4-10 传动轴受力图

解：如将图 4-10 之空间力系向坐标平面投影，可分别求出三个坐标平面上的力。

（1）由图 4-10 （b）所示，yz 平面力系，可写出平衡方程

$$\sum F_y = F_{Ay} = 0 \tag{2}$$

$$\sum F_z = F_{Az} + F_{Bz} - F_{Cr} + F_{Dr} = 0 \tag{3}$$

$$\sum M_x(\boldsymbol{F}) = F_{Bz}AB - F_{Cr}AC + F_{Dr}AD = 0 \tag{4}$$

（2）由图 4-10 （c）所示，xy 平面力系，可写出平衡方程

$$\sum F_x = F_{Ax} + F_{Bx} - F_{Ct} - F_{Dt} = 0 \tag{1}$$

$$\sum F_y = F_{Ay} = 0 \tag{2}$$
$$\sum M_z(\boldsymbol{F}) = -F_{Bx}AB + F_{Ct}AC + F_{Dt}AD = 0 \tag{6}$$

（3）由图 4-10（d）所示，xz 平面力系，可写出平衡方程

$$\sum F_x = F_{Ax} + F_{Bx} - F_{Ct} - F_{Dt} = 0 \tag{1}$$
$$\sum F_z = F_{Az} + F_{Bz} - F_{Cr} + F_{Dr} = 0 \tag{3}$$
$$\sum M_y(\boldsymbol{F}) = -F_{Ct}r_1 + F_{Dt}r_2 = 0 \tag{5}$$

这样写出的平衡方程，与直接求解法是完全相同的。但应注意，由三个投影平面力系写出的 9 个平衡方程中，只有 6 个是独立的。三个力的投影方程各写了两次，两次是否一致可检查投影或投影方程的正确性。以坐标原点为矩心，在平面内写出的力矩方程，则分别是空间力系中对垂直于该平面的坐标轴的力矩方程。如在 xy 平面内，力系对 A 点之矩 $\sum M_A(\boldsymbol{F})$，就是空间力系对于 z 轴之矩 $\sum M_z(\boldsymbol{F})$，等等。

【例 4-6】 如图 4-11 所示传动轴，已知：带轮 D 中，$D_1 = 400\text{mm}$，$F_T = 2000\text{N}$，$F_t = 1000\text{N}$，齿轮 C 中，$D_2 = 200\text{mm}$，$\alpha = 20°$。求：齿轮 C 的啮合力 $\boldsymbol{F}_n$，轴承 A、B 的约束力 $\boldsymbol{F}_A$、$\boldsymbol{F}_B$。

解：如将图 4-11 之空间力系向坐标平面投影，可分别求出三个坐标平面上的力。

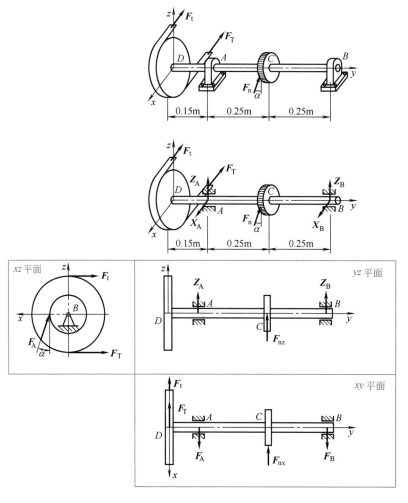

图 4-11　传动轴

（1）侧视图（xz 平面）

（没有画轴承 A、B 的约束力，因为没有解除这两个轴承约束）

$$\sum M_{\mathrm{B}}(\boldsymbol{F})=0 \qquad F_{\mathrm{T}}\times\frac{D_1}{2}-F_{\mathrm{t}}\times\frac{D_1}{2}-F_{\mathrm{n}}\cos\alpha\times\frac{D_2}{2}=0$$

$$2000\times200-1000\times200-F_{\mathrm{n}}\cos20°\times100=0$$

得 $$F_{\mathrm{n}}=2128.4 \text{（N）}$$

（2）主视图（yz 平面）

$$F_{\mathrm{nz}}=F_{\mathrm{n}}\cos20°=2128.4\times\cos20°=2000 \text{（N）}$$

因主动力 $F_{\mathrm{nz}}=2000\mathrm{N}$ 作用点到 A、B 两个支座距离相同，方向向上，显然，与之平衡的两支座约束力大小相等，实际方向向下，和受力图所画的方向相反，所以

$$Z_{\mathrm{A}}=Z_{\mathrm{B}}=-\frac{F_{\mathrm{n2}}}{2}=-\frac{2000}{2}=-1000 \text{（N）}$$

（3）俯视图（xy 平面）

$$F_{\mathrm{nx}}=F_{\mathrm{n}}\sin20°=2130\times\sin20°=728 \text{（N）}$$

$$\sum M_{\mathrm{A}}(\boldsymbol{F})=0 \qquad -(F_{\mathrm{T}}+F_{\mathrm{t}})\times0.15+F_{\mathrm{nx}}\times0.25-X_{\mathrm{B}}\times0.5=0$$

$$-(2000+1000)\times0.15+728\times0.25-X_{\mathrm{B}}\times0.5=0$$

$$X_{\mathrm{B}}=-536(\mathrm{N})$$

$$\sum F_{\mathrm{x}}=0 \qquad -F_{\mathrm{T}}-F_{\mathrm{t}}+X_{\mathrm{A}}-F_{\mathrm{nx}}+X_{\mathrm{B}}=0$$

$$-2000-1000+X_{\mathrm{A}}-728+(-536)=0$$

$$X_{\mathrm{A}}=4264(\mathrm{N})$$

结论：$F_{\mathrm{n}}=2128.4(\mathrm{N})$

$$\begin{cases} X_{\mathrm{A}}=4624(\mathrm{N}) \\ Z_{\mathrm{A}}=-1000(\mathrm{N}) \end{cases} \qquad \begin{cases} X_{\mathrm{B}}=-536(\mathrm{N}) \\ Z_{\mathrm{B}}=-1000(\mathrm{N}) \end{cases}$$

【例 4-7】 某传动轴如图 4-12（a）所示。已知齿轮分度圆半径 $r=0.20\mathrm{m}$，齿轮自重 $G_1=1\mathrm{kN}$，在齿轮啮合点处的啮合力 $\boldsymbol{F}_{\mathrm{n}}$ 可分解为：圆周力 $F_{\mathrm{t}}=12\mathrm{kN}$、径向力 $F_{\mathrm{r}}=1.5\mathrm{kN}$、轴向力 $F_{\mathrm{a}}=0.5\mathrm{kN}$，带轮半径 $R=0.6\mathrm{m}$，带轮自重 $G_2=2\mathrm{kN}$，带轮紧边拉力 $\boldsymbol{F}_1$ 与水平面夹角为 $45°$，松边拉力 $\boldsymbol{F}_2$ 与水平面夹角为 $30°$，$F_1=2F_2$。图中 $AC=CB=l=0.4\mathrm{m}$，$BD=l/2$。试求轴承 A、B 两处的约束力与带的拉力。

解： 取轮轴为研究对象，画出其分离体在三个投影面上的受力图〔如图 4-12（b）所示〕，并分别列平衡方程求解。

（1）侧视图（xz 平面）

$$\sum M_{\mathrm{A}}(\boldsymbol{F})=0 \qquad -F_{\mathrm{t}}r+(F_1-F_2)R=0$$

$$12\times0.2-\left(F_1-\frac{F_1}{2}\right)\times0.6=0$$

$$F_1=8 \text{（kN）} \qquad F_2=\frac{F_1}{2}=4 \text{（kN）}$$

（2）主视图（yz 平面）

$$\sum F_{\mathrm{y}}=0 \qquad F_{\mathrm{Ay}}-F_{\mathrm{a}}=0$$

$$F_{\mathrm{Ay}}=F_{\mathrm{a}}=0.5 \text{（kN）}$$

$$\sum M_{\mathrm{A}}(\boldsymbol{F})=0 \qquad F_{\mathrm{Bz}}\times2l+(F_{\mathrm{t}}-G_1)l+(F_2\sin30°-F_1\sin45°-G_2)\times2.5l=0$$

$$F_{\mathrm{Bz}}=1.57 \text{（kN）}$$

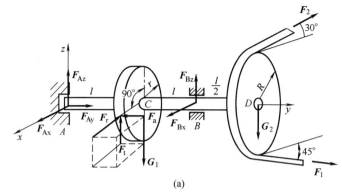

(a)

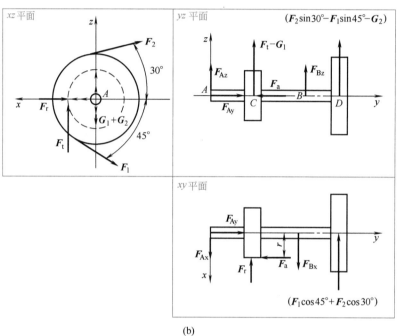

(b)

图 4-12 *传动轴*

$$\sum F_z = 0 \qquad F_{Az} + (F_t - G_1) + F_{Bz} - (F_1 \sin 45° - F_2 \sin 30° + G_2) = 0$$
$$F_{Az} = -6.913 \text{ (kN)}$$

(3) 俯视图（xy 平面）

$$\sum M_A(F) = 0 \qquad F_r l - F_a r - F_{Bx} \times 2l + (F_1 \cos 45° + F_2 \cos 30°) \times 2.5l = 0$$
$$F_{Bx} = 11.995 \text{ (kN)}$$

$$\sum F_x = 0 \qquad F_{Ax} - F_t + F_{Bx} - (F_1 \cos 45° + F_2 \cos 30°) = 0$$
$$F_{Ax} = -1.374 \text{ (kN)}$$

课题四　物体的重心计算

一、重心的确定

在地球附近的物体都受到地球对其的吸引力。重力作用于物体的每个微小部分。一个物体可以看成是许多微小部分构成。如图 4-13 所示，每个微小物体的重力视为空间平行力系。整个物体的重力是这个空间力系的合力。物体无论如何放置，其合力作用线都通过物体上一个确定点。这一点称为物体的重心。

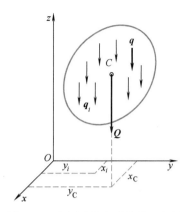

所谓物体的重心实际上是指物体的质量中心，因为重力是质量与重力加速度的乘积，可见重力的方向始终是垂直向下指向地心。假设该物体的质量中心是 C，显然，刚体上作用的重力 Q 等于各个单位质量上的重力 q 的和，即有 $Q=\sum q$，因为方向都相同，矢量和就是数值的和。

在工程实际中，研究物体的重心有重要意义。例如工程上，转动的机械，特别是高速转子，如果重心不在其转动轴线上，将会引起强烈震动，甚至超过材料的允许强度而遭到破坏。又如船舶和高速飞行物，如重心位置设计不

图 4-13　空间平行力系的重心坐标

好，就可能引起轮船的倾覆和影响飞行物的稳定飞行等。另外起重机、水坝、挡土墙的倾覆稳定性都与各自的重心位置有关。因此在土建、机械设计中常需要计算物体中心的位置。

下面主要分析重心的位置如何确定。

如图 4-13 所示，利用合力矩定理可以确定重心的位置，因为合力对某根轴的力矩等于各个分力对同一根轴的力矩之和，即

$$M_x(Q)=\sum M_x(q)$$
$$M_y(Q)=\sum M_y(q) \tag{4-12}$$

因此有

$$Qy_C=\sum q_i y_i$$
$$Qx_C=\sum q_i x_i \tag{4-13}$$

转动坐标系，同样可以得到

$$Qz_C=\sum q_i z_i \tag{4-14}$$

这里，x_C、y_C、z_C 为平行力系中心在参考系中的位置。

于是可以得到确定重心坐标位置的表达式为

$$\begin{cases} x_C=\dfrac{\sum q_i x_i}{Q} \\ y_C=\dfrac{\sum q_i y_i}{Q} \\ z_C=\dfrac{\sum q_i z_i}{Q} \end{cases} \tag{4-15}$$

如果约去公共因子重力加速度，上式还可以改写为

$$\begin{cases} x_C=\dfrac{\sum m_i x_i}{m} \\ y_C=\dfrac{\sum m_i y_i}{m} \\ z_C=\dfrac{\sum m_i z_i}{m} \end{cases} \tag{4-16}$$

这里，m 为整个刚体的质量，即 $m=\sum m_i$。

如果进一步考虑到材料分布的均匀性，即 $m=\rho V$，这里 ρ 为密度，V 为体积。则上式

还可以改写为

$$\begin{cases} x_C = \dfrac{\sum V_i x_i}{V} \\[2mm] y_C = \dfrac{\sum V_i y_i}{V} \\[2mm] z_C = \dfrac{\sum V_i z_i}{V} \end{cases} \tag{4-17}$$

如果考虑到物体为等厚（厚度＝t）的构件，由于体积与面积的关系是 $V=At$，上式还可以进一步改写为

$$\begin{cases} x_C = \dfrac{\sum A_i x_i}{A} \\[2mm] y_C = \dfrac{\sum A_i y_i}{A} \\[2mm] z_C = \dfrac{\sum A_i z_i}{A} \end{cases} \tag{4-18}$$

由以上的分析可以看出，从式（4-14）到式（4-17）都是等价的，采用哪个式子进行重心的确定要根据具体问题分析。对于一个物体系统，该系统由多个构件组成，同样可以利用上面得到的公式确定系统的重心。

例如，对应式（4-18），确定物体系重心的表达式为

$$\begin{cases} x_C = \dfrac{\sum A_i x_{Ci}}{\sum A_i} \\[2mm] y_C = \dfrac{\sum A_i y_{Ci}}{\sum A_i} \\[2mm] z_C = \dfrac{\sum A_i z_{Ci}}{\sum A_i} \end{cases} \tag{4-19}$$

对于等厚度的匀质构件，上式也是确定其形心位置的数学描述。

二、确定重心及形心的方法

1. 查表法

重心是物体各部分所受重力之合力的作用点。均质物体的重心，即物体的形心；对于非均质物体，若质量关于形心或形心轴对称，则重心仍在形心或形心轴上。

对于均质物体，或有对称轴、对称中心的物体的重心在相应对称轴、对称中心上。如圆锥，圆柱重心在其轴线上，球体重心在其几何中心上。简单形体的重心可以由工程手册查出（见表 4-2），也可以进行计算。

表 4-2　简单形体的形心

图　　形	形 心 坐 标	图　　形	形 心 坐 标
圆弧 	$x_C = \dfrac{r\sin\alpha}{\alpha}$ 对于半圆弧 $\alpha = \dfrac{\pi}{2}$，则 $x_C = \dfrac{2r}{\pi}$	抛物线 	$x_C = \dfrac{3}{5}a$ $y_C = \dfrac{3}{8}b$

图　形	形　心　坐　标	图　形	形　心　坐　标
三角形面积 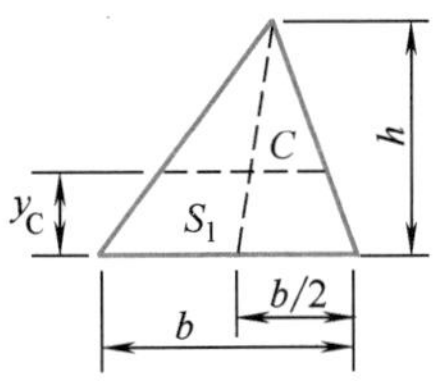	在中线的交点 $y_C = \dfrac{1}{3}h$	抛物形面积 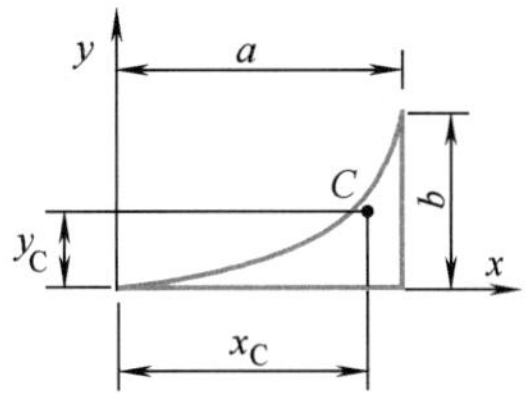	$x_C = \dfrac{3}{4}a$ $y_C = \dfrac{3}{10}b$
半圆球 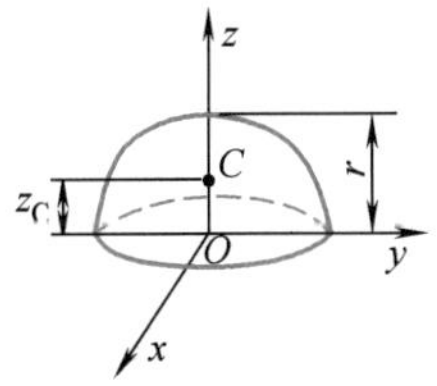	$z_C = \dfrac{3}{8}r$	梯形面积 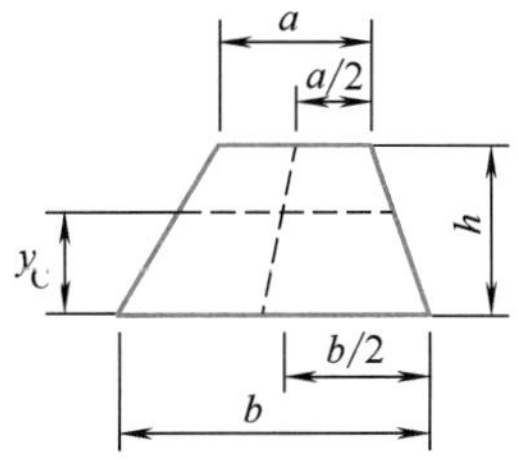	在上、下底中点 $y_C = \dfrac{h(2a+b)}{3(a+b)}$
扇形面积 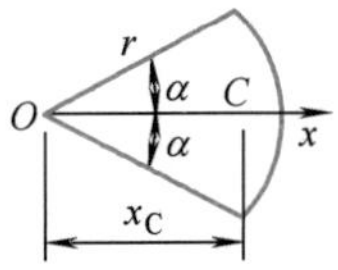	$x_C = \dfrac{2}{3} \times \dfrac{r\sin\alpha}{\alpha}$ 对于半圆 $\alpha = \dfrac{\pi}{2}$，则 $x_C = \dfrac{4r}{3\pi}$	正圆锥体 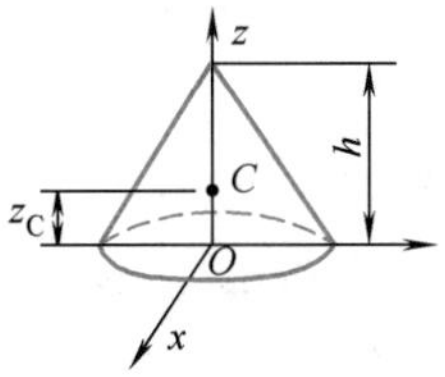	$z_C = \dfrac{1}{4}h$

【例 4-8】 试求如图 4-14 所示平面图形偏心块的形心。已知 $R=100\text{mm}$，$r=17\text{mm}$，$b=13\text{mm}$。

解： 直接利用式（4-19）计算。该平面图形可以看作由 3 部分组成：大半圆、小半圆和一个圆，只是这个圆是一圆孔，其面积为负值。

在 O 点建立惯性参考系，由对称性，形心一定在 y 轴上，其在 y 轴上的坐标为

$$y_C = \frac{\sum A_i y_{C_i}}{\sum A_i} = \frac{\dfrac{1}{2}\pi R^2 \times \dfrac{4R}{3\pi} + \dfrac{1}{2}\pi (r+b)^2 \times \left[-\dfrac{4(r+b)}{3\pi} \right] - \pi r^2 \times 0}{\dfrac{1}{2}\pi R^2 + \dfrac{1}{2}\pi (r+b)^2 - \pi r^2} = 40 \ (\text{mm})$$

2. 组合法

（1）**分割法**　若一个物体由几个简单形状的物体组合而成，而这些物体的重心是已知的，那么整个物体的重心即可用式（4-15）求出。

（2）**负面积法**（负体积法）　若在物体或薄板内切去一部分（例如有空穴或孔的物体），则这类物体的重心，仍可应用与分割法相同的公式来求得，只是切去部分的体积或面积应取负值。

【例 4-9】 用分割法求图 4-15 所示均质槽形面积重心的位置。设 $a=20\text{cm}$，$b=30\text{cm}$，$c=40\text{cm}$。

解： 因 Ox 轴为对称轴，重心在此轴上，$y_C=0$，只需求 x_C，由图上的尺寸可以算出这

分割法
求重心

三块矩形的面积及其重心的 x 坐标如下

$$S_{\text{I}}=300\text{cm}^2，x_{\text{I}}=15\text{cm}$$

$$S_{\text{II}}=200\text{cm}^2，x_{\text{II}}=5\text{cm}$$

$$S_{\text{III}}=300\text{cm}^2，x_{\text{III}}=15\text{cm}$$

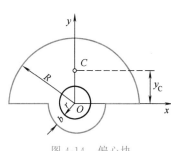

图 4-14 偏心块

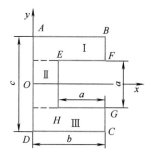

图 4-15 槽形面

得物体重心的坐标

$$x_{\text{C}}=\frac{S_{\text{I}}x_{\text{I}}+S_{\text{II}}x_{\text{II}}+S_{\text{III}}x_{\text{III}}}{S_{\text{I}}+S_{\text{II}}+S_{\text{III}}}=12.5（\text{cm}）$$

【例 4-10】 用负面积法求图 4-15 所示均质槽形面积重心的位置。

解：这个复合形体也可以看由矩形 $ABCD$ 挖去矩形 $EFGH$ 而得。按照例 4-8 所示的尺寸，可得这两个矩形的面积及其重心的坐标如下。

对于矩形 $ABCD$：$S_1=1200\text{cm}^2$，$x_1=15\text{cm}$，$y_1=0$

对于矩形 $EFGH$：$S_2=400\text{cm}^2$，$x_2=20\text{cm}$，$y_2=0$

故两块矩形重心 C 的坐标为：

$$x_{\text{C}}=\frac{S_1x_1-S_2x_2}{S_1-S_2}=12.5（\text{cm}）$$

$$y_{\text{C}}=0$$

结果与前相同。

3. 实验法（平衡法）

工程中的一些形状复杂和质量分布不均匀的物体，重心是难以计算的，这时可用实验法确定重心。

（1）悬挂法 如图 4-16 所示，求一个物体的重心，由于悬挂点给物体的力和物体受的重力满足二力平衡条件，重心必在过悬挂点的铅直线上。

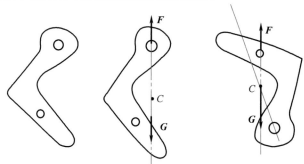

图 4-16 悬挂法求重心

可以画一经过重心的直线，更换悬挂点，再画另一经过重心的直线。用这种方法，可以求出直线的交点即为重心。

(2) 称重法　如图 4-17 所示，一个不均匀的木料，采用称重法求重心，可以先将 B 点放在地面，称 A 点，得到 $\boldsymbol{F}_1$；将 A 点放在地面，称 B 点，得到 $\boldsymbol{F}_2$，设两次抬起的角度相同。

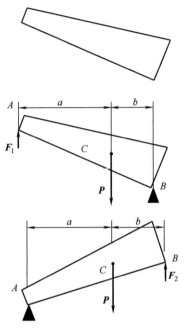

图 4-17　称重法求重心

根据平衡关系可列出

$$\sum M_{\mathrm{B}}(\boldsymbol{F})=0 \qquad Pb=F_1 l \qquad b=\frac{F_1}{P}l$$

$$\sum M_{\mathrm{A}}(\boldsymbol{F})=0 \qquad Pa=F_2 l \qquad a=\frac{F_2}{P}l$$

 小结

··

1. 力 $\boldsymbol{F}$ 在空间直角坐标上的投影有两种方法：

(1) 一次投影法（直接投影法）

假设力 $\boldsymbol{F}$ 与坐标轴 x、y、z 的夹角分别为 α、β 和 γ，则力在三个坐标轴上的投影为

$$\begin{cases} F_{\mathrm{x}}=\pm F\cos\alpha \\ F_{\mathrm{y}}=\pm F\cos\beta \\ F_{\mathrm{z}}=\pm F\cos\gamma \end{cases}$$

(2) 二次投影法（间接投影法）

先将已知力 $\boldsymbol{F}$ 投影到某一坐标平面上以及与该坐标平面相垂直的坐标轴上，然后再将在坐标平面上的投影矢量投影到该平面的两个坐标轴上，得到另外两个投影。

2. 力对轴之矩

$$M_z(\boldsymbol{F}) = M_O(\boldsymbol{F}_{xy}) = \pm F_{xy}d$$

力对轴的矩的单位：牛顿·米（N·m）或千牛顿·米（kN·m）。

3. 合力矩定理

空间任意力系的合力对任意一点的矩等于力系中各力对同一点的矩的矢量和。即

$$M_y = \sum M_y(\boldsymbol{F})$$

空间任意力系的合力对某轴的矩等于力系中各力对同一轴的矩的代数和。即

$$\begin{cases} M_x = \sum M_x(\boldsymbol{F}) \\ M_y = \sum M_y(\boldsymbol{F}) \\ M_z = \sum M_z(\boldsymbol{F}) \end{cases}$$

4. 空间力系的平衡方程

空间任意力系		空间平行力系	空间力偶系	空间汇交力系
$\sum F_x = 0$	$\sum M_x(\boldsymbol{F}) = 0$	$\sum F_z = 0$	$\sum M_x(\boldsymbol{F}) = 0$	$\sum F_x = 0$
$\sum F_y = 0$	$\sum M_y(\boldsymbol{F}) = 0$	$\sum M_x(\boldsymbol{F}) = 0$	$\sum M_y(\boldsymbol{F}) = 0$	$\sum F_y = 0$
$\sum F_z = 0$	$\sum M_z(\boldsymbol{F}) = 0$	$\sum M_y(\boldsymbol{F}) = 0$	$\sum M_z(\boldsymbol{F}) = 0$	$\sum F_z = 0$

5. 空间力系平衡问题的两种解法：

（1）应用空间力系的六个平衡方程式，直接求解。

（2）空间问题的平面解法（应用重点）。

6. 确定物体重心与图形形心的方法

（1）查表法。

（2）组合法（①分割法；②负面积法）。

（3）实验法（①悬挂法；②称重法）。

重心是物体各部分所受重力之合力的作用点。均质物体的重心，即物体的形心；对于非均质物体，若质量关于形心或形心轴对称，则重心仍在形心或形心轴上。复杂形状物体的重心可用组合法、悬挂法或称重法确定。

 思考题

1. 什么情况下力对轴之矩等于零？

2. 空间力系的平衡问题转化成平面力系的平衡问题时，由三个投影平面力系可写出 9 个平衡方程，能否解 9 个未知量？

3. 用负面积法求物体的重心时，应该注意些什么问题？

4. 物体的重心是否一定在物体上？试举例说明。

5. 将铁丝弯成不同的形状，其重心位置是否发生变化？

6. 计算某物体的重心，选取两个不同的坐标系，则对这两个不同的坐标系计算出来的结果会不会一样？这是否意味着重心位置是随着坐标选择不同而改变？

7. 空间力对点的矩的矢为 $M_O(\boldsymbol{F}) = rF$，当力 $\boldsymbol{F}$ 沿其作用线滑动时，则力 $\boldsymbol{F}$ 对原来点的矩矢改变吗？为什么？

8. 若空间力系对某两点 A、B 的力矩为零，即 $\sum M_A(\boldsymbol{F}) = 0$，$\sum M_B(\boldsymbol{F}) = 0$，则此两力矩方程可以得到六个对轴的力矩方程，此力系平衡吗？

📝 **训练题**

1. 判断题

( ) 4-1 空间力对点的矩在任意轴上的投影等于力对该轴的矩。

( ) 4-2 空间力偶中的两个力对任意投影轴的代数和恒为零。

( ) 4-3 空间力系的主矢是力系的合力。

( ) 4-4 空间力系的主矩是力系的合力偶矩。

( ) 4-5 空间力系向一点简化得主矢和主矩与原力系等效。

( ) 4-6 空间力系的主矢为零，则力系简化为力偶。

( ) 4-7 空间汇交力系的平衡方程只有三个投影形式的方程。

( ) 4-8 空间汇交力系的三个投影形式的平衡方程，对投影轴没有任何限制。

( ) 4-9 空间力偶系可以合成为一个合力。

( ) 4-10 空间力偶等效只需力偶矩矢相等。

( ) 4-11 空间固定端的约束力有 5 个。

( ) 4-12 对于非均质物体，若质量关于形心或形心轴对称，则重心仍在形心或形心轴上。

2. 填空题

4-13 空间平行力系的平衡方程_____。

4-14 空间力偶系的平衡方程_____。

4-15 空间汇交力系的平衡方程_____。

4-16 空间力偶等效条件_____。

4-17 空间力系向一点简化得主矢与简化中心的位置_____；得主矩与简化中心的位置_____。

4-18 如图 4-18 所示，已知某正方体，各边长 a，沿对角线 BD 作用一个力 $\boldsymbol{F}$，则该力对 x、y、z 轴的矩 $M_x=$_____、$M_y=$_____、$M_z=$_____。

4-19 如图 4-19 所示，已知某正方体，各边长 a，沿对角线 BH 作用一个力 $\boldsymbol{F}$，则该力在 x、y、z 轴上的投影 $F_x=$_____、$F_y=$_____、$F_z=$_____。

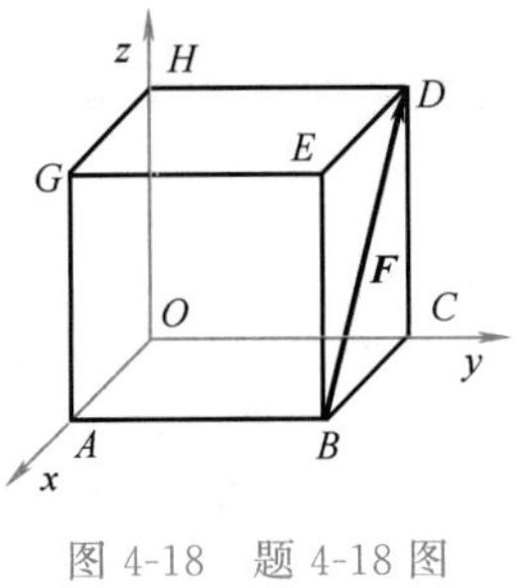

图 4-18 题 4-18 图

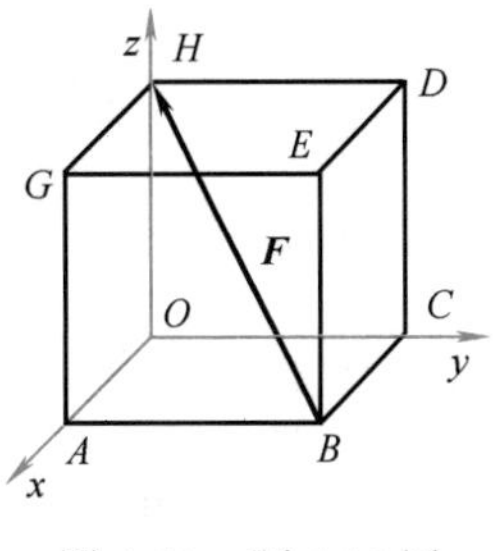

图 4-19 题 4-19 图

3. 单项选择题

4-20 力在轴上的投影是_____，力在平面上的投影是_____，力对轴之矩为_____，力对点之矩为_____。

A. 线段长度　　B. 代数量　　C. 矢量　　D. 分力

4-21 空间任意三力平衡时，此三力必满足的条件是_____。

A. 三力平行　　B. 三力汇交　　C. 三力共面　　D. 三力共线

4-22 各力作用线为任意位置的空间力系中，独立的平衡方程的个数是_____。

A. 3 个   B. 4 个   C. 5 个   D. 6 个

4. 计算题

4-23 已知 $F_1=2$N，$F_2=1$N，$F_3=3$N。计算图 4-20 中 F_1、F_2、F_3 三个力分别在 x、y、z 轴上的投影并求合力。

4-24 力系中，$F_1=100$N，$F_2=300$N，$F_3=200$N，各力作用线的位置如图 4-21 所示。试求各力对 O 点之矩。

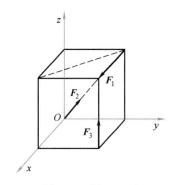

图 4-20 题 4-23 图

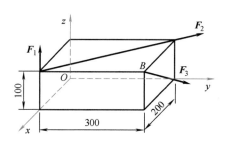

图 4-21 题 4-24 图

4-25 如图 4-22 所示力 $F=1$kN，试求力 F 对 z 轴的矩。

4-26 如图 4-23 所示，空间构架由三根直杆 AD、BD 和 CD 用铰链在 D 处连接，起吊重物的重量为 $P=10$kN，各杆自重不计，试求三根直杆 AD、BD 和 CD 所受的约束力。

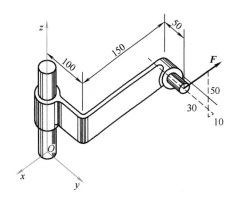

图 4-22 题 4-25 图

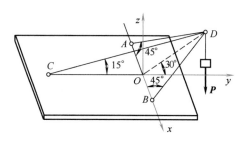

图 4-23 题 4-26 图

4-27 起重机装在三轮小车 ABC 上，如图 4-24 所示。已知起重机的尺寸为：$AD=DB=1$m，$CD=1.5$m，$CM=1$m，$KL=4$m。机身连同平衡锤 F 共重 $P_1=100$kN，作用在 G 点，G 点在平面 $LMNF$ 之内，到机身轴线 MN 的距离 $GH=0.5$m，重物 $P_2=30$kN，求当起重机的平面 LMN 平行于 AB 时车轮对轨道的压力。

4-28 绞车的轴 AB 上绕有绳子，绳子挂重物 P_1，轮 C 装在轴上，轮的半径为轴的半径的六倍，其他尺寸如图 4-25 所示。绕在轮 C 上的绳子沿轮与水平线成 $30°$ 角的切线引出，绳跨过轮 D 后挂以重物 $P=60$N。试求平衡时，重物的重量 P_1；轴承 A、B 处的约束力。轮及绳子的重量不计，各处的摩擦不计。

4-29 如图 4-26 所示，已知力 $F_x=150$N，$F_y=75$N，$F_z=500$N，位于 xy 平面内，其坐标为 $x=0.075$m，$y=0.2$m，试求固定端 O 处的约束力。

4-30 如图 4-27 所示，用六根杆支撑一个矩形方板，在板的角点处受到铅直力 F 的作用，不计杆和方板的重量，试求六根杆所受的力。

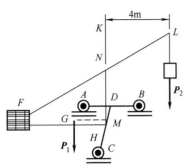

图 4-24 题 4-27 图

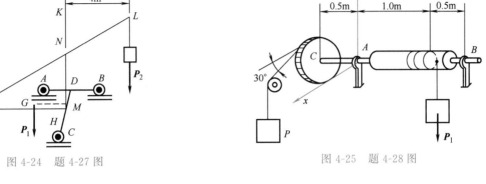

图 4-25 题 4-28 图

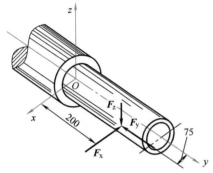

图 4-26 题 4-29 图

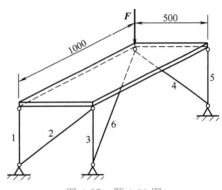

图 4-27 题 4-30 图

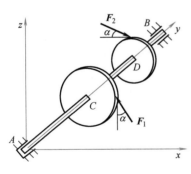

图 4-28 题 4-31 图

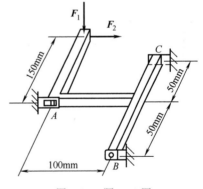

图 4-29 题 4-32 图

4-31 传动轴如图 4-28 所示。$AC = CD = 200\text{mm}$，C 轮直径 $d_1 = 100\text{mm}$，D 轮直径 $d_2 = 50\text{mm}$，圆柱齿轮压力角 $\alpha = 20°$，已知作用在大齿轮上的力 $F_1 = 2\text{kN}$，求轴匀速转动时小齿轮传递的力 F_2 及两端轴承的约束力。

4-32 图 4-29 中钢架由三个固定销支承在 A、B、C 支座处，受力 $F_1 = 100\text{kN}$、$F_2 = 50\text{kN}$ 作用，求各支座处约束力。

4-33 如图 4-30 所示，直径为 D 的大圆盘，密度为 γ，在 A 处挖有一直径为 d 的圆孔。若 $d = OA = D/4$，试确定带孔圆盘的重心位置。

4-34 已知：均质等厚 Z 字形薄板尺寸如图 4-31 所示，求其重心坐标。

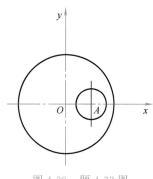

图 4-30 题 4-33 图

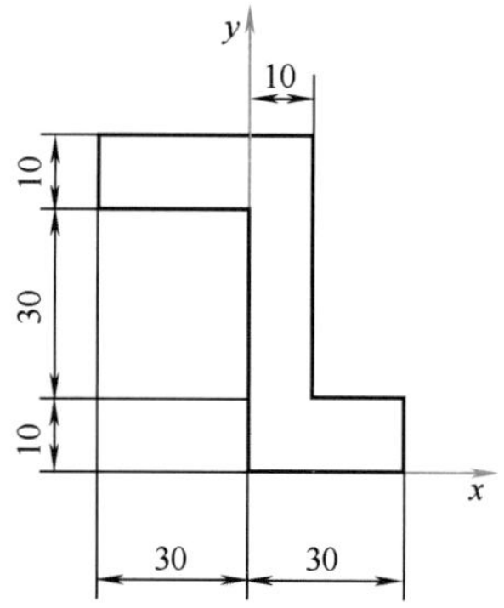

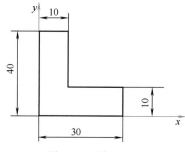

图 4-31 题 4-34 图

4-35 如图 4-32 所示，半径为 R、圆心角为 2α 的扇形，求其重心。

4-36 如图 4-33 所示平面图形，求其形心。

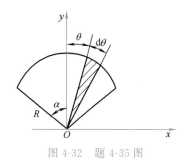

图 4-32 题 4-35 图

图 4-33 题 4-36 图

单元五

材料力学基础

课题一　材料力学的任务与基本假设

知识目标

- 了解材料力学的任务；
- 了解材料力学的研究对象；
- 了解杆件变形的基本形式；
- 了解内力的概念及各种基本变形的内力；
- 了解用截面法求内力的步骤。

能力目标

- 能正确理解构件强度、刚度和稳定性的概念；
- 能正确理解材料力学的基本假设。

素质目标

- 材料力学的主要任务是分析构件的强度、刚度、稳定性问题，这是工程师在设计构件承载力时的首要指标。构件的强度、刚度、稳定性不够，可能危及人民的生命财产安全，选择典型案例介绍，加强学生的社会责任感教育，使学生将"人民至上、生命至上"的理念根植于心，培养学生的责任意识、安全意识和自律精神。

一、材料力学的任务

在工程实际中，各种机械与结构得到广泛应用。各种机械和工程结构都由若干构件组成。构件所承受的重量或力称为荷载。当构件承受的荷载过大时，就会发生破坏，致使构件丧失承载能力，这表明构件所承受的荷载与它们本身的承载能力是有矛盾的，主要体现在以下三个方面：

材料力学的基本任务

1. 强度问题

强度是指构件抵抗破坏的能力。构件能安全地承受荷载而不破坏，即该构件的强度满足要求。

2. 刚度问题

刚度是指构件抵抗变形的能力。任何构件，在外力作用下都会产生变形，如果构件变形被限制在允许的范围内，即该构件的刚度满足要求。

3. 稳定性问题

稳定性是指构件保持原有平衡状态的能力。构件能保持原有的平衡状态而不导致破坏，即该构件具有足够的稳定性。

工程上要求构件必须有足够的承载能力，主要指强度、刚度、稳定性三方面的综合性能。在构件设计过程中，除满足承载能力外，还需满足经济要求。构件的安全与经济是材料力学要解决的一对主要矛盾。

由于构件的承载能力与其材料的力学性能（即机械性能）有关，而材料的力学性能必须通过实验来测定，此外，许多复杂的工程实际问题也依赖于实验解决。故此，实验研究也是材料力学的一个重要方面。

综上所述，材料力学的任务是：在保证构件既安全又经济的前提下，为构件选择合适的材料，确定合理的截面尺寸，提供必要的计算方法和实验技术。

工程的构件形状多种多样，一般可按其几何特征分为三种类型：

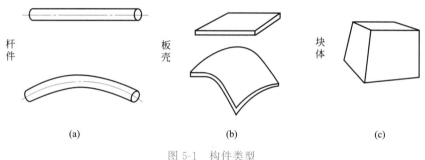

图 5-1 构件类型

杆件：杆件的几何特征是其长度尺寸远远大于横截面的宽度尺寸和高度尺寸，如图 5-1（a）所示。

板壳：板壳的几何特征是其厚度远远小于其他两个方向的尺寸，如图 5-1（b）所示。

块体：块体的几何特征是三个方向的尺寸基本为同量级的结构，如图 5-1（c）所示。

材料力学研究的构件通常为杆及少量的板（承受内压的薄壁压力容器）。

二、材料力学的基本假设

结构和构件可统称为物体。在工程力学中将物体抽象化为两种计算模型：刚体模型、理想变形体模型。静力的计算模型是刚体，而材料力学的计算模型是理想变形体。工程上使用的钢、铁、铝合金、混凝土、高分子材料等，它们的微观结构非常复杂。为了便于材料力学进行强度、刚度和稳定性的研究，根据材料的主要性质对材料进行以下宏观上的假设。

1. 连续性假设

认为构件的空间位置没有间隙地充满物质。这样，构件中与力学相关的量如变形、位移、应力等就可以用连续的函数来表示。

2. 均匀性假设

认为构件内各点的力学性能完全相同。也就是说，材料的性能与构件内点的位置无关。这样，构件内任何一点的力学性能都可用于构件内的其他点。

3. 各向同性假设

认为材料在各个不同方向都具有相同力学性能。有些材料沿不同方向的力学性能是不同的，称为各向异性材料。如玻璃就是典型的各向同性材料，而大多数木材沿着树干的方向和垂直树干的方向的性能会不一样，因此这类材料就是各向异性材料。当然，微观上来看，由于晶粒的间隙、微观裂纹、空洞等原因以上假设是不成立的，但宏观上来看，理论计算的结果和实验结果十分一致，所以可以认为宏观上是成立的。

4. 小变形假设

认为构件在载荷作用下的变形与原始尺寸相比甚小，故对构件进行受力分析计算约束反力时可忽略其变形。

按照连续、均匀、各向同性和小变形假设而理想化了的物体称为理想变形固体。采用理想变形固体模型不但使理论分析和计算得到简化，且所得结果的精度能满足工程的要求。

无论是刚体还是理想变形固体，都是针对所研究问题的性质，略去一些次要因素，保留对问题起决定性作用的主要因素，而抽象化形成的理想物体，它们在生活和生产实践中可能不存在，但解决力学问题时，它们是必不可少的理想化的力学模型。

变形固体受载荷作用时将产生变形。当载荷值不超过一定范围，载荷撤去后，变形随之消失，物体恢复原有形状。撤去载荷能恢复的变形称为弹性变形。当载荷值超过一定范围，载荷撤去后，一部分变形随之消失，而另一部分变形却保留下来，物体不能恢复原有形状。撤去载荷后不能恢复的变形称为塑性变形。

课题二　杆件变形的基本形式及内力求解方法

一、杆件变形的基本形式

杆件受外力作用将产生变形。变形形式是复杂多样的，它与外力施加的方式有关。无论何种形式的变形，都可归结为四种基本变形形式之一，或者是基本变形形式的组合。四种基本变形形式如下。

（1）**轴向拉伸或压缩**　一对方向相反的外力沿轴线作用于杆件，杆件的变形主要表现为长度发生伸长或缩短。这种变形形式称为轴向拉伸或轴向压缩，如图 5-2（a）、（b）所示。

（2）**剪切**　一对相距很近、方向相反的平行力沿横向（垂直于轴线方向）作用于杆件，杆件的变形主要表现为横截面沿力作用方向发生错动。这种变形形式称为剪切，如图 5-2（c）所示。

（3）**扭转**　一对方向相反的力偶作用在垂直于杆轴线的两平面内，杆件的任意两个横截面绕轴线发生相对转动。这种变形形式称为扭转，如图 5-2（d）所示。

（4）**弯曲**　一对方向相反的力偶作用于杆件的纵向平面（通过杆件轴线的平面）内，杆件的轴线由直线变为曲线。这种变形形式称为弯曲，如图 5-2（e）所示。

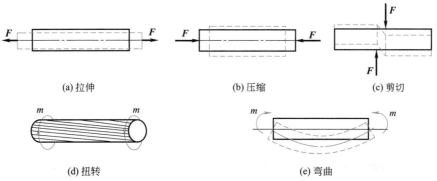

(a) 拉伸　　　　　　　　(b) 压缩　　　　　　　　(c) 剪切

(d) 扭转　　　　　　　　(e) 弯曲

图 5-2　杆件变形的基本形式

以上各种基本变形形式都是在特定的受力状态下发生的，杆件正常工作时的实际受力状态往往不同于上述特定的受力状态，所以，杆件的变形多为各种基本变形形式的组合。当某一种基本变形形式起主要作用时，可按这种基本变形形式进行分析，否则，即属于组合变形的问题。

二、杆件变形的内力及求解方法

1. 内力的概念

在外力作用下，构件发生变形，同时其内部各部分之间因相对位置改变会产生相互的作用力。这种在外力作用下，构件内部相互连接部分之间的相互作用力，即为内力。内力随外力增大而增大，到达某一限度时就会使构件不能正常工作。所以内力的研究分析是材料力学的基础。

2. 常见内力的类型

（1）**轴力** 轴向拉伸与压缩变形产生的内力称为轴力，其特点是与杆件的轴线重合，通常用符号 F_N 表示。

（2）**剪力** 剪切变形产生的内力为剪力，其特点是切于截面，通常用符号 Q 表示。

（3）**扭矩** 扭转变形时产生的内力称为扭矩，其特点是作用在垂直于轴线的平面内，通常用符号 T 表示。

（4）**弯矩** 弯曲变形时产生的内力称为弯矩，其特点是作用在包含于轴线的平面内，通常用符号 M 表示。

3. 杆件内力的求解方法

截面法是材料力学中求内力的基本方法，截面法求内力可归纳为以下四个步骤：

（1）**截** 用一假想垂直于轴线的横截面，在需要求内力的某截面处将构件截成两部分。

（2）**取** 取两部分中的任一部分留下。

（3）**代** 用内力来代替舍弃部分对留下部分的作用。

（4）**平** 对留下部分建立平衡方程，求出内力的大小和方向。

 小结

（1）工程上要求构件必须有足够的承载能力，主要指强度、刚度、稳定性三方面的综合性能。

① 强度问题。强度是指构件抵抗破坏的能力。构件能安全地承受荷载而不破坏，即该构件的强度满足要求。

② 刚度问题。刚度是指构件抵抗变形的能力。任何构件，在外力作用下都会产生变形，如果构件变形被限制在允许的范围内，即该构件的刚度满足要求。

③ 稳定性问题。稳定性是指构件保持原有平衡状态的能力。构件能保持原有的平衡状态而不导致破坏，即该构件具有足够的稳定性。

在构件设计过程中，除满足承载能力外，还需满足经济要求。构件的安全与经济是材料力学要解决的一对主要矛盾。

（2）材料力学的任务是：在保证构件既安全又经济的前提下，为构件选择合适的材料，确定合理的截面尺寸，提供必要的计算方法和实验技术。

（3）工程中构件的四种基本变形为：轴向拉伸或压缩、剪切、扭转和弯曲。

（4）为了便于材料力学进行强度、刚度和稳定性的研究，根据材料的主要性质对材料进行了四个宏观假设：连续性假设、均匀性假设、各向同性假设、小变形假设。

（5）在外力作用下，构件内部相互连接部分之间的相互作用力，即为内力。

轴向拉伸与压缩变形产生的内力称为轴力，其特点是与杆件的轴线重合，通常用符号 F_N 表示；剪切变形产生的内力为剪力，其特点是切于截面，通常用符号 Q 表示。扭转变形时产生的内力称为扭矩，其特点是作用在垂直于轴线的平面内，通常用符号 T 表示。弯曲变形时产生的内力称为弯矩，其特点是作用在包含于轴线的平面内，通常用符号 M 表示。

通常用截面法求解各种变形时的内力。

 思考题

1. 举例说明对强度、刚度及稳定性的概念的理解。
2. 工程构件的基本变形通常是指哪几种？
3. 简述截面法求内力的过程。

 训练题

1. 判断题

（　　）5-1 构件的强度是指构件抵抗变形的能力。

（　　）5-2 轴向拉伸与压缩变形产生的内力称为剪力。

（　　）5-3 在外力作用下，构件内部相互连接部分之间的相互作用力称为内力。

（　　）5-4 强度是指构件抵抗破坏的能力，这里的破坏包括断裂与塑性变形。

2. 填空题

5-5 通常用＿＿＿＿＿＿＿＿法求解各种变形时的内力。

5-6 轴向拉伸与压缩变形产生的内力称为＿＿＿＿＿＿＿，剪切变形产生的内力为＿＿＿＿＿＿＿，扭转变形时产生的内力称为＿＿＿＿＿＿＿，弯曲变形时产生的内力称为＿＿＿＿＿＿＿。

5-7 工程中构件的基本变形是指＿＿＿＿＿、＿＿＿＿＿、＿＿＿＿＿和＿＿＿＿＿四种。

单元六

拉伸和压缩

知识目标

- 了解轴向拉伸与压缩时的受力与变形特点；
- 了解应力、应变、变形及胡克定律的概念；
- 了解材料在拉伸与压缩时的力学性能，并牢记相关的力学性能指标。

能力目标

- 会求解拉压时杆件横截面上的内力、应力，并能熟练绘制轴力图；
- 能利用拉压强度条件公式解决强度校核、截面尺寸设计、许可载荷确定三类工程实际问题。

素质目标

- 介绍直杆轴向拉伸与压缩的强度计算对机器安全工作的意义，材料的选择和尺寸设计时，既要考虑足够的安全性又要权衡经济性因素，做到安全与经济的统一，引导学生利用力学知识为工程实践服务，启迪学生的科学思维；
- 介绍胡克定律是英国科学家胡克通过大量实验和细致观察后提出，培养学生勇于攻坚、积极探索的科研精神。同时介绍我国古代著作《周礼·考工记·弓人》中早有记载弹性体受力和变形呈线性关系论断的事例，并通过对比中外科学家在弹性体力学性质研究方面取得的成果，增强学生的民族文化自信。

课题一　轴向拉伸和压缩时横截面上的内力分析

一、轴向拉压的受力与变形分析

轴向拉伸和压缩是杆件变形的基本形式之一。在工程实际中，许多构件受到轴向拉伸与压缩的作用。如图 6-1（a）所示的吊架中，不计自重的情况下 CD 杆为二力杆，在起吊重物时，CD 杆在通过轴线的拉力作用下沿轴线发生拉伸变形，称为拉杆。而内燃机中的连杆，则在通过轴线的压力作用下沿轴线发生压缩变形，称为压杆，如图 6-1（b）所示。

轴向拉伸和压缩有如下特点。

（1）受力的特点：杆件受到一对等值、反向、作用线与轴线重合的外力作用。

（2）变形特点：杆件沿轴线方向伸长或缩短。这种变形形式称为轴向拉伸或压缩，简称拉伸或压缩。这类杆件称为拉杆或压杆。如不考虑实际拉（压）杆端部的具体连接情况，将

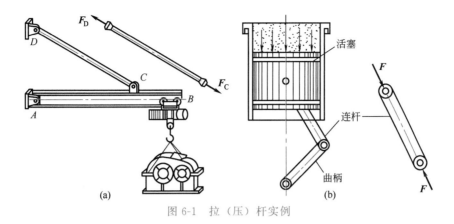

图 6-1 拉(压)杆实例

这些杆件的形状和受力情况进行简化,可简化成如图 6-2 所示的受力图。图中的虚线表示变形后的形状。

图 6-2 拉(压)杆受力变形特点

二、轴向拉伸和压缩时横截面上的内力分析

构件所承受的载荷与约束反力称为外力。构件在外力的作用下会产生变形,其各部分之间的相对位置将发生变化,从而会使构件各部分之间产生相互作用力。若要研究构件的内部强度、刚度和稳定性,就要先研究由外力而引起的构件内部的相互作用力。

1. 内力的概念

物体未受外力作用时,其内部各质点之间就存在着相互作用的力,以保持物体各部分间的相互联系和原有形状。若物体受到外力作用而发生变形,其内部各部分之间因相对位置改变而引起的相互作用力的改变量,即因外力引起的附加相互作用力,称为附加内力,简称内力。由于物体是连续均匀的,因此在物体内部相邻部分之间相互作用的内力,实际上是一个连续分布的内力系,而内力就是这分布内力系的合成(力或力偶)。这种内力随外力增大而增大,到达某一限度时就会使构件不能正常工作。所以,内力的研究分析是材料力学的基础。

2. 轴力与截面法

由于内力是受力物体内相邻部分之间的相互作用力。为了显示内力,如图 6-3 所示,设一等直杆在两端受轴向拉力 F 的作用下处于平衡,欲求杆件任一横截面 1-1 上的内力,如图 6-3 (a) 所示。为此沿横截面 1-1 假想地把杆件截开分成两部分,任取一部分(如左半部分),弃去另一部分(如右半部分),并将弃去部分对留下部分的作用以截面上的分

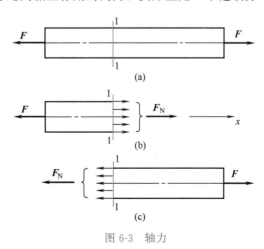

图 6-3 轴力

布内力系来代替，用 $\boldsymbol{F}_N$ 表示这一分布内力系的合力，且内力 $\boldsymbol{F}_N$ 为左半部分的外力，如图 6-3（b）所示。由于整个杆件处于平衡状态，故左半部分也应平衡，由其平衡方程 $\sum F_x=0$，得

$$F_N - F = 0$$

即
$$F_N = F$$

$\boldsymbol{F}_N$ 就是杆件任一个截面 1-1 上的内力。因为外力 $\boldsymbol{F}$ 的作用线与杆件轴线重合，内力系的合力 $\boldsymbol{F}_N$ 的作用线也必然与杆件的轴线重合，所以 $\boldsymbol{F}_N$ 称为轴力。一般轴力用 $\boldsymbol{F}_N$ 表示，单位为牛顿（N）或千牛（kN）。

若取右半部分作研究对象，则由作用与反作用原理可知，右半部分在 1-1 截面上的轴力与前述左半部分 1-1 截面上的轴力数值相等而指向相反，如图 6-3（c）所示，且由右半部分的平衡方程也可得到 $F_N = F$。

轴力可为拉力也可为压力，为了表示轴力的方向，区别两种变形，对轴力正负号规定如下：当轴力方向与截面的外法线方向一致时，杆件受拉，轴力为正；反之，轴力为负。计算轴力时均按正向假设，若得负号则表明杆件受压。

采用这一符号规定，上述所求轴力大小及正负号无论取左半部分还是右半部分，结果完全一样。

上述求拉（压）杆内力——轴力的方法称为截面法。截面法是材料力学中求内力的基本方法，该方法不仅对拉伸或压缩变形适用，而且对其他变形形式也适用。

3. 轴力计算及轴力图的绘制

轴力图即表示轴力沿杆件轴线变化规律的图。该图一般以平行于杆件轴线的横坐标 x 轴表示横截面位置，纵轴表示对应横截面上轴力的大小。正的轴力画在 x 轴上方，负的轴力画在 x 轴下方。

画轴力图要注意以下四点：

① 轴力大小，应按比例标数值并注明单位。

② 轴力方向，以杆件轴线的横坐标 x 轴为界，拉上压下，标上符号"＋"与"－"号。

③ 外力作用点，应注意轴力的突变与外力作用点对齐，轴力图要画在受力图正下方。

④ 轴力图应为封闭线框，线框内要画上间隔相等的铅垂细实线。

轴力图的
简便画法

（1）截面法求轴力

【例 6-1】 在图 6-4（a）中，沿杆件轴线作用 F_1、F_2、F_3。已知：$F_1=40kN$，$F_2=80kN$，$F_3=180kN$。试用截面法求各段横截面上的轴力，并作轴力图。

解： ① 计算 A 端约束反力。

如图 6-4（b）所示，由 $\sum F_x=0$ 得

$$F_4 = F_3 - F_2 + F_1 = 180 - 80 - 40 = 60 \text{ (kN)}$$

② 计算各段轴力。

AC 段：以截面 1-1 将杆分为两段，取左段部分，如图 6-4（c）所示。

由 $\sum F_x=0$ 得

$$F_{N1} = F_4 = 60 \text{ (kN)} \quad \text{（拉力）}$$

AD 段：以截面 2-2 将杆分为两段，取左段部分图，如图 6-4（d）所示。

由 $\sum F_x=0$ 得

$$F_{N2} = F_4 - F_2 = 60 - 180 = -120 \text{ (kN)} \quad \text{（压力）}$$

F_{N2} 的方向与图中所示方向相反。

DB 段：以截面 3-3 将杆分为两段，取右段部分，如图 6-4（e）所示。

由 $\sum F_x = 0$ 得

$$F_{N3} = -F_1 = -40\,(\text{kN}) \quad （压力）$$

F_{N3} 的方向与图中所示方向相反。

③ 绘轴力图。

根据各段轴上的轴力，按比例作轴力图，如图 6-4（f）所示。由图可见，最大轴力发生在 *CD* 段，其值为：

$$|F_N|_{\max} = 120\text{kN}$$

（2）简便方法求轴力

由例 6-1 可以总结出求截面轴力的简便方法：

杆件任意截面的轴力 $F_N(x)$，等于截面一侧左段（或右段）杆件轴向外力的代数和。左段向左（或右段向右）的外力产生正值轴力，反之产生负值轴力。

【例 6-2】 在图 6-5（a）中，沿杆件轴线作用 F_1、F_2、F_3。已知：$F_1 = 45\text{N}$，

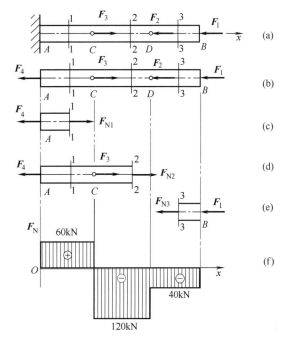

图 6-4 截面法求直杆的轴力图

$F_2 = 35\text{N}$，$F_3 = 15\text{N}$。试用求截面轴力的简便方法求各段横截面上的轴力，并作轴力图。

解：①计算各段轴力。

取右段研究：

$$F_{N3} = F_3 = 15\,(\text{N})$$
$$F_{N2} = F_3 - F_2 = (15 - 35) = -20\,(\text{N})$$
$$F_{N1} = F_3 - F_2 + F_1 = (15 - 35 + 45) = 25\,(\text{N})$$

若取左段研究，则需先求出最左端的约束反力 F_4，如图 6-5（b）所示。

由 $\sum F_x = 0$ 得

$$F_4 = F_3 - F_2 + F_1 = 15 - 35 + 45 = 25\,(\text{N})$$

同理可求得

$$F_{N1} = F_4 = 25\,(\text{N})$$
$$F_{N2} = F_4 - F_1 = 25 - 45 = -20\,(\text{N})$$
$$F_{N3} = F_4 - F_1 + F_2 = 25 - 45 + 35 = 15\,(\text{N})$$

② 绘轴力图。

根据各段轴上的轴力，按比例作轴力图〔如图 6-5（c）所示〕。由图可见，最大轴力发生在 *AC* 段，其值为

$$F_{N\max} = 25\,(\text{N})$$

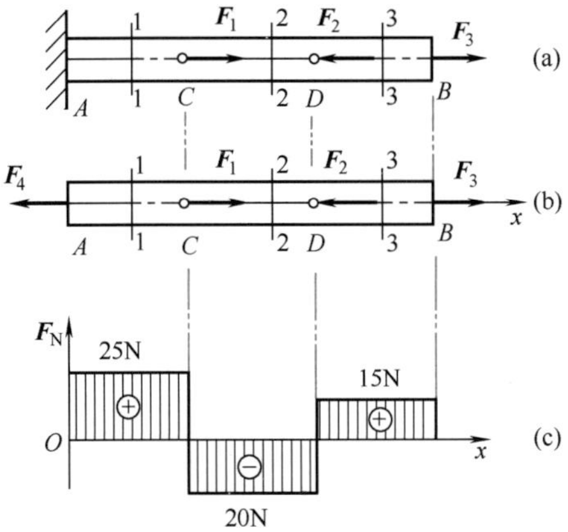

图 6-5 简便方法求直杆的轴力图

（3）直接法求轴力

由上面两个例题还可以总结出直接求轴力图的简便方法。

如果从杆件最左端直接开始下笔画轴力图，外力向左为正，轴力上升；外力向右为负，轴力下降（若从杆件最右端直接开始下笔画轴力图，则外力向右为正，轴力上升；外力向左

为负，轴力下降）。外力作用点即为轴力突变点，其轴力突变值为该点外力的值，轴力的大小为该外力与前一轴力依次相加的代数值。待画完轴力图后可检查轴力图两端的轴力与两端外力是否相对应，以确保轴力图正确无误。

当杆件的一端有约束，建议从杆件的自由段开始直接画轴力图，这样无需先求约束反力。

【例 6-3】 在图 6-6.1（a）和图 6-6.2（a）中，沿杆件轴线作用 F_o、F_a、F_b、F_c、F_d。已知：$F_o = 20\text{kN}$，$F_a = 50\text{kN}$，$F_b = 80\text{kN}$，$F_c = 40\text{kN}$，$F_d = 10\text{kN}$。试用直接求轴力图的简便方法作轴力图。

解法一：（由杆件最右端开始，从右到左画轴力图，见图 6-6.1）

（1）DC 段：如图 6-6.1（b）所示。

① F_d 向右，轴力上升，轴力由 0 突变为 $F_d = 10\text{kN}$；

② 由 D 到 C 轴力为：$F_d = 10\text{kN}$。

（2）CB 段：如图 6-6.1（c）所示。

① F_c 向右，轴力上升，轴力突变值为 $F_c = 40\text{kN}$；

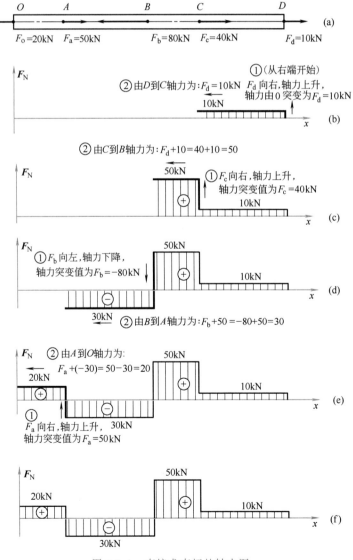

图 6-6.1 直接求直杆的轴力图

② 由 C 到 B 轴力为：$F_c+10=40+10=50$（kN）。

（3）BA 段：如图 6-6.1（d）所示。

① F_b 向左，轴力下降，轴力突变值为 $F_b=-80$kN；

② 由 B 到 A 轴力为：$F_b+50=-80+50=-30$（kN）。

（4）AO 段：如图 6-6.1（e）所示。

① F_a 向右，轴力上升，轴力突变值为 $F_a=50$（kN）；

② 由 A 到 O 轴力为：$F_a+(-30)=50-30=20$（kN）。

（5）由图 6-6.1（f）可见，最大轴力发生在 CB 段，其值为：

$$F_{Nmax}=50（kN）$$

解法二：（由杆件最左端开始，从左到右画轴力图，见图 6-6.2）

（1）OA 段：如图 6-6.2（b）所示。

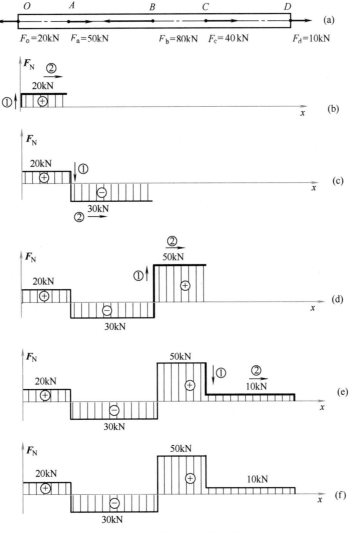

图 6-6.2 直接求直杆的轴力图

① F_o 向左，轴力上升，轴力由 0 突变为 $F_o=20$kN；

② 由 O 到 A 轴力为：$F_o=20$kN。

（2）*AB* 段：如图 6-6.2（c）所示。

① F_a 向右，轴力下降，轴力突变值为；$F_a = -50\text{kN}$；

② 由 *A* 到 *B* 轴力为：$F_a + 20 = -50 + 20 = -30$（kN）。

（3）*BC* 段：如图 6-6.2（d）所示。

① F_b 向左，轴力上升，轴力突变值为；$F_b = 80\text{kN}$；

② 由 *C* 到 *B* 轴力为：$F_b + (-30) = 80 - 30 = 50$（kN）。

（4）*CD* 段：如图 6-6.2（e）所示。

① F_c 向右，轴力下降，轴力突变值为；$F_c = -40\text{kN}$；

② 由 *C* 到 *D* 轴力为：$F_c + 50 = -40 + 50 = 10$（kN）。

（5）由图 6-6.2（f）可见，最大轴力发生在 *BC* 段，其值为

$$F_{\text{Nmax}} = 50\text{kN}$$

从上例的解法一与解法二可见，用简便方法直接画轴力图时，无论从轴的左端或是从右端开始求轴力，其得出的轴力图完全一致。

课题二　轴向拉伸和压缩时横截面上的应力计算

一、应力的概念

在前面介绍了杆件的内力是影响杆件强度和刚度的重要因素，那么是不是决定性的因素呢？假如有如图 6-7 所示的两根材料和长度相同、但粗细不同的杆，给它施以相同的拉力，随着拉力的增加，显然细杆会随着拉力增加而被拉断，这时两杆内力是相同的。这说明杆件的强度不仅与内力有关，而且还与横截面面积的大小有关。因此，必须知道内力在横截面上各点的分布情况。为此，引入应力的概念。

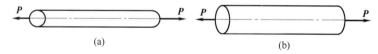

图 6-7　受拉杆件

图 6-8（a）所示为任意受力杆件，在横截面上 *M* 点周围取一微面积 ΔA，设 ΔA 面积上分布内力的合力为 ΔP，则 ΔP 与 ΔA 的比值为微面积上的平均应力，并用 P_m 表示，即

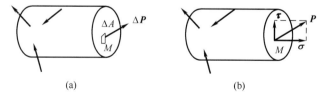

图 6-8　杆件截面上的应力

$$P_m = \frac{\Delta P}{\Delta A} \tag{6-1}$$

一般情况下，横截面上的内力并不是均匀分布的，因而，平均应力 P_m 的大小和方向将随所取的微面积 ΔA 的大小而不同。为了更精确地描述内力的分布情况，令微面积 ΔA 无限缩小而趋于零，这时，平均应力 P_m 的极限值称为横截面上 *M* 点处的应力，并用 *P* 表

示，即

$$\boldsymbol{P} = \lim_{\Delta A \to 0} \frac{\Delta \boldsymbol{P}}{\Delta A} \tag{6-2}$$

由此可知，应力就是一点处内力的集度，即单位面积上的内力。由于 $\Delta \boldsymbol{P}$ 是矢量，因而应力 $\boldsymbol{P}$ 也是个矢量，其方向一般既不与截面垂直，也不与截面相切。通常，将应力 $\boldsymbol{P}$ 分解为与截面垂直的分量 σ 和与截面相切的切向分量 τ〔见图 6-8（b）〕，法向分量 σ 称为正应力，切向分量 τ 称为切应力。

将总应力用正应力和切应力这两个分量来表达具有明确的物理意义，因为它们和材料的两类破坏现象——拉压和剪切错动——相对应。因此，今后在强度计算中一般只计算正应力和切应力而不计算总应力。

应力的单位为"帕"，用 Pa 表示。$1\text{Pa} = 1\text{N/m}^2$，常用单位为兆帕 MPa，有时也用吉帕 GPa，$1\text{MPa} = 10^6\text{Pa} = 1\text{N/mm}^2$，$1\text{GPa} = 10^9\text{Pa}$。

二、轴向拉压杆横截面上的正应力计算

前面介绍了应力通常分解成垂直于截面的正应力和沿截面的切应力，那么在拉压杆的横截面上究竟是什么样的应力，又如何去计算呢？为了解决这一问题必须确定内力在横截面上的分布情况。下面举一个基于实验的例子来说明问题。

取一个易于变形的材料制成的矩形截面等直杆，如图 6-9（a）所示，受力前在其侧面画两条垂直于轴线的横向线 ab 和 cd，横向线之间上下各画一条平行于轴线的纵向线。

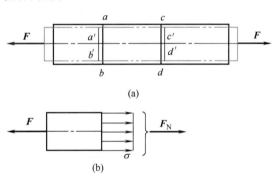

然后在杆两端加一对轴向拉力，使其产生拉伸变形。这时，可以观察到，变形后的两根横向线 $a'b'$ 和 $c'd'$ 仍然与杆的轴线垂直；变形后的两根纵向线也仍然平行。由此变形现象可以假设，变形前的横截面，变形后仍保持为平面，仅沿轴线产

图 6-9 杆件横截面上的应力

生了相对平移，并仍与杆的轴线垂直，这就是平面假设。根据平面假设，等直杆在轴向力作用下，其横截面间的所有纵向的变形伸长量是相等的。由均匀性假设，横截面上的内力应是均匀分布的，如图 6-9（b）所示。即横截面上各点处的应力大小相等，其方向与 $\boldsymbol{F}_\text{N}$ 一致，垂直于横截面，故横截面上的正应力 σ 可以直接表示为

$$\sigma = \frac{F_\text{N}}{A} \tag{6-3}$$

式中 σ——正应力，符号由轴力的正负而定，即拉应力为正，压应力为负；

F_N——横截面上的内力；

A——横截面的面积。

对于轴向压缩的杆，式（6-3）同样适用。

当等直杆受到几个轴向外力作用时，由轴力图可求得其最大轴力 $\boldsymbol{F}_\text{Nmax}$，代入式（6-3）即得杆内的最大正应力为

$$\sigma_\text{max} = \frac{F_\text{Nmax}}{A} \tag{6-4}$$

最大轴力所在的横截面称为危险截面，危险截面上的正应力称为最大工作应力。

【例 6-4】 一钢制阶梯杆如图 6-10（a）所示。各段杆的横截面面积为：$A_1 = 1600\text{mm}^2$，$A_2 = 625\text{mm}^2$，$A_3 = 900\text{mm}^2$，试画出轴力图，并求出此杆的最大工作应力。

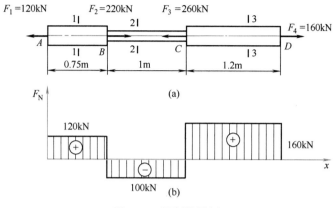

图 6-10 钢制阶梯杆

解：（1）求各段轴力 由前面介绍的求内力方法可求得 AB、BC、CD 三段内的内力分别为

$$F_{N1} = F_1 = 120 \text{ (kN)}$$
$$F_{N2} = F_1 - F_2 = 120 - 220 = -100 \text{ (kN)}$$
$$F_{N3} = F_4 = 160 \text{ (kN)}$$

（2）作轴力图 由各横截面上的轴力值，作出轴力图，如图 6-10（b）所示。

（3）求最大应力 根据式（6-3）得

AB 段 　$\sigma_{AB} = \dfrac{F_{N1}}{A} = \dfrac{12 \times 10^4 \text{N}}{1600\text{mm}^2} = 75\text{MPa}$ 　　　　　（拉应力）

BC 段 　$\sigma_{BC} = \dfrac{F_{N2}}{A} = \dfrac{100 \times 10^3 \text{N}}{625\text{mm}^2} = -160\text{MPa}$ 　　　（压应力）

CD 段 　$\sigma_{CD} = \dfrac{F_{N3}}{A} = \dfrac{160 \times 10^3 \text{N}}{900\text{mm}^2} = 178\text{MPa}$ 　　　（拉应力）

由计算可知，杆的最大应力为拉应力，在 CD 段内，其值为 178MPa。

【例 6-5】 圆杆上有一穿透直径的槽，如图 6-11（a）所示。已知圆杆直径 $d = 20\text{mm}$，槽的宽度为 $\dfrac{d}{4}$，拉力 $F = 30\text{kN}$，试求最大正应力（槽对杆的横截面积削弱量可近似按矩形计算）。

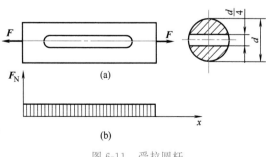

图 6-11 受拉圆杆

解：（1）求内力：杆的轴力图如图 6-11（b）所示

$$F_N = F = 30\text{kN}$$

（2）确定危险截面面积：

由轴力图可知，受力杆件任意截面上的轴力相等，但中间一段因开槽而使截面面积减小，故杆的危险截面应在开槽段，即最大应力应发生在该段，开槽段的横截面积为

$$A = \frac{\pi}{4}d^2 - d \times \frac{d}{4} = \frac{d^2}{4}(\pi - 1)$$

（3）计算危险段上的最大正应力

$$\sigma_{\max} = \frac{F_N}{A} = \frac{30 \times 10^3}{\frac{(20)^2}{4}(\pi - 1)} = 140 \text{（MPa）}$$

三、轴向拉伸（或压缩）时斜截面上的应力

实验证明，拉伸或压缩杆件的破坏，不一定都是沿横截面，有时会沿斜截面发生。为全面分析杆件的强度，了解各种破坏发生的原因，需研究轴向拉伸（或压缩）时斜截面上的应力。

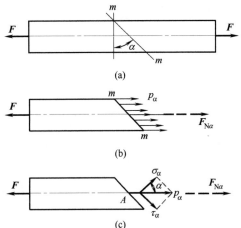

图 6-12（a）表示一等截面直杆，受轴向拉力 F 的作用。由截面法知 $F_N = F$，若杆的横截面面积为 A，显然，横截面的正应力 σ 是

$$\sigma = \frac{F_N}{A}$$

用一个与横截面成 α 角的斜截面 $m\text{-}m$ 假想地将杆截分为两段，并研究左段的平衡，如图 6-12（b）所示，运用截面法，可求得斜截面 $m\text{-}m$ 上的内力是

$$F_{N\alpha} = F = F_N$$

图 6-12 杆件斜截面上的应力

由图 6-12（a）的几何关系可知，斜截面 $m\text{-}m$ 的面积为 $A_\alpha = A/\cos\alpha$，仿照横截面上正应力均匀分布的理论，可知斜截面 $m\text{-}m$ 上的总应力 p_α 亦为均匀分布，于是，可得斜截面上各点的应力为

$$p_\alpha = \frac{F_{N\alpha}}{A_\alpha} = \frac{F_N}{A}\cos\alpha = \sigma\cos\alpha$$

将 p_α 分解为垂直于截面的正应力 σ_α 和沿斜截面的切应力 τ_α，如图 6-12（c）所示，则有

$$\sigma_\alpha = p_\alpha\cos\alpha = \sigma\cos^2\alpha \tag{6-5}$$

$$\tau_\alpha = p_\alpha\sin\alpha = \sigma\cos\alpha\sin\alpha = \frac{\sigma}{2}\sin 2\alpha \tag{6-6}$$

由上两式可知 σ_α、τ_α 都是角 α 的函数，即截面上的应力随截面方位的改变而改变。

（1）$\alpha = 0°$ 时

$$\sigma_{0°} = \sigma\cos^2 0° = \sigma = \sigma_{\max}$$

$$\tau_{0°} = \frac{\sigma}{2}\sin(2 \times 0°) = 0$$

上式说明，轴向拉（压）时，横截面上的正应力具有最大值，切应力为零。

（2）$\alpha = 45°$ 时

$$\sigma_{45°} = \sigma\cos^2 45° = \frac{\sigma}{2}$$

$$\tau_{45°} = \frac{\sigma}{2}\sin(2 \times 45°) = \frac{\sigma}{2} = \tau_{\max}$$

上式说明，在 45°的斜截面上，切应力为最大，此时正应力和切应力相等，其值为横截面上正应力的一半。

（3）$\alpha=90°$时

$$\sigma_{90°}=\sigma\cos^2 90°=0$$

$$\tau_{90°}=\frac{\sigma}{2}\sin(2\times90°)=0$$

上式说明，杆件轴向拉伸和压缩时，平行于轴线的纵向截面上无应力。

课题三　轴向拉伸与压缩的强度计算

一、许用应力分析

实验表明，当应力达到某一极限时，材料就会发生破坏，就不能保证构件安全正常工作。这个引起材料破坏的应力极限值称为极限应力或危险应力，用 σ^0 表示，为了保证构件不发生强度失效（破坏或产生塑性变形），其最大工作应力 σ_{max} 应小于 σ^0，由于工程构件的受载难以精确估计，以及受构件材质的均匀程度、计算方法的近似性等诸多因素的影响，为确保构件安全，应使其有适当的强度储备，特别对于失效将带来严重后果的构件，更应使其具有较大的强度储备。因此，工程中一般把材料极限应力除以大于 1 的系数 n 作为工作应力的最大允许值，称为许用应力，用 $[\sigma]$ 表示，即

$$[\sigma]=\frac{\sigma^0}{n} \tag{6-7}$$

式中，n 称为安全系数，关于 σ^0 和 n 将在后面章节中进一步讨论。

二、强度计算

为了保证受拉伸（或压缩）的杆件安全正常的工作，必须使杆件横截面上的最大工作应力不超过材料的许用应力 $[\sigma]$，即

$$\sigma_{max}=\frac{F_N}{A}\leqslant[\sigma] \tag{6-8}$$

式中，F_N 和 A 分别为危险截面上的轴力及其横截面面积，该式称为构件在轴向拉伸（或压缩）时的强度条件。利用强度条件，可以解决工程实际中的三类问题。

（1）校核强度。若已知杆件的尺寸、所受的载荷及材料的许用应力，可用式（6-8）计算危险截面上的最大正应力 σ_{max}，验算杆件是否满足强度。若 $\sigma_{max}\leqslant[\sigma]$，则杆件具有足够强度，能安全正常工作，否则不能正常工作。

（2）设计截面尺寸。若已知杆件所受的载荷和材料的许用应力，由强度条件可确定杆件的安全横截面面积 A，即 $A\geqslant\frac{F_N}{[\sigma]}$，然后根据其他工程要求确定其截面的形状，最后计算出截面的具体尺寸。

（3）确定许可载荷。若已知杆件的截面尺寸及材料的许用应力，由强度条件可确定杆件所能承受的最大轴力，即 $F_N\leqslant[\sigma]A$，从而可以确定构件的许可载荷。

必须指出，对受压直杆进行强度计算时，式（6-8）仅适用较粗短的直杆。对细长的受压杆，应进行稳定性计算，关于稳定性问题，将在单元十一讨论。

【例 6-6】 如图 6-13 所示，储罐及其物料总重为 $P=360\text{kN}$，用四个外径为 140mm、内径为 131mm 的钢管制作的支腿支承，已知钢管许用应力 $[\sigma]=120\text{MPa}$，试校核支腿的强度。

解：每个支腿所受的力均为轴向压力，如图 6-13 所示。其内力为

$$F_\text{N}=\frac{P}{4}=90\ (\text{kN})$$

每个支腿的横截面面积为

$$A=\frac{\pi}{4}\times(140^2-131^2)=1920\ (\text{mm}^2)$$

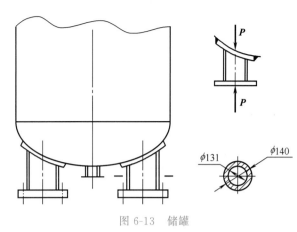

图 6-13 储罐

压应力 $\sigma=\dfrac{F_\text{N}}{A}=\dfrac{90\times10^3}{1920}=46.8\text{MPa}<[\sigma]$

所以支腿强度足够。

【例 6-7】 图 6-14（a）所示为一刚性梁 ACB，由圆杆 CD 在 C 点悬挂连接，B 端作用有集中载荷 $F=25\text{kN}$。已知：CD 杆的直径 $d=20\text{mm}$，许用应力 $[\sigma]=160\text{MPa}$。

（1）校核 CD 杆的强度；

（2）试求结构的许可载荷 $[F]$；

（3）若 $F=50\text{kN}$，试设计 CD 杆的直径 d。

解：（1）校核 CD 杆强度

作 AB 杆的受力图，如图 6-14（b）所示。

由平衡条件 $\sum M_\text{A}(F)=0$

得 $F_\text{CD}\times2l-F\times3l=0$

$$F_\text{CD}=\frac{3}{2}F$$

求 CD 杆的应力，CD 杆上的轴力 $F_\text{N}=F_\text{CD}$

故 $\sigma_\text{CD}=\dfrac{F_\text{CD}}{A}=\dfrac{3}{2}F\times\dfrac{4}{\pi d^2}=\dfrac{6\times25\times10^3}{\pi(20)^2}=119.4\text{MPa}<[\sigma]$

所以 CD 杆强度足够。

（2）求结构的许可载荷 $[F]$

由 $\sigma_\text{CD}=\dfrac{F_\text{N}}{A}=\dfrac{F_\text{CD}}{A}=\dfrac{6F}{\pi d^2}\leqslant[\sigma]$

得 $F\leqslant\dfrac{\pi d^2[\sigma]}{6}=\dfrac{\pi(20)^2\times160}{6}=33.5\times10^3\text{N}=33.5\ (\text{kN})$

由此得结构的许可载荷 $[F]=33.5\text{kN}$。

（3）若 $F=50\text{kN}$，设计圆柱直径 d

由 $\sigma_\text{CD}=\dfrac{F_\text{CD}}{A}=\dfrac{6F}{\pi d^2}\leqslant[\sigma]$

故 $d\geqslant\sqrt{\dfrac{6F}{\pi[\sigma]}}=\sqrt{\dfrac{6\times50\times10^3}{\pi\times160}}=24.4\ (\text{mm})$

圆整后，取 $d=25\text{mm}$。

【例 6-8】 图 6-15 所示结构中，杆 1 为钢杆，截面积 $A_1 = 6\text{cm}^2$，$[\sigma]_{\text{钢}} = 120\text{MPa}$；杆 2 为木杆，截面积 $A_2 = 100\text{cm}^2$，许用压应力 $[\sigma_c]_{\text{木}} = 15\text{MPa}$。试确定结构的最大许用载荷 $F_{\max}$。

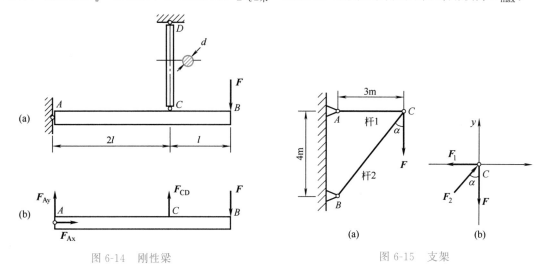

图 6-14　刚性梁　　　　　　　　　　图 6-15　支架

解：（1）受力分析。取节点 C 为分离体，其受力分析如图 6-15 所示。根据平衡方程得

$$\sum F_y = 0 \qquad F_2 \cos\alpha - F = 0$$
$$\sum F_x = 0 \qquad F_2 \sin\alpha - F_1 = 0$$

$$\sin\alpha = \frac{3}{\sqrt{3^2 + 4^2}} = \frac{3}{5}$$

$$F_2 = \frac{5}{4}F \qquad F_1 = \frac{3}{5}F_2 = \frac{3}{4}F$$

（2）最大许用载荷确定。

由强度条件得杆 1（AC 杆）允许承担的最大拉力为

$$F_1 \leq [\sigma]_{\text{钢}} A_1 = 6 \times 100 \times 120 = 72 \times 10^3 (\text{N})$$

即：

$$\frac{3}{4}F \leq 72 \times 10^3 \ (\text{N})$$

得：

$$F \leq 96 \times 10^3 \text{N}$$

木杆 2（BC）允许承担的最大压力为

$$F_2 \leq [\sigma_c]_{\text{木}} A_2 = 15 \times 100 \times 100 = 150 \times 10^3 (\text{N})$$

即：

$$\frac{5}{4}F \leq 150 \times 10^3 \ (\text{N})$$

得：

$$F \leq 120 \times 10^3 \ (\text{N})$$

（3）为保证结构安全，杆 1、2 均应满足强度条件。由上述结果可知，C 点处的最大许可载荷为 $F_{\max} = 96 \times 10^3 \text{N} = 96\text{kN}$。

课题四　轴向拉伸与压缩变形计算

一、变形和应变分析

轴向拉伸（或压缩）时，杆件的变形主要表现为沿轴向的伸长（或缩短），即纵向变形。

由实验可知，当杆沿轴向伸长（或缩短）时，其横向尺寸也会相应缩小（或增大），即产生垂直于轴线方向的横向变形。

1. 纵向变形与线应变

设一等截面直杆原长为 l，横截面面积为 A。在轴向拉力 F 的作用下，长度由 l 变为 l_1，如图 6-16（a）所示。杆件沿轴线方向的伸长为

$$\Delta l = l_1 - l$$

拉伸时 Δl 为正，压缩时 Δl 为负。

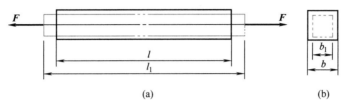

图 6-16　杆件的变形

杆件的伸长量与杆的原长有关，为了消除杆件长度的影响，将 Δl 除以 l，即以单位长度的伸长量来表征杆件变形的程度，称为线应变或相对变形，用 ε 表示

$$\varepsilon = \frac{\Delta l}{l} \tag{6-9}$$

ε 是无因次量，其符号与 Δl 的符号一致。

2. 横向变形与横向应变

在轴向力作用下，杆件沿轴向的伸长（缩短）的同时，横向尺寸也将缩小（增大）。设横向尺寸由 b 变为 b_1，如图 6-16（b）所示，杆件的横向变形为

$$\Delta b = b_1 - b$$

则横向线应变为
$$\varepsilon' = \frac{\Delta b}{b} \tag{6-10}$$

ε' 也是无因次量。拉伸时 Δb 和 ε' 为负值，压缩时 Δb 和 ε' 为正值。

3. 泊松比

实验表明，对于同一种材料，当应力不超过比例极限时，横向线应变与纵向线应变之比的绝对值为常数。比值 μ 称为泊松比，亦称横向变形系数。即

$$\mu = \left| \frac{\varepsilon'}{\varepsilon} \right| \tag{6-11a}$$

由于这两个应变的符号恒相反，故有

$$\varepsilon' = -\mu\varepsilon \tag{6-11b}$$

泊松比 μ 是材料的一个弹性常数，也是无因次量，由实验测得。工程上常用材料的泊松比见表 6-1。

表 6-1　常用材料的 E 和 μ

材　　料	E/GPa	μ	材　　料	E/GPa	μ
碳素钢	$200\sim220$	$0.24\sim0.30$	铝合金	70	$0.25\sim0.33$
合金钢	$186\sim206$	$0.25\sim0.30$	橡胶	0.0078	0.47
灰口铸铁	$80\sim160$	$0.23\sim0.27$	木材(顺纹)	$9\sim12$	
铜及其合金	$72.5\sim128$	$0.31\sim0.42$			

二、胡克定律应用

实验证明：当杆件横截面上的正应力不超过比例极限时，杆件的伸长量 Δl 与轴力 F_N 及杆原长 l 成正比，与横截面面积 A 成反比。即

$$\Delta l \propto \frac{F_N l}{A}$$

引入比例常数 E，则上式可写为

$$\Delta l = \frac{F_N l}{EA} \tag{6-12}$$

上式称为胡克定律。

将式（6-8）和式（6-9）代入上式，可得

$$\sigma = E\varepsilon \tag{6-13}$$

这是胡克定律的另一形式。可表述为：当应力不超过比例极限时，则正应力与纵向线应变成正比。

式中的 E 称为拉伸或压缩时材料的弹性模量，与材料的性质有关，其单位与应力相同，常用单位为 GPa。材料的弹性模量由实验测定。弹性模量表示在受拉（压）时，材料抵抗弹性变形的能力。由式（6-12）可看出，EA 越大，杆件的变形 Δl 就越小，故称 EA 为杆件抗拉（压）刚度。

各种材料弹性模量 E 的数值是用实验方法测定的。工程上几种常用材料的弹性模量见表 6-1。

在材料力学中所研究的许多具体问题，都是以胡克定律为基础的。胡克定律是有一定适用范围的，即应力要在比例极限范围以内。所以，以该定律为基础的许多结论，在实际应用中均应受此限制。

必须指出，胡克定律是归纳实验结果而得到的近似反映客观现象的规律，并非绝对精确，但其误差在实用中通常是可以忽略的。

【例 6-9】 如图 6-17（a）所示结构，梁 AB 上作用了 $q = 1\text{kN/m}$ 的均布载荷，BC 为圆截面钢杆，已知直径 $d = 10\text{mm}$，钢的弹性模量 $E = 2 \times 10^5 \text{MPa}$。试求 BC 杆的伸长量 Δl。

解：（1）以 AB 杆为研究对象，求出 BC 杆给 AB 的拉力 F_{BC}。AB 杆受力如图 6-17（b）所示。

由平衡条件 $\sum M_A(F) = 0$

得 $F_{BC} \times 4 - q \times 4 \times 4/2 = 0$

$$F_{BC} = \frac{1 \times 4 \times 2}{4} = 2 \text{（kN）}$$

（2）用胡克定律求 BC 杆的伸长。根据作用力与反作用力公理，BC 杆所受的力一定等于 F_{BC}。同时 BC 杆为二力杆件，故其内力 F_N 就等于外力 F_{BC}。

由胡克定律 $\Delta L = \dfrac{F_N L}{EA}$

得 BC 杆的伸长量为

$$\Delta L = \frac{2 \times 10^3 \times 4 \times 10^3}{2 \times 10^5 \times 3.14 \div 4 \times 10^2} = 0.51 \text{（mm）}$$

【例 6-10】 图 6-18（a）为一阶梯形钢杆，已知杆的弹性模量 $E = 200\text{GPa}$，AC 段的截面面积为 $A_{AB} = A_{BC} = 500\text{mm}^2$，$CD$ 段的截面面积为 $A_{CD} = 200\text{mm}^2$，杆的各段长度及受力

情况如图 6-18（a）所示。试求：

（1）杆截面上的内力和应力；

（2）杆的总变形。

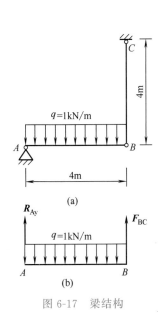

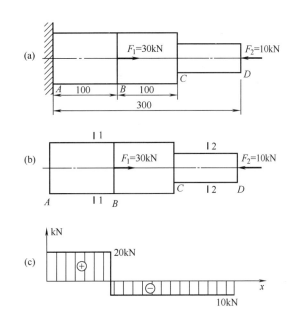

图 6-17　梁结构

图 6-18　阶梯钢杆

解：（1）求各截面上的内力。

由图 6-18（b）可知，在 *BC* 段与 *CD* 段各截面上的内力相等，用截面法求得

$$F_{N2} = -F_2 = -10\text{kN（受压）}$$

同理可求得 *AB* 段内力为

$$F_{N1} = F_1 - F_2 = 30\text{kN} - 10\text{kN} = 20\text{kN（受拉）}$$

（2）画轴力图，如图 6-18（c）所示。

（3）计算各段应力

AB 段

$$\sigma_{AB} = \frac{F_{N1}}{A_{AB}} = \frac{20 \times 10^3\,\text{N}}{500\,\text{mm}^2} = 40\text{MPa}$$

BC 段

$$\sigma_{BC} = \frac{F_{N2}}{A_{AB}} = -\frac{10^4\,\text{N}}{500\,\text{mm}^2} = -20\text{MPa}$$

CD 段

$$\sigma_{CD} = \frac{F_{N2}}{A_{CD}} = -\frac{10^4\,\text{N}}{200\,\text{mm}^2} = -50\text{MPa}$$

（4）杆的总变形

全杆总变形 ΔL_{AD} 等于各段杆变形的代数和，即

$$\Delta L_{AD} = \Delta L_{AB} + \Delta L_{BC} + \Delta L_{CD} = \frac{F_{N1} L_{AB}}{EA_{AB}} + \frac{F_{N2} L_{BC}}{EA_{BC}} + \frac{F_{N2} L_{CD}}{EA_{CD}}$$

将有关数据代入，并注意单位和符号，即得

$$\Delta L_{AD} = \frac{1}{200 \times 10^3} \times \left[\frac{20 \times 10^3 \times 100}{500} - \frac{10^4 \times 100}{500} - \frac{10^4 \times 100}{200} \right]$$

$$= -0.015 \text{ (mm)}$$

计算结果为负，说明整个杆件是缩短的。

课题五 材料在拉伸与压缩时的力学性能分析

为了解决杆件的强度和刚度问题，不仅要研究杆件的内力和变形，还必须研究材料的力学性能。所谓材料的力学性能（又称为机械性能）是指材料在外力作用下，在变形和破坏方面所表现出来的性能，如弹性、塑性、强度、韧性、硬度等。在不同的温度和加载速度下，材料的力学性能将发生变化。拉伸、压缩试验是测定材料机械性能最基本、最重要的试验。本课题介绍常用材料在常温（指室温）、静载（加载速度缓慢平稳）情况下，拉伸和压缩时的力学性能。

一、低碳钢在拉伸时的力学性能

低碳钢是工程中较为广泛使用的一种材料，在拉伸试验中所反映的力学性能又较为典型，因此，首选通过它来研究材料在拉伸时的力学性能。

1. 拉伸试验和应力应变曲线

拉伸试验一般是在电子万能实验机上进行的。试验时，为了便于分析试验结果，应按照国家标准 GB/T 228.1 的规定加工成标准拉伸试样，图 6-19（a）和图 6-19（b）分别表示横截面为圆形和矩形的拉伸试样。拉伸试样分为比例试样和非比例试样两种，比例试样的原始标距 L_0 与原始横截面积 S_0 的关系规定为

低碳刚拉伸试验

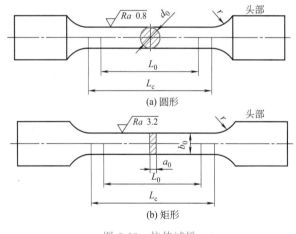

(a) 圆形

(b) 矩形

图 6-19 拉伸试样

$$L_0 = k\sqrt{S_0}$$

其中，比例系数 k 的值一般为 5.65，原始标距 L_0 应不小于 15mm。当试样横截面积 S_0 太小，采用比例系数 k 为 5.65 的值不能符合这一最小标距要求时，k 可以采用 11.3 或采用非比例试样。圆形截面短试样的标距 $L_0 = 5d_0$，长试样的标距 $L_0 = 10d_0$，其中 d_0 为圆形横截面直径。而非比例试样的 L_0 和 S_0 不受上述关系的限制。试样的尺寸公差和表面粗糙度应符合国标的相应规定，试样表面不能有刻痕、翘曲和裂纹等缺陷。

将试件安装在试验机的夹头中，缓慢加载，直至试件被拉断。一般试验机的绘图系统可自动绘出试件在试验过程中工作段的变形和拉力之间的关系曲线图。常以横坐标代表试件工作段的伸长 Δl，纵坐标代表试验机上的载荷读数，即试件的拉力 F，此曲线称为拉伸图或 F-Δl 曲线。试件的拉伸图不仅与试件的材料有关，而且与试件的几何尺寸有关。用同一种材料做成粗细、长度不同的试件，由试验所得的拉伸图差别很大。为了消除试件几何尺寸的影响，将拉力 F 除以试件横截面原始面积 S_0 为应力 σ，将伸长量 Δl 除以试件的原始标距

L_0 为应变 ε，因此，也可得到应力-应变曲线图，图 6-20 是典型塑性金属材料低碳钢的 F (σ)-$\Delta l(\varepsilon)$ 曲线图。现行国标 GB/T 228.1—2021 中使用的是应力-延伸率曲线，该曲线的横坐标为延伸率 e，且应力符号为 **R**。应力-应变曲线（或应力-延伸率曲线）是确定材料力学性能指标的重要依据。

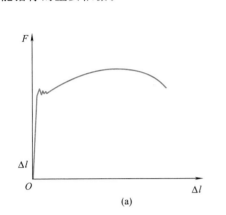 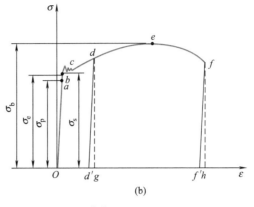

图 6-20　低碳钢的 F-Δl 和 σ-ε 曲线

铸铁拉伸
试验

2. 加载过程变形的四个阶段

由图 6-20（b）可知，低碳钢试件从开始受力至被拉断，整个过程可分为四个阶段。

(1) 弹性阶段　在 Ob 段内，如果停止加载，然后再卸载，则相应的变形也随之完全消失，试件恢复到原状，说明此阶段内只产生弹性变形，故 Ob 段称为弹性阶段。与此阶段曲线的最高点相对应的应力 σ_e 称为材料的弹性极限，其值为材料在产生弹性变形时的应力最高值。

在 Ob 段内，存在一直线段 Oa，表示应力与应变成正比例关系，即表示材料服从胡克定律。a 点所对应的应力值 σ_p 称为材料的比例极限，低碳钢的比例极限 $\sigma_p \approx 200\mathrm{MPa}$ 。另外由 Oa（假设倾斜角为 α）看出，$\tan\alpha = \dfrac{\sigma}{\varepsilon} = E$。弹性极限 σ_e 与比例极限 σ_p 含义不同，但数值接近，工程上不予严格区分。因而也经常说，应力低于弹性极限时，应力与应变成正比，材料服从胡克定律。

在试件拉伸的初始阶段，σ 与 ε 的关系表现为直线 Oa，即 σ 与 ε 成正比，即 $\sigma \propto \varepsilon$，直线的斜率为 $\tan\alpha$。

(2) 屈服阶段　当应力超过弹性极限即图 6-20（b）中所对应的 b 点以后，σ-ε 曲线上将出现一个近似水平的锯齿形线段（图中的 bc 段），这表明，应力在此阶段基本保持不变，而应变却明显增加，好像材料失去了对变形的抵抗能力，此阶段称为屈服阶段或流动阶段。这种应力基本不变，而应变显著增加的现象，称为屈服或流动。屈服阶段的最低点所对应的应力称为屈服点或屈服极限，用 σ_s 表示，现行标准 GB/T 228.1—2021 中用符号 **R_{eL}**（下屈服极限）表示屈服极限。

当材料屈服时，若试件表面光滑，可看到其表面有与轴线大约呈 $45°$ 的条纹，这是由于材料内部之间相对滑移而形成的，称为滑移线，如图 6-21 所示。

应力达到材料屈服点时，材料将产生显著的塑性变形，而零件的塑性变形将影响机器的正常工作，通常在工程中是不允许构件在塑性变形的情况下工

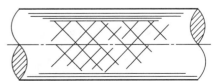

图 6-21　材料屈服时的滑移线

作的，所以屈服极限是衡量材料强度的重要指标。

（3）**强化阶段**　过了屈服阶段，曲线又逐渐上升，表示材料恢复了抵抗变形的能力。要使其继续变形，必须增加应力，这种现象称为材料的强化，图中 ce 所对应的阶段称为强化阶段。强化阶段中的最高点 e 所对应的是材料所能承受的最大应力，称为强度极限，用 σ_b 表示，现行标准 GB/T 228.1—2021 中用符号 $\boldsymbol{R}_m$ 表示强度极限。

图 6-22　颈缩现象

（4）**颈缩阶段**　在强化阶段，试件的变形基本是均匀的。过 e 点后，变形集中在试件的某一局部范围内，横向尺寸急剧减少，形成缩颈现象，如图 6-22 所示。由于在缩颈部分横截面面积明显减小，使试件继续伸长所需要的拉力也相应减小，故在 $\sigma\text{-}\varepsilon$ 曲线中，应力由最高点下降到 f 点，最后试件在缩颈段被拉断，这一阶段称为颈缩阶段。

对低碳钢来说，屈服点应力和强度极限是衡量材料强度的主要指标。

3. 卸载定律、冷作硬化

如对试件加载到过屈服阶段后某一应力值，如图 6-20（b）中的 d 点，然后逐渐卸载直至载荷为零。试验结果表明，卸载时的 $\sigma\text{-}\varepsilon$ 曲线将沿着几乎与 Oa 平行的 dd'［见图 6-20（b）］回到零应力点 d'。由图中可见，与 d 点对应的总应变应包括两部分，Od' 和 $d'g$，其中 $d'g$ 在卸载时完全消失，即为弹性变形。而 Od' 则为卸载后遗留下的塑性变形，称为卸载后的残余应变。如果在卸载后重新加载，则应力—应变关系基本沿卸载时的直线 dd' 返回到卸载点 d，然后仍沿曲线 def 变化。观察再加载的 $\sigma\text{-}\varepsilon$ 曲线，可知材料在 d 点以前的变形是弹性的，过 d 点以后才出现塑性变形。

这种不经过热处理，只是冷拉到强化阶段某一应力值后就卸载，以提高材料比例极限的方法，叫做冷作硬化。由图 6-20（b）可知，冷作硬化提高了弹性阶段的承载能力，但也减少了 Od' 段所表示的塑性应变，即降低了材料的塑性，增加了脆性。

由于冷作硬化提高了材料的比例极限，从而提高了材料在弹性范围内的承载能力，故工程中常利用冷作硬化来提高杆件的承载能力，如起重机械中的钢索和建筑钢筋，常用冷拔工艺来提高强度。

4. 低碳钢的主要力学性能指标

（1）**强度指标**　屈服极限 σ_s（现行标准用符号 $\boldsymbol{R}_{eL}$）和强度极限 σ_b（现行标准用符号 $\boldsymbol{R}_m$）是衡量材料强度的两个重要指标。屈服极限表示材料失去对变形的抵抗能力，也标志材料出现显著的塑性变形；强度极限表示材料能承受的最大应力值，也标志材料将失去承载能力。工程中，把屈服极限 σ_s（$\boldsymbol{R}_{eL}$）作为塑性材料强度设计的依据；把 σ_b（$\boldsymbol{R}_m$）作为脆性材料构件强度设计的依据。

（2）**弹性指标**　由 $\sigma\text{-}\varepsilon$ 图可知，在比例极限范围内，Oa 直线斜率为 $\tan\alpha = \dfrac{\sigma}{\varepsilon} = E$，它是一常数。式中 E 为材料的拉压弹性模量，是表示材料抵抗弹性变形能力的重要指标。

（3）**塑性变形**　试件拉断后，材料的弹性变形消失，残留着塑性变形，用塑性指标断后伸长率 δ（现行标准用符号 $\boldsymbol{A}$）和断面收缩率 ψ（现行标准用符号 $\boldsymbol{Z}$）来表示材料承受塑性变形的能力。

断后伸长率：指断后标距的残余伸长与原始标距之比，以％表示，即

$$A = \frac{L_u - L_0}{L_0} \times 100\%$$

式中　L_u——试件断后标距；

L_0——试件原始标距。

断后伸长率是衡量材料塑性变形程度的重要指标之一，工程上将 $A \geqslant 5\%$ 的材料称为塑性材料，如低碳钢、铝合金、青铜等均为常见的塑性材料。$A < 5\%$ 的材料称为脆性材料，如铸铁、高碳钢、混凝土等均为脆性材料。低碳钢的延伸率 $A \approx 20\% \sim 30\%$。断后伸长率越大，材料的塑性性能越好。

断面收缩率：指断裂后试样横截面积的最大缩减量与原始横截面积之比，以%表示，即

$$Z = \frac{S_0 - S_u}{S_0} \times 100\%$$

式中 S_u——试件断后最小横截面积；

S_0——试件原始横截面积。

低碳钢的断面收缩率约为60%，断面收缩率越大，材料的塑性越好。

二、铸铁拉伸时的力学性能

铸铁可作为脆性材料的代表，其 σ-ε 曲线如图 6-23 所示。从图中可以看出，从开始受拉到断裂，没有明显的直线部分（图中实线），实际计算时可将该曲线近似地视为直线（图中虚线），即认为胡克定律在此范围内仍然适用。图中亦无屈服阶段和局部变形阶段，断裂是突然发生的，断口齐平（如图 6-24 所示），断后伸长率约为 $0.4\% \sim 0.5\%$，故为典型的脆性材料。强度极限 σ_b ($\boldsymbol{R}_m$) 是衡量铸铁强度的唯一指标。

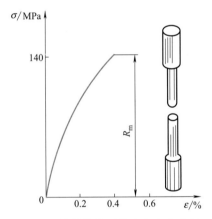

图 6-23 铸铁拉伸时的应力应变曲线

图 6-24 铸铁拉断后试件

三、低碳钢压缩时的力学性能

低碳钢压缩实验也是在电子万能实验机上进行，压缩试样形状与尺寸的设计应保证在试验过程中标距内为均匀单向压缩，不会因失稳而折损或产生偏心压缩。图 6-25 所示为 GB/T 7314—2017（金属材料室温压缩试验方法）推荐的压缩圆柱体试样。测定屈服强度（$\boldsymbol{R}_{eLc}$、$\boldsymbol{R}_{eHc}$）和抗压强度 $\boldsymbol{R}_{mc}$，可取 $L = (2.5 \sim 3.5) d$，试样原始直径 $d = (10 \sim 20) \pm 0.05$mm。

低碳钢压缩时的 σ-ε 曲线如图 6-26 所示。将其与拉伸时的 σ-ε 曲线（图中虚线）比较，可以看出，在弹性阶段和屈服阶段，拉、压的 σ-ε 曲线基本重合。这表明，拉伸和压缩时，低碳钢的比例极限、屈服极限及弹性模量大致相同。与拉伸试验不同的是，当试件上压力不断增大，试件的横截面积也不断增大，试件愈压愈扁而不破裂，故不能测出它的抗压强度极限。

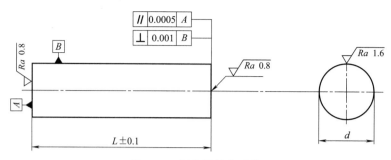

图 6-25　压缩圆柱体试样

由于低碳钢拉伸和压缩时的主要力学性能（弹性模量、屈服极限等）基本相同，在实际中就认为它是拉压强度相等的材料，所以，一般以拉伸试验确定的数据为依据。

铸铁压缩时的 σ-ε 曲线如图 6-27 实线所示。与其拉伸时的 σ-ε 曲线（图 6-23）相比，抗压强度极限 $\boldsymbol{R}_{mc}$ 远高于抗拉强度极限 $\boldsymbol{R}_m$（约 4～5 倍），所以，脆性材料宜作受压构件。铸铁试件压缩时的破裂断口与轴线约成 45°倾角，这是因为受压试件在 45°方向的截面上存在最大切应力，铸铁材料的抗剪能力比抗压能力差，当达到剪切极限应力时首先在 45°截面上被剪断。

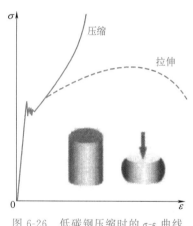

图 6-26　低碳钢压缩时的 σ-ε 曲线

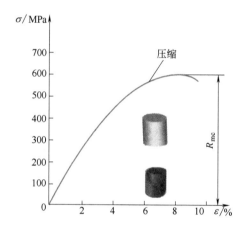

图 6-27　铸铁压缩时的 σ-ε 曲线

低碳钢试件拉伸断裂时，其颈缩部位断口内部的应力比较复杂，但仔细观察，不难发现断口边缘与轴线约呈 45°的斜面，可知这是由最大切应力引起的。前面已经得到塑性材料具有相同的抗拉与抗压性能的结论。因此，对不同材料拉伸和压缩试验进行分析研究，可得出以下重要结论：

塑性材料　抗拉能力＝抗压能力＞抗剪能力；

由铸铁试件压缩破坏知，它的抗压能力优于抗剪能力，而铸铁试件拉伸破坏时，断口为横截面，说明它的抗剪能力优于抗拉能力。因此

脆性材料　抗压能力＞抗剪能力＞抗拉能力。

四、许用应力与安全系数

由强度计算可知，许用应力的计算式为：

$$[\sigma] = \frac{\sigma_u}{n}$$

式中，σ_u 为材料的极限应力，n 为安全系数。

通过对材料力学性能的分析可知，任何工程材料能承受的应力都是有限度的。对于脆性材料，当正应力达到抗拉强度或抗压强度时，会引起断裂破坏；对于塑性材料，当正应力达到屈服极限时，将产生显著的塑性变形。构件工作时一般不允许发生显著的塑性交形，更不允许发生断裂。从强度方面考虑，这是构件失效的两种形式。因此规定将屈服极限 σ_s（$\boldsymbol{R}_{eL}$）作为塑性材料的极限应力；将强度极限 σ_b（$\boldsymbol{R}_m$）作为脆性材料的极限应力。

一般的塑性材料其抗拉强度与抗压强度相等，所以拉伸与压缩的许用应力相同。对于脆性材料来说，抗拉强度远小于抗压强度，所以许用拉应力 $[\sigma_l]$ 也就远小于许用压应力 $[\sigma_c]$。

其中安全系数 n 是表示构件安全储备大小的一个系数。工程中必须考虑安全因素是出于以下诸多原因，例如：材料的极限应力是在标准试件上获得的，而构件所处的工作环境和受载情况不可能与试验条件完全相同；构件与试件的材料虽然相同，但很难保证材质完全一致；由于对外载荷的估算可能带来误差；对结构、尺寸的简化可能造成计算偏差等等。

安全系数的选取是一个比较复杂的工程问题，关系到工程设计的安全和经济这一对矛盾问题。如果安全系数取得过小，许用应力就会偏大，设计出的构件截面尺寸将偏小，虽然节省材料，但其安全可靠性会降低；如果安全系数取得过大，许用应力就会偏小，设计出的构件截面尺寸偏大，虽然构件安全可靠性高，但需多用材料而造成浪费，并使结构笨重。因此，安全系数的选取是否恰当关系到构件的安全性和经济性。

在工程实际中，一般在常温、静载状态下，塑性材料的安全系数取 $n_s = 1.2 \sim 2.5$；脆材料的安全系数取 $n_b = 2.0 \sim 3.5$。对于不同构件的安全系数的选取，可查阅有关的设计手册。

五、应力集中

前面分析的等截面直杆在轴向拉伸（压缩）时，横截面上的正应力是均匀分布的。但实际工程中，这样外形的等截面直杆是不多见的。由于结构或工艺等方面的需要，杆件上常开有孔槽或留有凸肩等结构。在这些地方，杆件截面形状和尺寸有突然的改变。实验证明，在杆件截面发生突变的地方，即使是在最简单的轴向拉伸或压缩的情况下，截面上的应力也不再是均匀分布。而在开槽、开孔、切口等截面发生突变的区域，应力局部增大，如图 6-28 所示，它是平均应力的数倍，离开这个区域，应力就趋于平均。这种由于截面的突然改变而导致的局部应力增大的现象，称为应力集中。

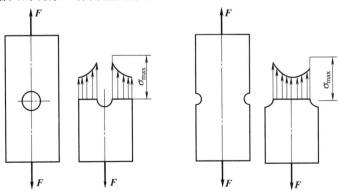

图 6-28 应力集中

用塑性材料制成的构件，在静载荷作用下可以不考虑应力集中对其强度的影响，这是因为当构件局部的应力达到材料的屈服点后，该局部就会发生塑性变形，外力增加塑性变形增大，但应力值仍在材料屈服点的临近范围内，且会使该截面上的应力趋于均匀分布。由此可见，材料的屈服具有缓和应力集中的作用。

用脆性材料制成的构件，由于脆性材料没有屈服阶段，局部应力随外力的增大而急剧增大，当最大应力达到强度极限时，应力集中处就开始出现裂纹，从而使有效截面很快减小而导致构件断裂破坏。因此，应力集中对于组织均匀的脆性材料影响较大，会大大降低其承载能力。但应力集中对组织不均匀的脆性材料（如铸铁）影响较小，这是因为材质本身的不均匀以及缺陷较多。

需要指出的是，构件在交变应力、冲击载荷的作用下，不论是塑性材料还是脆性材料制成的构件，应力集中对构件的强度都会产生重大的影响，且往往是导致构件破坏的根本原因，必须予以重视。

课题六　轴向拉伸与压缩时的超静定问题分析

一、超静定的概念

在前面讨论的问题中，结构的约束反力和杆件的内力都能用静力学平衡方程求出，这类

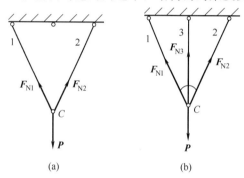

图 6-29　超静定梁

问题称为静定问题。如图 6-29（a）所示的结构即为静定问题。然而，如果在上述构架中增加一杆，如图 6-29（b）所示，则未知力变成三个（F_{N1}、F_{N2}、F_{N3}），但有效平衡方程仍然只有两个（平面汇交力系，$\sum F_x = 0$ 和 $\sum F_y = 0$），显然，仅此两个方程不能确定上述三个未知力。这种仅根据平衡方程尚不能求出未知力的问题称为超静定问题或静不定问题。

实际工程中很多结构都是超静定结构，这是因为与静定结构相比，超静定结构能较经济地利用材料，且较牢固。如常通过增加约束来提高结构的强度和刚度。

二、求解静不定问题的基本方法

为了确定超静定问题的未知力，除列出全部独立平衡方程以外，还需要寻求补充条件，以建立足够数量的补充方程。这种问题可通过研究变形，并利用变形和内力的关系来确定。

【例 6-11】　三杆铰接于 C 点，受力 P 作用，如图 6-30（a）所示。若各杆截面积均为 A，材料亦相同，应力-应变关系处于线弹性范围内，求三杆内力。

解：（1）列静力平衡方程。在载荷 P 作用下，三杆均伸长，故可设三杆均受拉，节点 C 的受

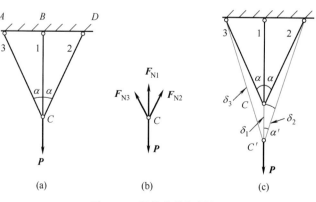

图 6-30　超静定构架图解

力情况如图 6-30（b）所示，其平衡方程为

$$\sum F_x = 0, \quad F_{N2}\sin\alpha - F_{N3}\sin\alpha = 0 \tag{a}$$

$$\sum F_y = 0, \quad F_{N1} + F_{N2}\cos\alpha + F_{N3}\cos\alpha - P = 0 \tag{b}$$

三个未知量，两个独立方程，是一次静不定问题。

（2）变形几何条件。

三杆受拉，在力 **P** 作用下伸长，如图 6-30（c）所示。在小变形条件下，有 $\alpha \approx \alpha'$，故变形几何协调条件为

$$\delta_1 \cos\alpha = \delta_2 \tag{c}$$

（3）力与变形间的物理关系（应力-应变关系）。

因三杆均处于线弹性阶段内，则由胡克定律可知，各杆的变形与伸长存在如下关系

$$\delta_1 = \frac{F_{N1}l_1}{EA} \qquad \delta_3 = \delta_2 = \frac{F_{N2}l_2}{EA} \tag{d}$$

求解上述方程，注意杆 1 的长度 $l_1 = l_2\cos\alpha$，由式（c）、式（d）两式得到

$$F_{N2} = F_{N1}\cos^2\alpha \tag{e}$$

再由方程式（a）、式（b）、式（e）解得

$$F_{N1} = \frac{P}{1 + 2\cos^3\alpha}$$

$$F_{N2} = F_{N3} = \frac{P\cos^2\alpha}{1 + 2\cos^3\alpha}$$

综上所述，求解静不定问题必须综合考虑三方面：满足静力平衡条件；满足变形协调条件；满足力与变形间的物理关系（如在线弹性范围内，即符合胡克定律）。

三、温度应力计算

热胀冷缩是金属材料的通性。在静定结构中，温度变化所产生的伸缩，不会引发杆的应力。但在超静定结构中，杆件的伸缩会受到限制，温度变化会在杆件内产生多余的应力，这种应力称为温度应力。温度应力在工程中是很常见的，结构安装和使用时温差都会产生温度应力。涉及温度应力的超静定问题，除需增加热膨胀方程以外，其他方程的建立与前述解法基本相同。

【例 6-12】 阶梯形钢杆在温度 $t = 15℃$ 时固定在刚性墙壁之间，如图 6-31（a）所示。当工作温度升高至 55℃ 时，已知杆材料的弹性模量 $E = 200\text{GPa}$，热膨胀系数 $\alpha = 125 \times 10^{-7}℃^{-1}$，两段的截面积分别为 $A_1 = 2\text{cm}^2$，$A_2 = 1\text{cm}^2$。求杆内的最大应力。

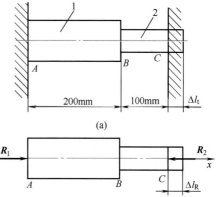

图 6-31 两端固定的钢杆

解：（1）静力学平衡方程

温度升高过程中，杆会膨胀，但由于两端墙壁刚性固定，墙壁会作用给杆压力 **R₁** 和 **R₂**，如图 6-31（b）所示。

$$\sum F_x = 0, \quad R_1 - R_2 = 0 \tag{1}$$

得：$R_1 = R_2$

（2）变形协调方程

可以将整个过程假想分解成两步，先是杆在升温中伸长 Δl_t，然后杆在墙壁压力作用下

缩短 Δl_R。实际情况是两端刚性固定，杆既未伸长也未缩短，即

$$\Delta l = \Delta l_t - \Delta l_R = 0 \tag{2}$$

其中

$$\Delta l_t = \alpha l \Delta t = 125 \times 10^{-7} \times (200 + 100) \times (55 - 15) = 0.15 \ (\text{mm})$$

$$\Delta l_R = \frac{R_1 l_1}{EA_1} + \frac{R_2 l_2}{EA_2} = R_1 \left(\frac{200}{200 \times 10^3 \times 2 \times 10^2} + \frac{100}{200 \times 10^3 \times 10^2} \right)$$

$$= R_1 \times 10^{-5} \ (\text{mm})$$

代入式（2）后，有

$$\Delta l = \Delta l_t - \Delta l_R = 0.15 - R_1 \times 10^{-5} = 0$$

即：$R_1 = 0.15 \times 10^5 = 15 \times 10^3 = 15 \ (\text{kN})$

联立式（1）有 $R_1 = R_2 = 15 \ (\text{kN})$

（3）计算最大应力

由于杆只受二力作用，杆的各截面上内力相同，细段截面积小，所以应力最大，最大应力为

$$\sigma_{\max} = \frac{F_{N2}}{A_2} = \frac{15 \times 10^3}{1 \times 10^2} = 150 \ (\text{MPa})$$

由计算结果可以看出，当安装与使用温差较大时，可以产生很大的温度应力。对于工程中超静定结构，通常以弯杆（管）代替直杆（管），可以较大程度地减小温度应力。

 小结

1. 材料力学的任务是：在保证构件既安全又经济的前提下，为构件选择合适的材料，确定合理的截面尺寸，提供必要的计算方法和实验技术。

2. 材料力学的内容体系形式上按四种基本变形来划分，四种基本变形构成了材料力学的横向线。而对每一种基本变形，受力研究采用的是由表及里、由外向内的方法，这种外力→内力→应力的研究方法构成了材料力学的纵向线。两条线纵横交错，把材料力学的内容科学地、有机地联系在一起。

3. 工程中构件的四种基本变形为：轴向拉伸或压缩、剪切、扭转和弯曲。

4. 拉伸与压缩基本概念。

受力特点：所有外力或外力的合力沿杆轴线作用。

变形特点：杆沿轴线伸长或缩短。

5. 轴力：轴向拉伸与压缩时横截面上的内力，称为轴力，用 F_N 表示。

6. 应力：受力杆件在截面上某一点处分布内力的集度。也就是单位面积上的内力。应力通常分解为垂直截面的正应力 σ 和沿截面的剪应力 τ。拉伸与压缩杆件横截面上只有正应力，且正应力沿横截面均匀分布，截面上任意点的应力为

$$\sigma = \frac{F_N}{A}$$

7. 危险截面：构件内部最大正应力所在截面。

8. 应变：单位长度的伸长或缩短。杆轴向拉伸或压缩时轴向的应变称为纵向线应变；横向的应变称为横向线应变。

纵向线应变为
$$\varepsilon = \frac{\Delta l}{l}$$

横向线应变为 $$\varepsilon'=\frac{\Delta b}{b}$$

9. 泊松比：对于同一种材料，当应力不超过比例极限时，横向线应变与纵向线应变之比的绝对值为常数。比值 μ 称为泊松比，亦称横向变形系数。即

$$\mu=\left|\frac{\varepsilon'}{\varepsilon}\right|$$

10. 胡克定律：当杆件横截面上的正应力不超过比例极限时，杆件的伸长量 Δl 与轴力 F_N 及杆原长 l 成正比，与横截面面积 A 成反比，同时与材料的性能有关。即

$$\Delta l=\frac{F_N l}{EA}$$

胡克定律的另一种表达形式： $\sigma=E\varepsilon$

11. 轴向拉、压杆的强度计算

(1) 强度条件 $$\sigma=\frac{F_N}{A}\leqslant[\sigma]$$

(2) 强度条件可解决工程中的三类问题：强度校核、设计截面尺寸、确定许可载荷。

12. 材料的力学性能：材料通常分为塑性材料（$\delta\geqslant5\%$）和脆性材料（$\delta<5\%$）。塑性材料抗拉抗压性能基本相同，而脆性材料抗压性能大大优于抗拉性能，因此常用作承压构件。

13. 材料的主要力学性能指标：

(1) 强度指标——屈服极限 σ_s（$\sigma_{0.2}$）、强度极限 σ_b

(2) 刚度指标——弹性模量 E、泊松比 μ

(3) 塑性指标——延伸率 δ、断面收缩率 ψ

 思考题

1. 轴向拉压的受力特点和变形特点是什么？什么叫内力？

2. 什么是弹性变形，什么是塑性变形？

3. 什么叫轴力？轴力的正负号是怎样规定的？

4. 试述截面法求内力的过程。

5. 胡克定律叙述的具体内容是什么？

6. EA 在胡克定律里称为什么？它反映了构件的什么性质？

7. 什么是杆件的绝对变形？什么是杆件的相对变形？

8. 低碳钢试件从开始到断裂的整个过程中，经过哪几个阶段？有哪些变形现象？

9. 塑性材料和脆性材料的力学性能的主要区别是什么？

10. 衡量材料强度的指标是什么？为什么？

11. 工程中怎样划分塑性材料和脆性材料？

12. 什么是安全系数？通常安全系数的取值范围是如何确定的？

13. 安全系数能否小于或等于1？取值过大或过小会引起怎样的后果？

14. 试判别图 6-32 所示构件中哪些承受轴

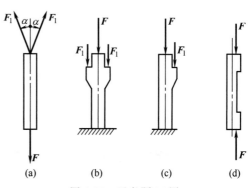

图 6-32　思考题 14 图

向拉伸或轴向压缩。

 训练题

1. 判断题

(   ) 6-1 构件的强度是指构件抵抗变形的能力。

(   ) 6-2 脆性材料由于其抗压性能比抗拉性能好，所以适宜于制作承受压力的构件。

(   ) 6-3 表示塑性材料的极限应力是材料的强度极限。

(   ) 6-4 轴向拉压杆任意斜截面上只有均匀分布的正应力，而无剪应力。

(   ) 6-5 若杆件的总变形为零，则杆内的应力亦必为零。

(   ) 6-6 杆件拉压时，轴力的大小与杆件的横截面面积有关。

(   ) 6-7 铸铁和低碳钢材料在拉伸过程中都存在屈服现象。

(   ) 6-8 应力集中是使构件产生疲劳破坏的主要原因。

2. 填空题

6-9 某材料的 σ-ε 曲线如图 6-33 所示，则材料的屈服极限 σ_s = _____ MPa；强度极限 σ_b = _____ MPa；强度计算时，若取安全系数为 2，那么材料的许用应力 $[\sigma]$ = _____ MPa。

6-10 三根试件的尺寸相同，但材料不同，其 σ-ε 曲线如图 6-34 所示，其中强度最高的是_____；塑性最好的是_____；刚度最大的是_____。

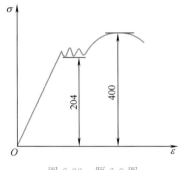

图 6-33 题 6-9 图

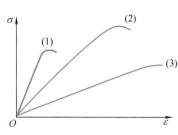

图 6-34 题 6-10 图

6-11 试判断图 6-35 中 A、B、C、D 试件是低碳钢还是铸铁？

A 材料为_____   B 材料为_____

C 材料为_____   D 材料为_____

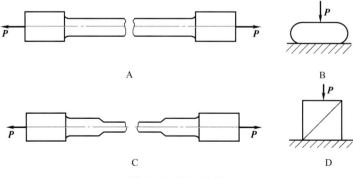

图 6-35 题 6-11 图

6-12　在低碳钢的拉伸试验中，其整个拉伸过程包括_____，_____，_____和_____四个阶段。

6-13　胡克定律的适用范围为_____。

6-14　杆件的_____不同，其变形也不同。其中基本变形为_____、_____、_____、_____四种类型。

6-15　低碳钢在拉伸过程中，应力几乎不变，而应变显著增大的现象称为_____。

6-16　这种不经热处理，只是将材料冷拉到强化阶段某一应力值后就卸载，以提高材料比例极限的方法，称为_____。此方法虽然提高了材料的强度，但降低了材料的_____，增加了脆性。

3. 单项选择题

6-17　如图 6-36 所示，一阶梯杆件受拉力 P 的作用，其截面 1-1、2-2、3-3 上的内力分别为 N_1、N_2 和 N_3，三者的关系为_____。

A. $N_1 \neq N_2$　$N_2 \neq N_3$ 　　　　B. $N_1 = N_2$　$N_2 = N_3$

C. $N_1 = N_2$　$N_2 > N_3$ 　　　　D. $N_1 = N_2$　$N_2 < N_3$

6-18　图 6-37 所示阶梯杆，CD 段为铝，横截面面积为 A；BC 和 DE 段为钢，横截面面积均为 $2A$，设 1-1、2-2、3-3 截面上的正应力分别为 σ_1、σ_2、σ_3，则其大小次序为_____。

A. $\sigma_1 > \sigma_2 > \sigma_3$ 　　B. $\sigma_2 > \sigma_3 > \sigma_1$ 　　C. $\sigma_3 > \sigma_1 > \sigma_2$ 　　D. $\sigma_2 > \sigma_1 > \sigma_3$

6-19　材料的塑性指标有_____。

A. σ_s 和 δ 　　B. σ_s 和 ψ 　　C. δ 和 ψ 　　D. σ_b 和 ψ

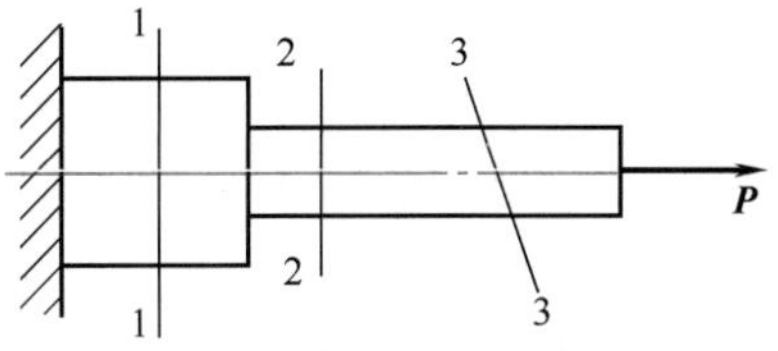

图 6-36　题 6-17 图

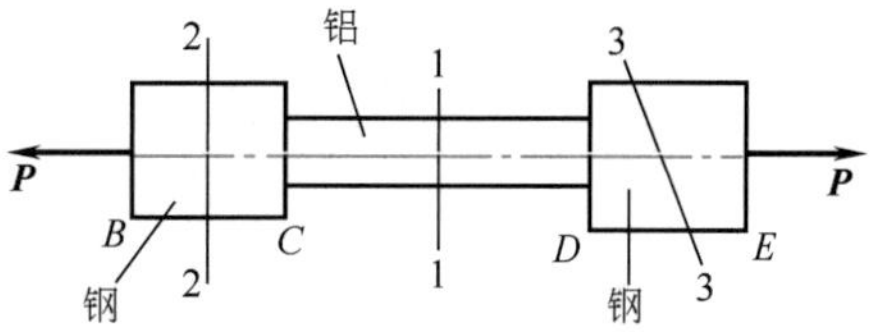

图 6-37　题 6-18 图

6-20　下列说法，_____是正确的。

A. 内力随外力增大而增大　　　　B. 内力与外力无关

C. 内力随外力的增大而减小　　　　D. 内力沿杆轴是不变的

6-21　一拉伸钢杆，弹性模量 $E = 200\text{GPa}$，比例极限为 200MPa，今测得其轴向应变 $\varepsilon = 0.0015$，则横截面上的正应力_____。

A. $\sigma = 300\text{MPa}$ 　　　　B. $\sigma > 300\text{MPa}$

C. $200\text{MPa} < \sigma < 300\text{MPa}$ 　　　　D. $\sigma < 200\text{MPa}$

6-22　脆性材料的危险应力是_____。

A. 比例极限　　B. 弹性极限　　C. 屈服极限　　D. 强度极限

6-23　拉、压杆的危险截面必为全杆中_____的横截面。

A. 面积最小　　B. 正应力最大　　C. 轴力最大

6-24　材料经过冷作硬化后，其_____。

A. 弹性模量提高，塑性降低　　　　B. 弹性模量降低，塑性提高

C. 比例极限提高，塑性提高　　　　D. 比例极限提高，塑性降低

6-25　现有钢、铸铁两种杆材，其直径相同。从承载能力与经济效益两个方面考虑，图 6-38 所示结构中两种合理选择方案是（　　　）。

A. 1 杆为钢，2 杆为铸铁　　　　　C. 二杆均为钢

B. 1 杆为铸铁，2 杆为钢　　　　　D. 二杆均为铸铁

4．计算题

6-26　图 6-39 所示等直杆受 4 个轴向力作用，试求指定截面的轴力，并画出轴力图。

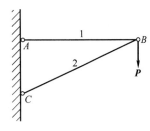

图 6-38　题 6-25 图

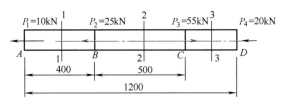

图 6-39　题 6-26 图

6-27　一中段开槽的直杆，如图 6-40 所示，受轴向力 F 作用。已知：$F = 20\text{kN}$，$h = 25\text{mm}$，$h_0 = 10\text{mm}$，$b = 20\text{mm}$。试求杆内的最大正应力。

图 6-40　题 6-27 图

6-28　图 6-41 所示变截面圆钢杆 $ABCD$，已知 $P_1 = 20\text{kN}$，$P_2 = P_3 = 35\text{kN}$，$l_1 = l_3 = 300\text{mm}$，$l_2 = 400\text{mm}$，$d_1 = 12\text{mm}$，$d_2 = 16\text{mm}$，$d_3 = 24\text{mm}$，求杆的最大及最小应力。

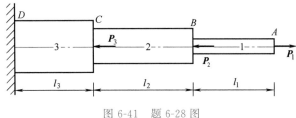

图 6-41　题 6-28 图

6-29　杆件受力如图 6-42 所示，已知杆的横截面面积为 $A = 20\text{mm}^2$，材料弹性模量 $E = 200\text{GPa}$，泊松系数 $\mu = 0.3$。

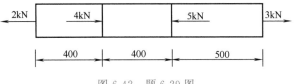

图 6-42　题 6-29 图

（1）绘制杆的轴力图；

（2）求杆横截面上的最大应力；

（3）计算杆的总变形 Δl；

（4）求杆的线应变 ε。

6-30 图 6-43 所示结构，AB 梁上作用着 $q=10$kN/m 的均布荷载，BC 为圆截面钢杆，已知其直径 $d=10$mm，长度 $L=1$m，弹性模量 $E=2\times10^5$MPa。试求：

（1）BC 杆的伸长量 ΔL；

（2）若 BC 杆的 $[\sigma]=100$MPa，设计 BC 杆的最小截面积。

6-31 图 6-44 所示三脚架，在节点 B 受铅垂荷载 F 作用，其中钢拉杆 AB 长 $l_1=2$m，截面面积 $A_1=600$mm^2，许用应力 $[\sigma]_1=160$MPa，木压杆 BC 的截面面积 $A_2=1000$mm^2，许用应力 $[\sigma]_2=7$MPa。试确定许用荷载 $[F]$。

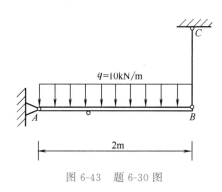

图 6-43 题 6-30 图

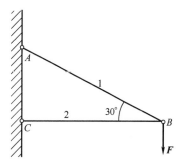

图 6-44 题 6-31 图

6-32 某机床工作台进给液压缸如图 6-45 所示，已知压力 $p=2$MPa，液压缸内径 $D=75$mm，活塞杆直径 $d=18$mm，活塞杆材料的许用应力 $[\sigma]=50$MPa。试校核活塞杆的强度。

6-33 设有一起重架如图 6-46 所示，A、B、C 为铰接，杆 AB 为方形截面木材制成的，$P=5$kN，许用应力 $[\sigma]=3$MPa，求杆 AB 截面边长。

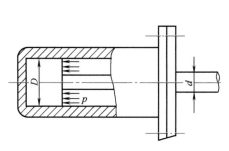

图 6-45 题 6-32 图

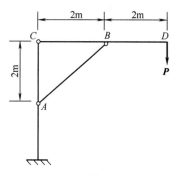

图 6-46 题 6-33 图

6-34 图 6-47 所示结构，由刚性杆 AB 及两弹性杆 EC 及 FD 组成，在 B 端受力 F 作用。两弹性杆的刚度分别为 E_1A_1 和 E_2A_2。试求杆 EC 和 FD 的内力。

6-35 图 6-48 中 AB 是刚性杆，CD 杆的截面积 $A=500$mm^2，$E=200$GPa，$[\sigma]=160$MPa。试求此结构中 B 点所能承受的最大集中力 P 以及 B

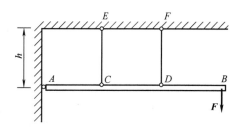

图 6-47 题 6-34 图

点的位移 δ_B。

6-36 图 6-49 所示结构中 AB 为刚性杆，DE 和 BC 为弹性杆，两杆的材料和截面积均相同。试求当该结构的温度降低 30℃ 时，两杆的内力。已知：$F = 100\text{kN}$，$E = 200\text{GPa}$，$a = 1\text{m}$，$l = 0.5\text{m}$，$A = 400\text{mm}^2$，$a = 12 \times 10^{-6}\text{C}^{-1}$，$\Delta t = -30℃$。

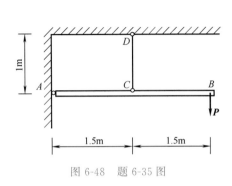

图 6-48　题 6-35 图

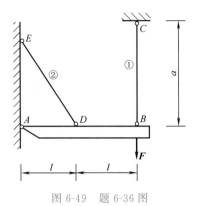

图 6-49　题 6-36 图

单元七

剪切与挤压

知识目标

- 了解剪切与挤压的受力与变形特点;
- 了解剪切与挤压实用强度计算方法。

能力目标

- 能准确分清剪切面和挤压面;
- 能运用抗剪强度条件和抗挤强度条件进行连接件的强度计算。

素质目标

- 连接件（如铆钉、销钉、螺栓）广泛应用于机械系统、结构系统、航空航天系统等，连接件虽小但作用重大，启发学生在工作中甘当一个小小连接件，为国家的发展发挥自己的重要作用，培养他们爱岗敬业、精益求精的精神，激发他们的家国情怀及使命担当。

课题一　剪切和挤压的受力与变形分析

一、剪切的受力与变形分析

剪切变形是杆件的基本变形之一。在工程实际中，受剪切变形的构件很多。如螺栓、销钉、铆钉、键等。下面以铆钉连接为例，来说明剪切变形的概念。

铆钉连接的简图如图 7-1（a）所示，当被连接的钢板沿水平方向承受外力时，外力通过钢板传递到铆钉上，使铆钉的左上侧面和右下侧面受力，如图 7-1（b）所示，这时铆钉的上半部分和下半部分在外力的作用下分别向左和向右移动，上下之间的截面要产生错动，如图 7-1（c）所示，这就是剪切变形。当外力足够大时，会使铆钉沿中间截面被剪断。

从铆钉受剪的实例分析可以看出剪切变形的受力特点：作用在构件上的外力垂直于轴线，两侧外力的合力大小相等、方向相反且作用线相距很近。在这样的外力作用下所产生的变形特点是：反向外力之间的截面有发生相对错动的趋势。工程中，把上述形式的外力作用下所发生的变形称为剪切变形。

在发生剪切变形的连接构件中，发生相对错动的截面 $m\text{-}m$ 称为剪切面。从剪切的受力特点和变形特点可知，剪切面总是与作用力平行。只有一个剪切面的剪切称为单剪，如图 7-1 所示；有两个剪切面的剪切称为双剪，如图 7-6 所示的销连接。

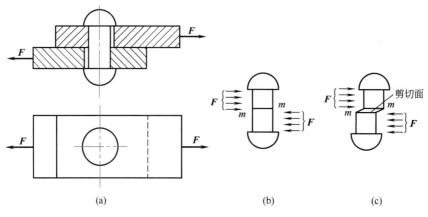

图 7-1 铆钉连接

二、挤压的受力与变形分析

一般情况下，连接件在发生剪切变形的同时，它与被连接件传力的接触面上将受到较大的压力作用，从而出现局部变形，这种现象称为挤压。如图 7-1 所示的铆钉连接，上钢板孔左侧与铆钉上部左侧，下钢板孔右侧与铆钉下部右侧相互挤压。如果挤压力过大，就会使构件在接触的局部区域产生塑性变形或压陷现象，而造成挤压破坏。

发生挤压的构件的接触面，称作挤压面。挤压面通常垂直于外力方向。

课题二　剪切和挤压的实用强度计算

一、剪切实用强度计算

对于剪切的强度问题，仍采用单元六总结的基本变形的研究方法，即由外力→内力→应力→强度计算的方法进行研究。

下面以图 7-2 螺栓连接为例，说明剪切的实用计算方法。

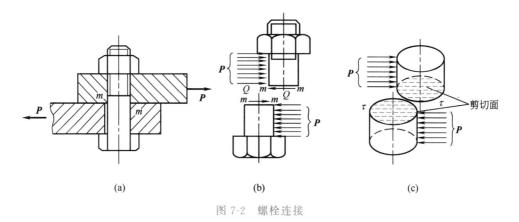

图 7-2　螺栓连接

1. 剪切面上的内力——剪力 Q

如图 7-2（a）所示的螺栓连接，拉力 P 通过板的孔壁作用在螺栓杆上，螺栓杆受力图如图 7-2（b）所示。假想用平面将螺栓杆从 $m\text{-}m$ 截面处截开，将其分为上下两部分，任取上部分或下部分为研究对象。为了与整体一致保持平衡，剪切面 $m\text{-}m$ 上必有与外力 F 大小相等、方向相反的内力存在，这个内力沿截面作用，叫作剪力。为了与拉压时垂直于截面的轴力 N 相对应，剪力用符号 Q 表示。由截面法，根据截取部分的平衡方程，可以求出剪力 Q 的大小。

$$\sum F_x = 0 \qquad F - Q = 0$$

得出：$Q = F$

2. 剪切面上的应力——剪应力 τ

构件受剪切时，剪切面上的应力称为剪应力，用符号 τ 表示。由于剪力 Q 切于截面，τ 也切于截面。由剪力计算剪应力，需要分析剪切面上应力的分布规律，实际上，剪切面上的剪应力分布规律是相当复杂的，但总体来讲，各点应力值差异不大。为便于计算，工程中通常采用实用计算，即根据构件的实际破坏情况，作出粗略的、简单的、但基本符合实际情况的假设，作为强度计算的依据。在这种计算中，假设切应力在剪切面内是均匀分布的。所以，剪应力可用下式计算

$$\tau = \frac{Q}{A} \tag{7-1}$$

式中　Q——剪切面上的剪力；

　　　A——剪切面的面积。

3. 剪切实用强度计算

为了保证连接件在工作时不发生剪切破坏，剪切面上的最大剪应力不得超过连接件材料的许用剪应力 $[\tau]$，即应满足如下剪切强度条件

$$\tau_{\max} = \frac{Q}{A} \leqslant [\tau] \tag{7-2}$$

许用剪应力 $[\tau]$ 与许用正应力 $[\sigma]$ 相似，由通过实验得出的剪切强度极限 τ_b 除以安全系数而得。常见材料的许用剪应力 $[\tau]$ 可以从有关设计规范中查到，一般地

对塑性材料：$[\tau] = (0.6 \sim 0.8)[\sigma]$

对脆性材料：$[\tau] = (0.8 \sim 1.0)[\sigma]$

二、挤压实用强度计算

作用于挤压面上的压力称为挤压力，用符号 F_{jy} 表示，单位挤压面积上的挤压力称为挤压应力，用符号 σ_{jy} 表示。挤压应力在挤压面的分布也比较复杂，所以和剪切一样，工程中也采用实用计算法，即认为挤压应力在挤压面上是均匀分布的，于是挤压面上的最大应力可用下式计算

$$\sigma_{jy} = \frac{F_{jy}}{A_{jy}} \tag{7-3}$$

式中　F_{jy}——挤压面上的挤压力；

　　　A_{jy}——实用挤压面面积。

计算面积 A_{jy} 需要根据挤压面的形状来确定。对于键连接，如图 7-3（a）所示，挤压面为平面，则该接触平面的面积 $l \times h/2$ 就是挤压面的计算面积；对于螺栓、铆钉、销等连接件，挤压面为半圆柱面，见图 7-3（b），根据理论分析，在半圆柱挤压面上挤压应力的分布情况如图 7-3（c）所示，则挤压面的计算面积为半圆柱面的正投影面，即 $A_{jy} = dl$，如图 7-3（d）所示。这时按式（7-3）计算所得的挤压应力，近似于最大

挤压应力 σ_{jymax}。

为了保证连接件具有足够的挤压强度，则挤压实用强度计算的强度条件为

$$\sigma_{jy}=\frac{F_{jy}}{A_{jy}}\leqslant[\sigma_{jy}] \tag{7-4}$$

式中　$[\sigma_{jy}]$——材料的许用挤压应力。

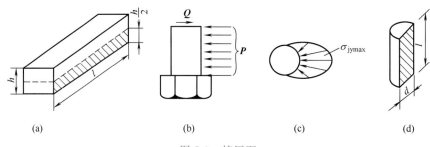

图 7-3　挤压面

$[\sigma_{jy}]$ 的数值可由实验获得。常用材料的 $[\sigma_{jy}]$ 仍可从有关手册中查得。对于金属材料，许用挤压应力和许用拉应力之间有如下关系

对塑性材料：$[\sigma_{jy}]=(1.5\sim2.5)[\sigma]$

对脆性材料：$[\sigma_{jy}]=(0.9\sim1.5)[\sigma]$

应该注意，如果挤压构件的材料不同，则应对许用挤压应力 $[\sigma_{jy}]$ 值较小的材料进行强度校核。

三、剪切和挤压的应用

应用剪切和挤压强度条件同样可解决工程中的三类强度问题：即强度校核问题、设计截面尺寸问题和确定许可载荷问题。值得说明的是，工程中的连接构件及构件的接头部分，往往同时发生剪切和挤压变形，为保证其不被破坏，多数情况下需要同时考虑剪切强度和挤压强度，有时还应考虑接头处的拉压强度，下面就工程中常见的基本问题举例说明。

【例 7-1】　如图 7-4（a）所示，某齿轮用平键与轴连接（图中未画出齿轮）。已知轴的直径 $d=56mm$。键的尺寸为 $b\times h\times l=16mm\times10mm\times80mm$，轴传递的外力偶矩 $M=1kN\cdot m$，键材料的许用剪应力 $[\tau]=60MPa$，许用挤压应力 $[\sigma_{jy}]=100MPa$，试校核键的强度。

剪切与挤压强度计算案例

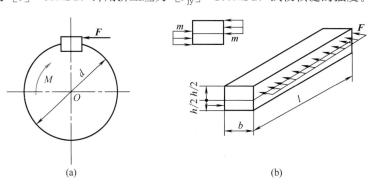

图 7-4　键连接

解：（1）以键和轴为研究对象 [见图 7-4（a）]，已知作用在轴上的外力偶矩为 M，由平衡方程可求得键所受的力

$$\sum m = 0 \qquad F \times d/2 - M = 0$$

得 $F = \dfrac{2M}{d} = \dfrac{2 \times 1 \times 10^6}{56} = 35.71 \times 10^3 \ \text{(N)} = 35.71\text{kN}$

从图 7-4 （b）可以看出，键的破坏可能是沿 $m\text{-}m$ 截面被剪切或与键槽之间发生挤压，则其剪力 $\boldsymbol{Q}$ 和挤压力 $\boldsymbol{F}_{jy}$ 为

$$Q = F_{jy} = F = 35.71 \ \text{(kN)}$$

（2）校核键的剪切强度

键的剪切面积为 $\qquad A = b \times l = 16 \times 80 = 1280 \ (\text{mm}^2)$

键的剪切强度为 $\tau = \dfrac{Q}{A} = \dfrac{35.71 \times 10^3}{1280} = 27.9 \ \text{(MPa)} < [\tau] = 60\text{MPa}$

故键的剪切强度足够。

（3）校核键的挤压强度。由图 7-4 （b）可以看出，键与键槽之间发生挤压，挤压面面积为

$$A_{jy} = l \times h/2 = 80 \times 10/2 = 400 \ (\text{mm}^2)$$

则键的挤压强度为

$$\sigma_{iy} = \dfrac{F_{jy}}{A_{jy}} = \dfrac{35.71 \times 10^3}{400} = 89.3 \ \text{(MPa)} < [\sigma_{iy}] = 100\text{MPa}$$

故键的挤压强度满足。

【例 7-2】 两块钢板用螺栓连接，如图 7-5 （a）所示。每块钢板厚度 $t = 10\text{mm}$，螺栓直径 $d = 16\text{mm}$，螺栓材料的许用剪切应力 $[\tau] = 60\text{MPa}$，钢板与螺栓的许用挤压应力 $[\sigma_{jy}] = 180\text{MPa}$，已知连接过程中，每块钢板作用 $F = 10\text{kN}$ 的拉力。试校核螺栓的强度。

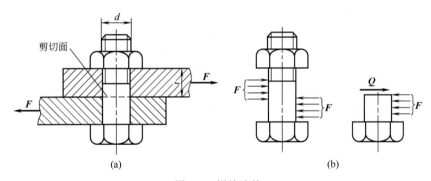

图 7-5　螺栓连接

解：（1）取螺栓为研究对象，受力分析如图 7-5 （b）所示。螺栓的剪切面为中间水平圆截面，挤压面为左上和右下部分半圆柱面。
则其剪力 $\boldsymbol{Q}$ 和挤压力 $\boldsymbol{F}_{jy}$ 为

$$Q = F_{jy} = F = 10\text{kN}$$

（2）校核螺栓的剪切强度

螺栓的剪切面积为 $\qquad A = \dfrac{1}{4}\pi d^2 = \dfrac{3.14 \times 16^2}{4} \approx 201 \ (\text{mm}^2)$

螺栓的剪切强度为 $\tau = \dfrac{Q}{A} = \dfrac{10 \times 10^3}{201} = 49.8 \ \text{(MPa)} < [\tau] = 60\text{MPa}$

故螺栓的剪切强度足够。

（3）校核螺栓的挤压强度

挤压面面积为 $\qquad A_{jy} = dt = 16 \times 10 = 160 \ (\text{mm}^2)$

则螺栓的挤压强度为

$$\sigma_{iy} = \frac{F_{jy}}{A_{jy}} = \frac{10 \times 10^3}{160} = 62.5 \ (\text{MPa}) < [\sigma_{iy}] = 180\text{MPa}$$

故螺栓的挤压强度满足。

【例 7-3】 如图 7-6 (a) 所示，拖车的挂钩用插销连接，已知挂钩厚度 $t = 8$mm，挂钩的许用剪切应力 $[\tau] = 30$MPa，许用挤压应力 $[\sigma_{jy}] = 100$MPa，拉力 $F = 15$kN，试确定插销的直径 d。

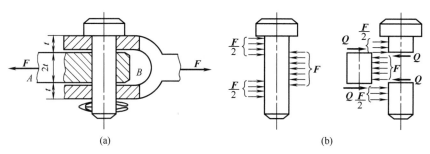

(a)   (b)

图 7-6 销连接

解：（1）分析插销变形，取插销为研究对象，画受力图，如图 7-6 (b) 所示。有两处剪切面，为双剪问题，两处剪切面的情况相同；有三处挤压面，受力与面积成倍数关系。考虑强度时，可分别取一处进行分析。它的破坏形式可能是被剪断或与孔壁间发生挤压破坏。

（2）根据剪切强度条件设计插销直径。如图 7-6 (b) 所示，运用截面法，取插销中间部分为研究对象，由平衡方程求得其剪力 Q 和挤压力 F_{jy} 分别为

$$Q = F/2 = 7.5 \ (\text{kN})$$
$$F_{jy} = F = 15 \ (\text{kN})$$

（3）按剪切强度条件确定插销的直径

由

$$\tau = \frac{Q}{A} = \frac{Q}{1/4 \pi d^2} \leqslant [\tau]$$

得

$$d \geqslant \sqrt{\frac{4Q}{\pi [\tau]}} = \sqrt{\frac{4 \times 7.5 \times 10^3}{3.14 \times 30}} = 17.85 \ (\text{mm})$$

圆整后得 $d = 18$mm。

（4）按挤压强度条件确定插销的直径

挤压面面积为

$$A_{jy} = 2dt \ (\text{mm}^2)$$

由

$$\sigma_{jy} = \frac{F_{jy}}{A_{jy}} = \frac{F}{2d \times t} \leqslant [\sigma_{jy}]$$

得

$$d \geqslant \frac{F}{2t[\sigma_{jy}]} = \frac{15 \times 10^3}{2 \times 8 \times 100} = 9.4 \ (\text{mm})$$

圆整为 $d = 10$mm。

综合（3）和（4）同时满足剪切和挤压强度，应选取大的直径，故取 $d = 18$mm。

【例 7-4】 如图 7-7 所示的两块钢板搭焊在一起，钢板 A 的厚度 $\delta = 8$mm，已知 $F = 150$kN，焊缝的许用剪应力 $[\tau] = 108$MPa，试求焊缝抗剪切所需的长度 l。

解：在图中所示的受力情况下，焊缝主要是受剪切。焊缝破坏时，沿焊缝最小宽度 n-n 的纵截面被剪断。每条焊缝的剪切面 n-n 上的剪力为

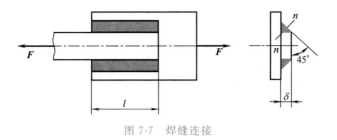

图 7-7 焊缝连接

$$Q = F/2$$

剪切面积为

$$A = l\delta\cos45° \quad (n\text{-}n \text{ 截面})$$

由抗剪强度条件

$$\tau = \frac{Q}{A} = \frac{F/2}{l\delta\cos45°} \leqslant [\tau]$$

得

$$l \geqslant \frac{F}{2\delta\cos45°[\tau]} = \frac{150 \times 10^3}{2 \times 8 \times \cos45° \times 108} = 123 \text{ (mm)}$$

考虑到焊缝两端有可能未焊透，故实际的焊缝长度应稍大于计算长度，一般应在计算长度上再加约 2δ（δ 为钢板厚度），故该焊缝长度可取为 $l = 140\text{mm}$。

【例 7-5】 如图 7-8 所示，冲床的最大冲力 $F = 400\text{kN}$，冲头材料的许用压应力 $[\sigma] = 440\text{MPa}$，钢板的剪切强度极限 $\tau_b = 360\text{MPa}$。试确定：（1）该冲床能冲剪的最小孔径；（2）冲床能冲剪的钢板最大厚度。

解：（1）确定冲床所能冲剪的最小孔径。

冲床能冲剪的最小孔径也就是冲头的最小直径。为了保证冲头正常工作，必须满足冲头的压缩强度条件，即

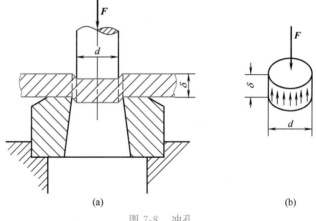

(a)

图 7-8 冲孔

(b)

$$\sigma = \frac{F_N}{A} = \frac{F_N}{\pi d^2/4} \leqslant [\sigma]$$

$$d \geqslant \sqrt{\frac{4F}{\pi[\sigma]}} = \sqrt{\frac{4 \times 400 \times 10^3}{3.14 \times 440}} = 34.03 \text{ (mm)}$$

圆整后，得该冲床能冲剪的最小孔径为 35mm。

（2）确定冲床能冲剪的钢板最大厚度 δ。

冲头冲剪钢板时，刃切面为圆柱面，如图 7-8（b）所示。其剪切面面积为 $\pi d\delta$，剪切面上剪力为 $Q = F$，当剪应力 $\tau \geqslant \tau_b$ 时，方可冲出圆孔。故冲穿钢板的条件为

$$\tau = \frac{Q}{A} = \frac{F}{\pi d\delta} \geqslant \tau_b$$

$$\delta \leqslant \frac{F}{\pi d\tau_b} = \frac{400 \times 10^3}{3.14 \times 35 \times 360} = 10.1 \text{ (mm)}$$

圆整后得，该冲床能冲剪的最大钢板厚度为 10mm。

课题三　剪应变、剪切胡克定律分析

一、剪应变

构件在发生剪切变形时，截面沿外力的方向产生相对的错动。在构件受剪部位的某处取一微小的立方体——单元体，在剪应力 τ 的作用下，单元体将变成平行六面体，其左右两截面发生相对错动，使原来的直角改变了一个微量 γ，如图 7-9（a）所示，这就是剪应变。由于剪应变是直角的改变量，故又称为角应变，用弧度 rad 来度量。

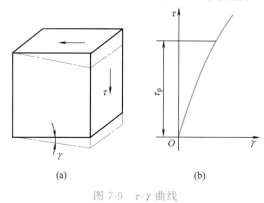

(a)　　　　　　　　　　(b)

图 7-9　τ-γ 曲线

二、剪切胡克定律

实验证明，当剪应力不超过材料的剪切比例极限 τ_p（或在材料的弹性变形范围内）时，剪应力 τ 与剪应变 γ 成正比，如图 7-9（b）所示，这就是剪切胡克定律。即

$$\tau = G\gamma \tag{7-5}$$

式中，比例常数 G 的取值与材料有关，称为材料的切变模量。G 的量纲与 τ 相同。一般钢材的 G 约为 80GPa，铸铁的 G 为 45GPa，其他材料的 G 值可从有关手册中查取。

可以证明，对于各向同性的材料，剪切弹性模量 G、弹性模量 E、泊松比 μ 之间存在以下关系

$$G = \frac{E}{2(1+\mu)} \tag{7-6}$$

 小结

1. 剪切变形的概念

剪切变形是杆件的基本变形形式之一，构件在剪切的同时，常伴随着挤压的产生，即在传力的接触面上出现局部的塑性变形。

2. 剪切变形的受力特点

外力作用线平行、反向、相隔距离很小。这样的外力将在剪切面上产生沿截面的剪力 Q，从而使剪切面上的点受剪应力的作用。

3. 剪切变形的变形特点

截面沿外力方向产生相对错动，使微立方体变成了平行六面体。其变形程度用剪应变 γ，即直角的改变量来表示。

4. 剪切与挤压的实用计算

工程实际中采用实用计算的方法来建立剪切和挤压强度条件，它们分别为

$$\tau = \frac{Q}{A} \leqslant [\tau]$$

$$\sigma_{jy} = \frac{F_{jy}}{A_{jy}} \leqslant [\sigma_{jy}]$$

5. 剪切和挤压计算中应注意的问题

对构件进行剪切、挤压强度计算时，关键在于正确地判断剪切面和挤压面的位置，并能够计算出它们的实用面积。

剪切面：平行于外力，介于两反向外力之间，面积为实际面积。

挤压面：构件传力接触面。当接触面为平面时，挤压面积就是接触面面积；当接触面为曲面时，挤压面积为曲面的正投影面积。

 思考题

1. 以螺栓为例说明，如果剪切强度和挤压强度不足，应分别采取哪些相应措施？
2. 如果将剪切中两个平行力的距离加大，变形会有什么变化？
3. 试述机械中连接件承受剪切时，其连接处的受力特点和变形情况。
4. 挤压与压缩是否相同？请分析并指出图 7-10（a）、（b）两图中的构件 1 哪个需考虑压缩强度？哪个需考虑挤压强度？

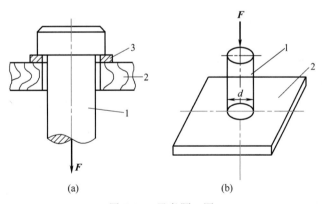

(a)　　　　　(b)

图 7-10　思考题 4 图

 训练题

1. 判断题

（　　）7-1　剪切变形的受力特点是：作用在杆件两侧面的外力的合力大小相等，方向相反，作用线互相平行。

（　　）7-2　挤压与压缩是同一个概念，二者没有什么区别。

（　　）7-3　在挤压强度计算中，当挤压接触面为平面时，挤压面积就是接触面面积；当接触面为曲面时，挤压面积为曲面的正投影面积。

（　　）7-4　对于剪切问题，工程上除进行剪切强度校核，以确保构件正常工作外，有时会遇到相反的问题，即利用剪切破坏。

（　　）7-5　构件在发生剪切的同时，总伴随着挤压的产生。

2. 填空题

7-6　判断剪切面和挤压面时应注意的是：剪切面是构件的两部分有发生_____趋势的平面；挤压面是构件_____的表面。

7-7　如图 7-11 所示铆接钢板用两个铆钉连接，钢板所受的力 $F = 10\text{kN}$，则每个铆钉横截面上的剪力 $Q = $_____kN。

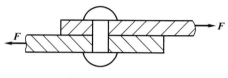

图 7-11　题 7-7 图

7-8　如图 7-12 所示两钢板用圆锥销钉连接，则圆锥销的受剪面积为_____；计算挤压面积为_____。

7-9　电瓶挂钩用插销连接，如图 7-13 所示，已知 t、d、P，则插销剪切面上的剪应力 $\tau = $_____；挂钩的最大挤压应力 $\sigma_{jy} = $_____。

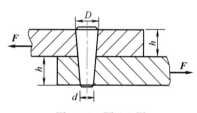

图 7-12　题 7-8 图

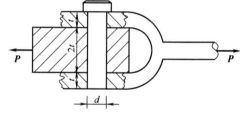

图 7-13　题 7-9 图

7-10　连接件在受剪时，剪切面与外力方向_____；挤压面与外力方向_____。

3. 单项选择题

7-11　如图 7-14 所示的插销，穿过水平放置的平板上的圆孔，在其下端受一拉力 P，该插销的剪切面积和挤压面积分别等于_____。

A. πdh，$1/4\pi D^2$　　　　　　　　B. πdh，$1/4\pi(D^2 - d^2)$

C. πDh，$1/4\pi D^2$　　　　　　　　D. πDh，$1/4(D^2 - d^2)$

7-12　如图 7-15 所示铆接件，若板与铆钉为同一材料，且已知 $[\sigma_{jy}] = 2[\tau]$，为充分提高材料的利用率，则铆钉的直径 d 应为_____。

A. $d = 2t$　　　　　B. $d = 4t$　　　　　C. $d = 4t/\pi$　　　　　D. $d = 8t/\pi$

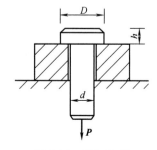

图 7-14　题 7-11 图

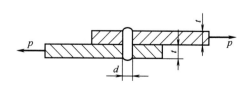

图 7-15　题 7-12 图

7-13 两块钢板用螺栓连接,当其他条件不变时,螺栓的直径增加一倍,挤压应力将变为原来的_____倍。

A. 1　　　　　B. 1/2　　　　　C. 1/4　　　　　D. 3/4

7-14 将构件的许用挤压应力和许用压应力的大小进行对比,可知_____,因为挤压变形发生在局部范围,而压缩变形发生在整个构件上。

A. 前者要小些　　　　　　　　B. 前者要大些

C. 二者大小相等　　　　　　　D. 二者可大可小

4. 计算题

7-15 一木质拉杆接头部分如图 7-16 所示,接头处的尺寸为 $h = b = 18$cm,材料的许用应力 $[\sigma] = 5$MPa,$[\sigma_{jy}] = 10$MPa,$[\tau] = 2.5$MPa,求许可拉力 P。

7-16 如图 7-17 所示冲床的冲头。在力 F 作用下,冲剪钢板,设板厚 $t = 10$mm,板材料的剪切强度极限 $\tau_b = 360$MPa,当需冲剪一个直径 $d = 20$mm 的圆孔时,试计算所需的冲力 F 等于多少?

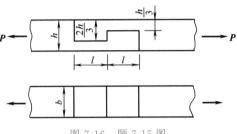

图 7-16　题 7-15 图

7-17 如图 7-18 所示铆接头受拉力 $F = 24$kN 作用,上下钢板尺寸相同,厚度 $t = 10$mm,宽 $b = 100$mm,许用应力 $[\sigma] = 170$MPa,铆钉的 $[\tau] = 140$MPa,$[\sigma_{jy}] = 320$MPa,试校核该铆接头强度。

7-18 如图 7-19 所示带轮和轴用平键连接,已知该结构传递力矩 $m = 3$kN·m,键的尺寸 $b = 24$mm,轴的直径 $d = 85$mm,键和带轮材料的许用应力 $\tau = 40$MPa,$[\sigma_{jy}] = 90$MPa。试计算键的长度。

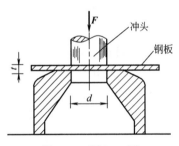

图 7-17　题 7-16 图

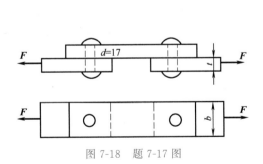

图 7-18　题 7-17 图

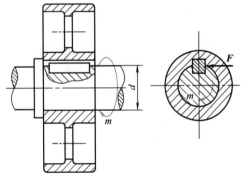

图 7-19　题 7-18 图

7-19 用夹钳剪断直径 $d_1 = 3$mm 的铅丝,如图 7-20 所示。若铅丝的极限许用剪应力为 $[\sigma] = 100$MPa,试问需多大的力 P 才能剪断铅丝?若销钉 B 的直径为 $d_2 = 8$mm,试求销钉内的剪应力。

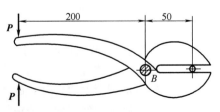

图 7-20　题 7-19 图

单元八

扭转

知识目标

- 了解圆轴扭转时的受力与变形特点；
- 掌握扭矩的计算和扭矩图的绘制方法。

能力目标

- 能正确计算扭矩和绘制扭矩图；
- 能够根据轴的传递功率和转速计算外力偶矩；
- 能利用圆轴扭转的强度和刚度条件公式解决工程实际中的三类问题。

素质目标

- 通过扭转强度及刚度条件对圆轴扭转时的三类工程问题进行解决，培养学生理论与实践相结合的能力及实践—理论—实践的认知规律；
- 通过扭转计算，让学生了解相同材料、相同重量的情况下，空心轴的强度要比实心轴高。飞机、轮船、汽车等，常采用空心轴来提高运输能力，不仅可以提高强度，还可以节省材料、减轻重量，引导学生不仅要学习工程力学的理论，而且要将这些理论用于实践中，培养学生的工程意识，创新思维。

课题一　圆轴扭转的受力与变形分析

扭转是杆件变形的基本形式之一。以扭转为主要变形的构件称为轴。在工程实际中，发生扭转变形的构件很多，例如，攻螺纹的丝锥（如图 8-1 所示）、汽车转向盘的操纵杆（如图 8-2 所示）以及各种机器中的传动轴等。此外，生活中常用的钥匙、改锥（螺丝刀）等都受到不同程度的扭转作用。

扭转有如下特点。

① 受力特点：构件两端受到两个在垂直于轴线平面内的外力偶作用，两力偶大小相等，转向相反，且满足平衡方程 $\sum M_x = 0$。

② 变形特点：横截面形状大小未变，只是绕轴线发生相对转动，其角位移用（φ）表示，称为扭转角，其物理意义是用来衡量扭转程度的。

因为圆轴（即圆形截面杆件）的扭转是工程上最简单、最常见的扭转问题，而用材料力学的方法来解决圆轴扭转问题也是最为便捷的，故此本章介绍圆轴的扭转问题。

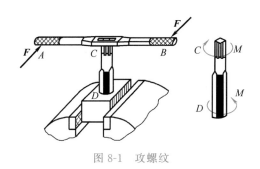

图 8-1 攻螺纹

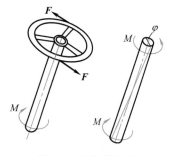

图 8-2 汽车转向盘

课题二　圆轴扭转时横截面上的内力计算与扭矩图绘制

一、外力偶矩计算

机器圆轴的外力偶矩多是由电机、内燃机、柴油机等动力设备所带动。电机、内燃机等设备说明书上一般不提供外力偶矩，只提供其功率 P 和转速 n（如图 8-3 所示），为此要用功率和转速计算其外力偶矩。

当功率 P 单位为千瓦（kW），转速为 n（r/min）时，外力偶矩为

$$M = 9550 \frac{P}{n} （\text{N·m}）\tag{8-1}$$

当功率 P 单位为马力（PS），转速为 n（r/min）时，外力偶矩为

$$M = 7024 \frac{P}{n} （\text{N·m}）\tag{8-2}$$

二、扭矩计算与扭矩图绘制

1. 截面法求扭矩

当外力偶矩已知，利用截面法可求任意一个横截面上的内力偶矩——扭矩，用 T 表示。如图 8-4（a）所示的圆轴，在任意截面 1-1 处将轴分成两段。现取左段为研究对象〔如

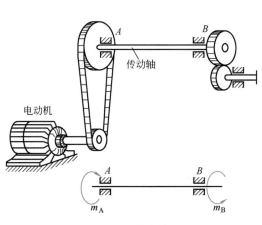

图 8-3　传动轴

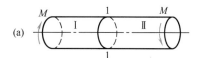

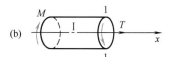

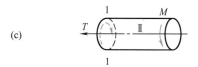

图 8-4　扭转内力分析

图 8-4（b）所示]，左端有外力偶 M 的作用，为保持左端平衡，在 1-1 截面上必有一个扭矩 T 与之平衡，由平衡方程 $\sum M_x = 0$，可知

$$T - M = 0$$

从而得

$$T = M$$

如取右端为研究对象［如图 8-4（c）所示]，求得的扭矩与左端的扭矩大小相等，转向相反，它们是作用与反作用的关系。

为使上述两种算法所得的同一截面处的扭矩的正负号相同，对扭矩的正负号规定如下：按右手螺旋法则（如图 8-5 所示），T 矢量背离截面为正，指向截面为负（或矢量与截面外法线方向一致为正，反之为负）。

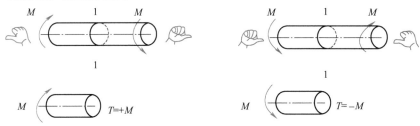

图 8-5 扭矩正负的判别

关于扭矩正负号的判别，可简单记忆为：左端外力偶向上为正，向下为负；右端则外力偶向下为正，向上为负。

在工程实际中常用一个图形来表示沿轴长各横截面上的扭矩随横截面位置的变化规律，这种图形称为扭矩图。扭矩图作法与轴力图相似。正的扭矩画在 x 轴上方，负的扭矩画在 x 轴下方。

画扭矩图
案例分析

【例 8-1】 某传动轴如图 8-6（a）所示，转速 $n = 700 \text{r/min}$，主动轮的输入功率为 $P_A = 400 \text{kW}$，从动轮 B、C 和 D 的输出功率分别为 $P_B = P_C = 120 \text{kW}$，$P_D = 160 \text{kW}$。试用截面法求该轴各段的扭矩并作扭矩图。

解：（1）由功率与转速关系计算外力偶矩。由式（6-1）得

$$M_A = 9.55 \frac{P_A}{n} = 9.55 \times \frac{400}{700} = 5.46 \; (\text{kN} \cdot \text{m})$$

$$M_B = M_C = 9.55 \frac{P_B}{n} = 9.55 \times \frac{120}{700} = 1.64 \; (\text{kN} \cdot \text{m})$$

$$M_D = 9.55 \frac{P_D}{n} = 9.55 \times \frac{160}{700} = 2.18 \; (\text{kN} \cdot \text{m})$$

（2）求各段轴的扭矩。用截面 1-1、2-2 和 3-3 将轴分为三段，逐段计算扭矩。由截面法得

① 取截面 1-1 左段研究［如图 8-6（b）所示]

$$T_1 = -M_B = -1.64 \text{kN} \cdot \text{m}$$

② 取截面 2-2 左段研究［如图 8-6（c）所示]

$$T_2 = -M_B - M_C = -3.28 \; (\text{kN} \cdot \text{m})$$

③ 取截面 3-3 右段研究［如图 8-6（d）所示]

$$T_3 = M_D = 2.18 \text{kN} \cdot \text{m}$$

（3）画扭矩图。

根据各段轴上的扭矩，按比例作扭矩图［如图 8-6（e）所示]。由图可见，最大扭矩发生在 CA 段，其值为

$$|T|_{max} = 3.28 \text{kN} \cdot \text{m}$$

2. 简便方法求扭矩

由例 8-1 可以总结出求截面扭矩的简便方法：

杆件任意截面的扭矩 $T(x)$，等于该截面一侧左段（或右段）外力偶的代数和。左段向上（或右段向下）的外力偶产生正值扭矩，反之产生负值扭矩。

【例 8-2】 某传动轴如图 8-7（a）所示，其已知条件同例 8-1 相同。转速 $n = 700\text{r/min}$，主动轮的输入功率为 $P_A = 400\text{kW}$，从动轮 B、C 和 D 的输出功率分别为 $P_B = P_C = 120\text{kW}$，$P_D = 160\text{kW}$。试用求截面扭矩的简便方法作该轴的扭矩图。

画扭矩图的简便方法

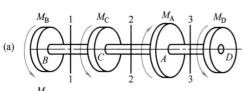

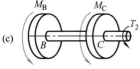

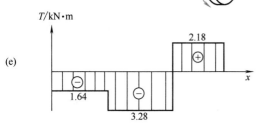

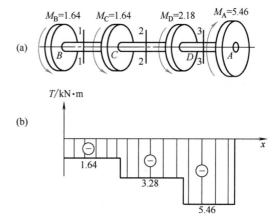

图 8-6 截面法求传动轴的扭矩图　　图 8-7 简便方法求传动轴的扭矩图

解：（1）由功率与转速关系计算外力偶矩。由式（8-1）得

$$M_A = 9.55 \frac{P_A}{n} = 9.55 \times \frac{400}{700} = 5.46 \ (\text{kN} \cdot \text{m})$$

$$M_B = M_C = 9.55 \frac{P_B}{n} = 9.55 \times \frac{120}{700} = 1.64 \ (\text{kN} \cdot \text{m})$$

$$M_D = 9.55 \frac{P_D}{n} = 9.55 \times \frac{160}{700} = 2.18 \ (\text{kN} \cdot \text{m})$$

（2）求各段轴的扭矩。

BC 段：由求截面扭矩的简便方法，可得 1-1 截面扭矩等于该截面左端轴段上所有外力偶的代数和。左侧轴段上外力偶 $M_B = 1.64\text{kN} \cdot \text{m}$，箭头向下，产生负值扭矩，即得

$$T_1 = -M_B = -1.64\text{kN} \cdot \text{m}$$

CD 段：同理，2-2 截面扭矩等于该截面左端轴段上所有外力偶的代数和。左侧轴段上外力偶 M_B 和 M_C，箭头均向下，均产生负值扭矩，即得

$$T_2 = (-M_B) + (-M_C) = -3.28\text{kN} \cdot \text{m}$$

DA 段：

① （若取右段研究）可得 3-3 截面扭矩等于该截面右端轴段上所有外力偶的代数和。右侧轴段上外力偶 $M_A=5.46\text{kN}\cdot\text{m}$，箭头向上，产生负值扭矩，即得

$$T_3=-M_A=-5.46\text{kN}\cdot\text{m}$$

② （若取左段研究）可得 3-3 截面扭矩等于该截面左端轴段上所有外力偶的代数和。左侧轴段上外力偶 M_B、M_C 和 M_A，箭头均向下，均产生负值扭矩，即得

$$T_3=-M_B-M_C-M_A=-5.46\text{kN}\cdot\text{m}$$

（3）画扭矩图。根据各段轴上的扭矩，按比例作扭矩图［如图 8-7（b）所示］。由图可见，最大扭矩发生在 *DA* 段，其值为

$$|T|_{\max}=5.46\text{kN}\cdot\text{m}$$

由上面两个例题可以看出：同样一根传动轴上主动轮和从动轮安置的位置不同，轴所承受的最大扭矩也就不同。例如将例 8-1（a）中主动轮 *A* 安置于轴的右端［如图 8-7（a）所示］，则轴的扭矩图如图 8-7（b）所示。两题相比，显然图 8-6 所示的布局比较合理。

3. 直接法求扭矩

由上面两个例题还可以总结出直接求扭矩图的简便方法：

如果从杆件最左端直接开始下笔画扭矩图，外力偶向上为正，扭矩上升；外力偶向下为负，扭矩下降（若从杆件最右端直接开始下笔画扭矩图，则外力偶向下为正，扭矩上升；外力偶向上为负，扭矩下降）。外力偶作用点即为扭矩突变点，其扭矩突变值为该外力偶的值，扭矩的大小为该外力偶与前一扭矩依次相加的代数值。待画完扭矩图后可检查扭矩图两端的扭矩与两端外力偶是否相对应，以确保扭矩图正确无误。

【例 8-3】 某传动轴如图 8-8（a）所示，各外力偶的值与前面两个例题的一致，传动轴上主动轮和从动轮安置的位置与例 6-1 相同。已知，$M_A=5.46\text{kN}\cdot\text{m}$，$M_D=2.18\text{kN}\cdot\text{m}$，$M_B=M_C=1.64\text{kN}\cdot\text{m}$。试用简便方法直接求扭矩图。

解：（从左端开始）

（1）*BC* 段：如图 8-8（b）所示。

① M_B 向下，扭矩下降，扭矩由 0 突变为 $M_B=-1.64\text{kN}\cdot\text{m}$

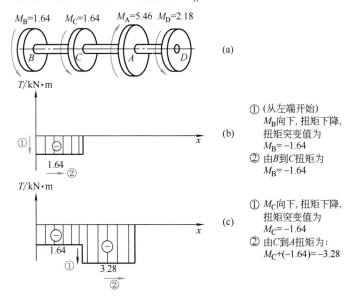

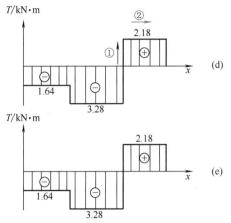

① M_A 向上，扭矩上升，扭矩突变值为 $M_A = 5.46$

② 由 A 到 D 扭矩为：$M_A + (-3.28) = 2.18$

图 8-8　直接求传动轴的扭矩图

② 由 B 到 C 扭矩为：$M_B = -1.64 \text{kN} \cdot \text{m}$

（2）CA 段：如图 8-8（c）所示。

① M_C 向下，扭矩下降，扭矩突变值为 $M_C = -1.64 \text{kN} \cdot \text{m}$

② 由 C 到 A 扭矩为：$M_C + (-1.64) = -3.28$（$\text{kN} \cdot \text{m}$）

（3）AD 段：如图 8-8（d）所示。

① M_A 向上，扭矩上升，扭矩突变值为 $M_A = 5.46 \text{kN} \cdot \text{m}$

② 由 A 到 D 扭矩为：$M_A + (-3.28) = 2.18$（$\text{kN} \cdot \text{m}$）

（4）由图 8-8（e）可见，最大扭矩发生在 CA 段，其值为

$$|T|_{\max} = 3.28 \text{kN} \cdot \text{m}$$

用简便方法直接画扭矩图时，无论从轴的左端或是从右端开始求扭矩，其得出的扭矩图完全一致。

课题三　圆轴扭转时的应力和强度计算

一、圆轴扭转时的应力分析

上一节研究了扭转时轴的横截面上的扭矩，通过拉压及剪切两种基本变形的研究我们知道，内力是截面上所有点的应力的合力。在已知合力的前提下去研究每一个点的应力，必须首先了解内力在该截面上的分布情况。为此，按照材料力学建立应力公式的基本方法，首先通过对圆轴扭转试验现象的观察与分析，从几何关系、物理关系和静力学关系等三方面建立应力与扭矩的定量关系。

1. 变形几何关系

为建立圆轴扭转时变形几何关系，可通过试验观察圆轴扭转时的变形现象。在圆轴表面作圆周线与纵向线，如图 8-9（a）所示。然后在轴两端施加外力偶矩 M，使轴发生扭转，如图 8-9（b）所示。可以观察到：

① 各圆周线绕轴线发生了相对转动，但形状、大小及相互间距离均未发生变化。

② 所有纵向线均倾斜同一微小的角度，原来的矩形格均变成平行四边形，但纵向线仍可近似看做直线。

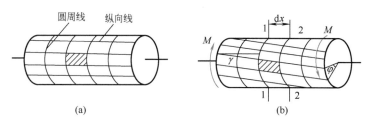

图 8-9 圆轴扭转

根据所观察到的圆轴表面变形现象，可以设想圆轴由一系列刚性平面（横截面）组成，在扭转过程中，相邻两刚性横截面只发生相对转动。于是可作出如下假设：圆轴的横截面变形后仍保持为平面，其形状和大小不变（半径尺寸不变且仍为直线），相邻两横截面间的距离不变。这一假设称为圆轴扭转的刚性平面假设。由此假设导出的应力和变形公式已为试验所证实，所以该假设是正确的。

由平面假设可推出如下推论：

① 横截面上无正应力。因为扭转变形时，横截面大小、形状、纵向间距均未发生变化，由胡克定律可知，没有线应变，也就没有正应力。

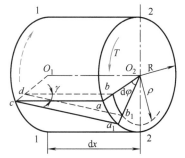

图 8-10 扭转微体受力分析

② 横截面上有剪应力。因为扭转变形时，相邻横截面间发生相对转动。但对截面上的点而言，只要不是轴心点，则两截面上的相邻两点，实际发生的是相对错动。相对错动必会产生剪应变。由剪切胡克定律 $\tau = G\gamma$ 可知，有剪应变 γ，必有剪应力 τ。因错动沿周向，因此，剪应力 τ 也沿周向，并与半径垂直。

为了研究圆周扭转时剪应力的变化和分布规律，取变形后相距 $\mathrm{d}x$ 的两截面，如图 8-9（b）所示，将其放大后如图 8-10 所示。设 2-2 截面相对 1-1 截面转过角度 $\mathrm{d}\varphi$，2-2 截面上任意点 b 的扭转半径为 ρ，a 点的扭转半径为 R。

则 a、b 点的剪切绝对变形为

$$\widehat{aa_1} = R\,\mathrm{d}\varphi$$

$$\widehat{bb_1} = \rho\,\mathrm{d}\varphi$$

上式表明，横截面各点的绝对剪切变形与该点的扭转半径成正比，圆心处变形为零，外圆周上各点变形最大，同一圆上的各点变形相等。

b 点的剪应变为

$$\gamma = \frac{\widehat{bb_1}}{\mathrm{d}x} = \rho\,\frac{\mathrm{d}\varphi}{\mathrm{d}x} \tag{8-3}$$

式中，$\mathrm{d}\varphi/\mathrm{d}x$ 为扭转角沿轴线 x 的变化率。对于同一横截面来说，$\mathrm{d}\varphi/\mathrm{d}x$ 为一常数。因此，上式表明横截面上任一点的剪应变 γ 也与扭转半径 ρ（即该点到圆心的距离）成正比。实心圆轴与空心圆轴的剪应力分布规律如图 8-11 所示。

2. 物理关系

由剪切胡克定律 $\tau = G\gamma$

将式（8-3）代入上式可得到圆轴扭转时距圆心为 ρ 的任意点处的切应力为

$$\tau_\rho = G\rho\,\frac{\mathrm{d}\varphi}{\mathrm{d}x} \tag{8-4}$$

上式表明，同一横截面内部，剪应力 τ 也与扭转半径 ρ 成正比。

3. 静力学关系

如图 8-12 所示，在距圆心为 ρ 处取微面积 $\mathrm{d}A$，其上作用的微内力——剪力为 $\tau_\rho \mathrm{d}A$，则它对轴心的力矩为 $\rho\tau_\rho \mathrm{d}A$，由于扭矩是横截面上内力系的合力偶矩，所以，截面上所有上述微力矩的总和就等于同一截面上的扭矩，即

$$T = \int_A \rho\tau_\rho \mathrm{d}A \tag{8-5}$$

将式（8-4）代入上式，得（G 和 $\dfrac{\mathrm{d}\varphi}{\mathrm{d}x}$ 均为常数）

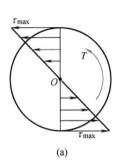

(a)

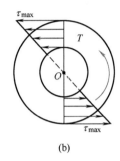

(b)

图 8-11 圆轴扭转应力分布规律

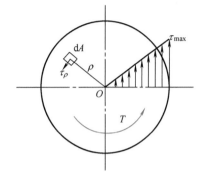

图 8-12 受扭圆轴静力关系

$$T = \int_A \rho G\rho \frac{\mathrm{d}\varphi}{\mathrm{d}x}\mathrm{d}A = G\frac{\mathrm{d}\varphi}{\mathrm{d}x}\int_A \rho^2 \mathrm{d}A \tag{8-6}$$

式中，$\int_A \rho^2 \mathrm{d}A$ 只与横截面的几何量有关，称为横截面对圆心的极惯性矩，用 I_p 表示，即

$$I_\mathrm{p} = \int_A \rho^2 \mathrm{d}A \tag{8-7}$$

其常用单位为 m^4 和 mm^4。将式（8-7）代入式（8-6）得

$$T = GI_\mathrm{p}\frac{\mathrm{d}\varphi}{\mathrm{d}x}$$

所以

$$\frac{\mathrm{d}\varphi}{\mathrm{d}x} = \frac{T}{GI_\mathrm{p}} \tag{8-8}$$

将式（8-8）代入式（8-4）得距圆心为 ρ 的任意点处的切应力的计算公式为

$$\tau_\rho = \frac{T}{I_\mathrm{p}}\rho \tag{8-9}$$

最大切应力发生在截面边缘，即 $\rho = R$ 外，其值为

$$\tau_{\max} = \frac{T}{I_\mathrm{p}}R$$

把上式改写成

$$\tau_{\max} = \frac{T}{I_\mathrm{p}/R} \tag{8-10}$$

令

$$W_\mathrm{n} = \frac{I_\mathrm{p}}{R}$$

于是可把式（8-10）写为

$$\tau_{max} = \frac{T}{W_n}$$ (8-11)

式中　T——危险截面上的扭矩；

　　　W_n——危险截面的抗扭截面模量。

二、极惯性矩 I_p 和抗扭截面模量 W_n

极惯性矩 I_p 是一个表示截面几何性质的几何量，定义式为 $\int_A \rho^2 dA$，国际单位是 m^4；抗扭截面模量 W_n 是另一个表示截面几何性质的几何量，其大小与 I_p 有关，$W_n = I_p/R$，国际单位是 m^3。

由于工程中圆轴常采用实心（圆形）与空心（圆环形）两种情况，以下就这两种情况讨论一下极惯性矩与抗扭截面模量的计算。

1. 圆形截面

设圆形截面直径为 D，在距圆心为 ρ 处取一厚为 $d\rho$ 的圆环形微面积 dA，如图 8-13（a）所示。则 $dA = 2\pi\rho d\rho$，由式（8-7）得

$$I_p = \int_A \rho^2 dA = \int_0^{\frac{D}{2}} 2\pi\rho^3 d\rho = \frac{\pi D^4}{32} \approx 0.1D^4$$ (8-12)

由此可求出圆形截面的抗扭截面模量为

$$W_n = \frac{I_p}{R} = \frac{I_p}{D/2} = \frac{\pi D^3}{16} \approx 0.2D^3$$ (8-13)

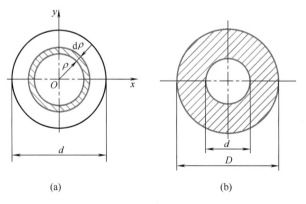

(a)　　　　　　　　　　(b)

图 8-13　求惯性矩

2. 圆环形截面

与圆形截面方法相同，只是积分的下限有变化，如图 8-13（b）所示，同样可积分得

$$I_p = \int_{\frac{d}{2}}^{\frac{D}{2}} 2\pi\rho^3 d\rho = \frac{\pi}{32}(D^4 - d^4) = \frac{\pi D^4}{32}(1 - \alpha^4) \approx 0.1D^4(1 - \alpha^4)$$ (8-14)

$$W_n = \frac{I_p}{R} = \frac{\pi}{16D}(D^4 - d^4) = \frac{\pi D^3}{16}(1 - \alpha^4) \approx 0.2D^3(1 - \alpha^4)$$ (8-15)

式中，$\alpha = \frac{d}{D}$；D 和 d 分别为空心圆的外径和内径；R 为外半径。

三、圆轴扭转时的强度计算

为了保证圆轴扭转变形时能正常工作，轴内最大的剪应力不能超过材料的许用剪应力，因此，扭转时的强度条件为

$$\tau_{\max} \leqslant [\tau]$$

对于等截面圆轴，最大切应力发生在扭矩最大的截面的边缘上，这时扭转强度条件可写成

$$\tau_{\max} = \frac{T_{\max}}{W_n} \leqslant [\tau] \tag{8-16}$$

对于变截面圆轴，最大剪应力不一定发生在扭矩最大的截面上，这时要综合考虑扭矩 T 和抗扭截面模量 W_n 两者的变化情况来确定，故其强度条件可表示为

$$\tau_{\max} = \left(\frac{T}{W_n}\right)_{\max} \leqslant [\tau] \tag{8-17}$$

式中，$[\tau]$ 称为扭转许用剪应力。它由极限剪应力 τ^0 与安全系数 n 确定

$$[\tau] = \frac{\tau^0}{n}$$

在静载情况下，扭转许用剪应力 $[\tau]$ 与许用正应力 $[\sigma]$ 有如下关系

塑性材料 $[\tau] = (0.5 \sim 0.6)[\sigma]$

脆性材料 $[\tau] = (0.5 \sim 1.0)[\sigma]$

由于传动轴之类的构件，通常其上的载荷并非静载荷，故实际使用许用应力值一般比上述值低。应用扭转强度条件，可以解决圆轴扭转时的三类工程问题。

① 扭转强度校核。已知轴的截面尺寸、轴受的外力偶矩和材料的许用剪应力，校核强度条件是否得到满足。

② 截面尺寸设计。已知轴受的外力偶矩和材料的许用剪应力，应用强度条件确定圆轴的截面尺寸。

③ 确定许用载荷。已知圆轴的截面尺寸和许用切应力，由强度条件确定圆轴所能承受的许可载荷。

【例 8-4】 由无缝钢管制成的汽车传动轴 AB，外径 $D = 90\text{mm}$，壁厚 $t = 2.5\text{mm}$，材料为 45 钢，许用剪应力 $[\tau] = 60\text{MPa}$，工作时最大扭矩 $T = 1.5\text{kN·m}$，试校核 AB 轴的强度。

解： （1）求抗扭截面模量 W_n

$$\alpha = \frac{d}{D} = \frac{90 - 2 \times 2.5}{90} = 0.944$$

$$W_n = \frac{\pi D^3}{16}(1 - \alpha^4) = \frac{3.14 \times 90^3}{16}(1 - 0.944^4) \approx 29454 (\text{mm}^3)$$

（2）扭转强度校核

$$\tau_{\max} = \frac{T}{W_n} = \frac{1.5 \times 10^3 \times 10^3}{29454} = 50.9(\text{MPa}) < [\tau] = 60\text{MPa}$$

故 AB 轴强度足够。

【例 8-5】 机床齿轮减速箱中的二级齿轮如图 8-14（a）所示。轮 C 输入功率 $P_C = 40\text{kW}$，轮 A、轮 B 输出功率分别为 $P_A = 23\text{kW}$，$P_B = 17\text{kW}$，$n = 1000\text{r/min}$，许用切应力 $[\tau] = 40\text{MPa}$，试设计轴的直径。

解： （1）计算外力偶矩

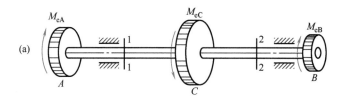

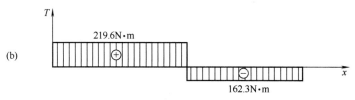

图 8-14 机床齿轮轴受力分析

由式（8-1）得

$$M_{eA} = 9550 \times \frac{23}{1000} = 219.6 \, (\text{N} \cdot \text{m})$$

$$M_{eB} = 9550 \times \frac{17}{1000} = 162.3 \, (\text{N} \cdot \text{m})$$

$$M_{eC} = 9550 \times \frac{40}{1000} = 381.9 \, (\text{N} \cdot \text{m})$$

（2）画扭矩图

由截面法可得

$$T_1 = M_{eA} = 219.6 \text{N} \cdot \text{m}$$

$$T_2 = -M_{eB} = -162.3 \text{N} \cdot \text{m}$$

最大转矩发生在 AC 段，如图 8-14（b）所示。因是等截面轴，故该段是危险截面。

（3）按强度条件设计轴的直径

$$\tau_{max} = \frac{T_{max}}{W_n} = \frac{16T_1}{\pi D^3} \leqslant [\tau]$$

$$D \geqslant \sqrt[3]{\frac{16T_1}{\pi[\tau]}} = \sqrt[3]{\frac{16 \times 219.6}{\pi \times 40}} = 30.4 \, (\text{mm})$$

圆整后取标准直径 $D = 32\text{mm}$。

【例 8-6】 实心轴和空心轴通过牙嵌离合器连接在一起，如图 8-15 所示。两轴材料相同，长度相等。已知轴的转速 $n = 100\text{r/min}$，传递功率 $P = 15.7\text{kW}$，材料许用剪应力 $[\tau] = 50\text{MPa}$。

（1）设计实心轴直径 d_1；

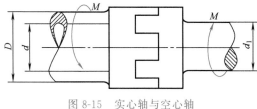

图 8-15 实心轴与空心轴

（2）设计内外径比为 0.9 的空心轴的外径 D；

（3）比较空心轴与实心轴的重量。

解：（1）首先设计实心轴直径

外力偶计算如下

$$M = 9550\frac{P}{n} = 9550 \times \frac{15.7}{100} = 1500 \, (\text{N} \cdot \text{m})$$

由于轴只受两个反向力偶作用，所以

$$T = M = 1500 \ （N \cdot m）$$

根据强度条件设计实心轴直径

$$\tau_{max} = \frac{T}{W_n} = \frac{T}{\pi d_1^3 / 16} \leqslant [\tau]$$

得

$$d_1 \geqslant \sqrt[3]{\frac{16T}{\pi[\tau]}} = \sqrt[3]{\frac{16 \times 1500 \times 10^3}{3.14 \times 50}} \approx 53.2 \ （mm）$$

圆整后取标准直径 $d_1 = 54mm$

（2）根据强度条件设计空心轴内、外径

空心轴的强度条件为

$$\tau_{max} = \frac{T}{W_n} = \frac{T}{\pi D^3 / 16(1-\alpha^4)} \leqslant [\tau]$$

$$D \geqslant \sqrt[3]{\frac{16T}{\pi[\tau](1-\alpha^4)}} = \sqrt[3]{\frac{16 \times 1500 \times 10^3}{3.14 \times 50 \times (1-0.9^4)}} \approx 75.8 \ （mm）$$

轴的内径为

$$d = 0.9D = 68.2mm$$

圆整后取

$$D = 76mm, \ d = 68mm$$

（3）空心圆轴与实心圆轴的重量比较

因两轴材料相同，长度相同，它们的重量比等于它们的横截面积之比，即

$$\frac{G_空}{G_实} = \frac{\frac{\pi}{4}(D^2 - d^2)}{\frac{\pi}{4}d_1^2} = \frac{76^2 - 68^2}{54^2} = 0.395$$

由此可以看出，材料、长度、载荷、强度都相同的情况下，空心轴用的材料仅为实心轴的 39.5%，因此空心轴要比实心轴节省材料；另一方面，相同材料、相同重量的情况下，空心轴的强度要比实心轴高。为什么空心轴比实心轴合理，可以从扭转剪应力的分布图中得到说明。如图 8-10 所示，当横截面边缘上的最大剪应力达到许用切应力值时，圆心附近各点处的剪应力仍很小，而且由于它们离圆心近，力臂小，因而圆心附近材料承担的转矩也小，因此，如果将材料配置在远离圆心的部位，即做成空心，必然能提高轴的承载能力。

工程中较为精密的机械，如飞机、轮船、汽车等，常采用空心轴来提高运输能力，不仅可以提高强度，还可以节省材料、减轻重量。

但空心轴的加工难度及造价要远高于实心轴，对于某些长轴，如车床中的光轴，纺织、化工机械中的长传动轴等，都是不适宜做成空心的。

课题四　圆轴扭转时的变形与刚度计算

一、扭转角及单位扭转角计算

1. 扭转角

圆轴扭转时，扭转变形是以任意两截面间相对转过的角度 φ 来表示的 [见图 8-9 （b）]，称为扭转角。单位为弧度（rad）。

由公式（8-8）可知，相距 dx 的两横截面间的扭转角为

$$\mathrm{d}\varphi = \frac{T}{GI_{\mathrm{p}}}\mathrm{d}x$$

则相距为 l 的两横截面间的扭转角为

$$\varphi = \int \mathrm{d}\varphi = \int_0^l \frac{T}{GI_{\mathrm{p}}}\mathrm{d}x$$

对于同一材料的等截面圆轴，如果长度 l 内扭矩为常量，即 T、G、I_{p} 均为常量，则上式可积分为

$$\varphi = \frac{Tl}{GI_{\mathrm{p}}} \tag{8-18}$$

上式也被称为扭转胡克定律，请注意扭转胡克定律从形式上与拉压胡克定律 $\Delta l = \dfrac{F_{\mathrm{N}}l}{EA}$ 是一样的，只不过扭转胡克定律是以力偶为内力，以角度为变形，加之材料的弹性模量及截面几何性质以不同的量表示而已。扭转胡克定律在使用时也要分段，保证每段的 T、G、I_{p} 均为常量才能使用。

2. 单位扭转角

单位扭转角是单位长度上的扭转角，用符号 θ 表示，单位是 rad/m。单位扭转角通常用来表示扭转变形的程度。扭转胡克定律也可用另一种形式表示

$$\theta = \frac{\varphi}{l} = \frac{T}{GI_{\mathrm{p}}}(\mathrm{rad/m})$$

由于工程中常用度/米 [(°)/m] 作单位扭转角的单位，所以，上式以常写为

$$\theta = \frac{\varphi}{l} = \frac{T}{GI_{\mathrm{p}}} \times \frac{180}{\pi} \left[(°)/\mathrm{m}\right] \tag{8-19}$$

二、圆轴扭转刚度计算

轴在工作时，有时尽管满足了强度条件，但是如果扭转变形过大，将会影响机械的加工精度或产生扭转振动。例如，车床丝杆的扭转变形过大就会影响螺纹加工精度，磨床的传动轴若扭转变形过大将会产生剧烈的振动，影响加工精度和表面粗糙度。因此，为保证受扭圆轴的正常工作，除应满足强度条件外，还应具备足够的刚度。

轴的刚度条件，通常是限制轴的最大单位扭转角 $\theta_{\max}$ 不得超过规定的许用扭转角 $[\theta]$ [(°)/m]，即

$$\theta_{\max} = \frac{T}{GI_{\mathrm{p}}} \leqslant [\theta] \tag{8-20}$$

上式称为扭转的刚度条件。许用单位扭转角 $[\theta]$ 是根据设计要求定的，可从有关手册中查出，也可参考下列数据

精密机械的轴　　　　$[\theta] = 0.15°/\mathrm{m} \sim 0.5°/\mathrm{m}$
一般传动轴　　　　　$[\theta] = 0.5°/\mathrm{m} \sim 1.0°/\mathrm{m}$
精度要求不高的轴　　$[\theta] = 1.0°/\mathrm{m} \sim 2.5°/\mathrm{m}$
精度较低的传动轴　　$[\theta] = 2.0°/\mathrm{m} \sim 4.0°/\mathrm{m}$

【例 8-7】 传动轴如图 8-16（a）所示。已知该轴转速 $n = 300\mathrm{r/min}$，主动轮输入功率 $P_C = 30\mathrm{kW}$，从动轮输出功率 $P_D = 15\mathrm{kW}$、$P_B = 10\mathrm{kW}$、$P_A = 5\mathrm{kW}$，材料的切变模量 $G = 80\mathrm{GPa}$，许用剪应力 $[\tau] = 40\mathrm{MPa}$，$[\theta] = 1°/\mathrm{m}$。试按强度条件及刚度条件设计此轴直径。

解：（1）求外力偶矩

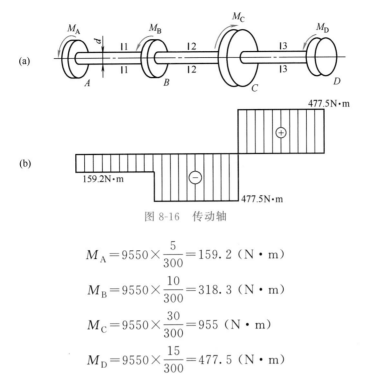

图 8-16　传动轴

$$M_A = 9550 \times \frac{5}{300} = 159.2 \ (\text{N} \cdot \text{m})$$

$$M_B = 9550 \times \frac{10}{300} = 318.3 \ (\text{N} \cdot \text{m})$$

$$M_C = 9550 \times \frac{30}{300} = 955 \ (\text{N} \cdot \text{m})$$

$$M_D = 9550 \times \frac{15}{300} = 477.5 \ (\text{N} \cdot \text{m})$$

（2）计算各段扭矩，画扭矩图

AB 段：$T_1 = -159.2 \text{N} \cdot \text{m}$

BC 段：$T_2 = -477.5 \text{N} \cdot \text{m}$

CD 段：$T_3 = 477.5 \text{N} \cdot \text{m}$

按求得的扭矩值画扭矩图［见图 8-16（b）］，由图可知最大扭矩发生在 BC 段和 CD 段。

$$|T|_{\max} = 477.5 \text{N} \cdot \text{m}$$

（3）按强度条件设计轴的直径

由式 $W_n = \dfrac{\pi d^3}{16}$ 和强度条件 $\dfrac{T_{\max}}{W_n} \leqslant [\tau]$，得到

$$d \geqslant \sqrt[3]{\frac{16 T_{\max}}{\pi [\tau]}} = \sqrt[3]{\frac{16 \times 477.5 \times 10^3}{3.14 \times 40}} = 39.3 \ (\text{mm})$$

（4）按刚度条件设计轴的直径

由式 $I_p = \dfrac{\pi d^4}{32}$ 和刚度条件 $\dfrac{T_{\max}}{G I_p} \times \dfrac{180}{\pi} \leqslant [\theta]$，得到

$$d \geqslant \sqrt[4]{\frac{32 T_{\max} \times 180}{\pi^2 G [\theta]}} = \sqrt[4]{\frac{32 \times 477.5 \times 10^3 \times 180}{3.14^2 \times 80 \times 10^3 \times 10^{-3}}} = 43.2 \ (\text{mm})$$

为使轴同时满足强度条件和刚度条件，可选取较大的值，同时对计算结果圆整为标准值，取 $d = 44\text{mm}$。

小结

1. 扭转的概念

受力特点：受到一对等值、反向、作用面垂直于轴线的力偶作用。

变形特点：截面间有相对转动。

2. 外力偶矩计算

已知轴所传递的功率 P 及转速 n，则扭转时：

当功率 P 单位为千瓦（kW），转速为 n（r/min）时外力偶矩为

$$M = 9550 \frac{P}{n} (\text{N} \cdot \text{m})$$

当功率 P 单位为马力（PS），转速为 n（r/min）时，外力偶矩为

$$M = 7024 \frac{P}{n} (\text{N} \cdot \text{m})$$

3. 扭转时的内力——扭矩（T）

（1）扭矩大小＝截面一侧所有外力偶矩的代数和。

（2）扭矩正负可用右手螺旋法则来判定：伸开右手，使右手四指沿扭矩旋转方向弯曲，则拇指指向与截面外法线一致者为正，反之为负。

4. 圆轴扭转时的应力

圆轴扭转时横截面上任意一点的剪应力 τ_ρ 与该点到轴心的距离 ρ 成正比；横截面外周边各点处的剪应力最大，且有

$$\tau_{\max} = \frac{T}{I_p} R$$

令 $W_n = I_p / R$，则

$$\tau_{\max} = \frac{T}{W_n}$$

剪应力方向与半径垂直，其指向由截面扭矩确定。截面中心处剪应力为零。

5. 极惯性矩 I_p 和抗扭截面模量 W_n

（1）圆形截面
$$I_p = \frac{\pi D^4}{32} \approx 0.1 D^4$$

$$W_n = \frac{I_p}{R} = \frac{I_p}{D/2} = \frac{\pi D^3}{16} \approx 0.2 D^3$$

（2）圆环形截面
$$I_p = \frac{\pi}{32}(D^4 - d^4) = \frac{\pi D^4}{32}(1 - \alpha^4) \approx 0.1 D^4 (1 - \alpha^4)$$

$$W_n = \frac{I_p}{R} = \frac{\pi}{16D}(D^4 - d^4) = \frac{\pi D^3}{16}(1 - \alpha^4) \approx 0.2 D^3 (1 - \alpha^4)$$

式中，I_p 的量纲是长度的 4 次方，W_n 的量纲是长度的 3 次方。

6. 圆轴扭转强度条件

$$\tau_{\max} = \frac{T_{\max}}{W_n} \leqslant [\tau]$$

7. 扭转角及刚度条件

（1）扭转角
$$\varphi = \frac{Tl}{GI_p}$$

（2）单位扭转角：单位扭转角是单位长度上的扭转角，用符号 θ 表示

$$\theta = \frac{\varphi}{l} = \frac{T}{GI_p} \quad (\text{rad/m})$$

由于工程中常用度/米 $[(°)/\text{m}]$ 作单位扭转角的单位，所以，上式也常写为

$$\theta = \frac{\varphi}{l} = \frac{T}{GI_p} \times \frac{180}{\pi} \left[(°)/m \right]$$

（3）扭转刚度条件
$$\theta_{max} = \frac{T}{GI_p} \leqslant [\theta]$$

 思考题

1. 建立圆轴扭转剪应力公式时，刚性平面假设起何作用？

2. 已知二轴长度及所受外力矩完全相同。若二轴材料不同、截面尺寸不同，其扭矩相同否？若二轴材料不同、截面尺寸相同，二者的扭矩、应力是否相同？

3. 相同功率的电机，为什么转速越小，轴的直径越大？

4. 试从截面剪应力分布情况，说明空心轴较实心轴能更充分发挥材料的作用。

5. 图 8-17 所示实心与空心圆轴截面上的扭转剪应力分布图是否正确？T 为横截面上的扭矩。

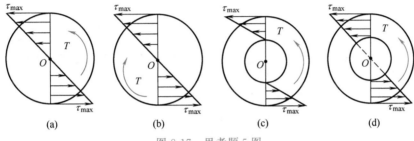

图 8-17 思考题 5 图

 训练题

1. 判断题

（　）8-1 圆轴扭转时，横截面上的应力为正应力。

（　）8-2 工程上通常把以扭转变形为主的杆件称为轴。

（　）8-3 若空心圆轴的极惯性矩 $I_p = \frac{\pi D^4}{32} - \frac{\pi d^4}{32}$，则可推出其抗扭截面模量为 $W_n = \frac{\pi D^3}{16} - \frac{\pi d^3}{16}$。

（　）8-4 一级减速箱中的齿轮直径大小不等，在满足相同的强度条件下，高速齿轮轴的直径要比低速齿轮轴的直径小。

（　）8-5 圆轴扭转时，横截面上任一点的应力与该点到圆心处的距离成正比。

2. 填空题

8-6 当实心圆轴的直径增加 1 倍时，其抗扭强度增加到原来的_____倍，抗扭刚度增加原来的_____倍。

8-7 直径 $D = 50mm$ 的圆轴，受扭矩 $T = 2.15kN \cdot m$，该圆轴横截面上距离圆心 10mm 处的剪应力 $\tau = $_____，最大剪应力 $\tau_{max} = $_____。

8-8 一根空心轴的内外径分别为 d、D，当 $D = 2d$ 时，其抗扭截面模量为_____。

8-9 直径和长度均相等的两根轴，在相同的扭矩作用下，而材料不同，它们的 τ_{max}

是_____同的，扭转角 φ 是_____同的。

8-10 材料与截面积相同的实心轴和空心轴相比，_____承受的扭矩较小。

8-11 圆轴扭转变形时最大剪应力发生在截面的_____。

8-12 在功率一定的情况下，轴的转速越高，则其所承受的外力偶矩越_____；反之，轴的转速越低，则其所承受的外力偶矩越_____。

3. 单项选择题

8-13 一圆轴用碳钢制作，校核其扭转刚度时，发现单位长度扭转角超过了许用值，为保证此轴的扭转刚度，采用_____措施最有效。

A. 改用合金钢材料　B. 增加表面光洁度　C. 增加轴的直径　　D. 减小轴的长度

8-14 表示扭转变形程度的量_____。

A. 是扭转角 φ，不是单位长度扭转角 θ　　B. 是单位长度扭转角 θ，不是扭转角 φ

C. 扭转角 φ 和单位长度扭转角 θ 都是　　D. 扭转角 φ 和单位长度扭转角 θ 都不是

8-15 一空心钢轴和一实心铝轴的外径相同，比较两者的抗扭截面模量，可知_____。

A. 空心钢轴的较大　　　　　　　　B. 实心铝轴的较大

C. 其值一样大　　　　　　　　　　D. 其大小与轴的剪切弹性模量有关

8-16 轴受扭转外力偶作用时，其最大扭矩值与各外力偶的作用位置有关，适当调整图 8-18 所示各外力偶的作用位置，可使最大扭矩降到最小，其值为_____。

A. 1kN·m　　　　　B. 3kN·m　　　　　C. 2kN·m　　　　　D. 4kN·m

8-17 图 8-19 所示的等截面圆轴，左段为钢，右段为铝，两端承受扭转力矩后，左、右两段_____。

A. 最大剪应力 τ_{max} 不同，单位长度扭转角 θ 相同

B. 最大剪应力 τ_{max} 相同，单位长度扭转角 θ 不同

C. 最大剪应力 τ_{max} 和单位长度扭转角 θ 都不同

D. 最大剪应力 τ_{max} 和单位长度扭转角 θ 都相同

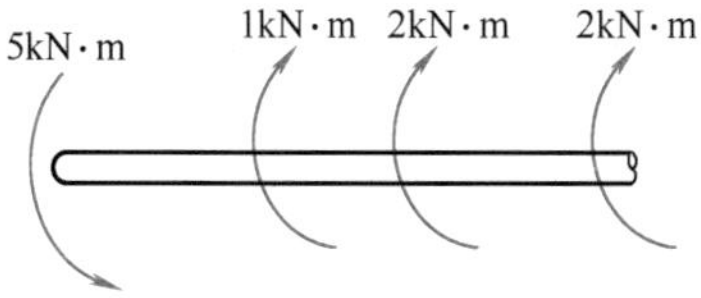

图 8-18　题 8-16 图

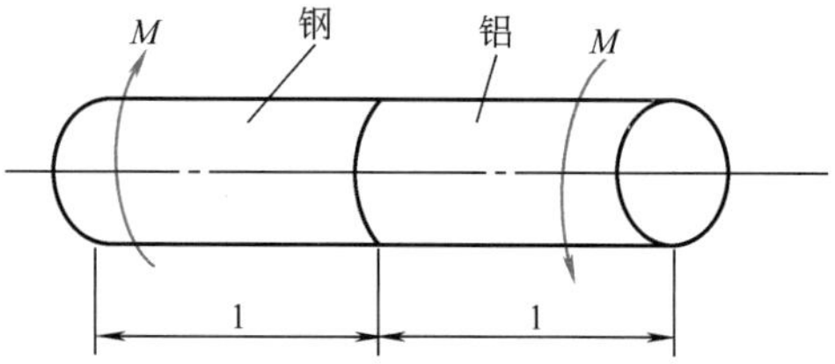

图 8-19　题 8-17 图

8-18 两根长度相同的圆轴，受相同的扭矩作用，第二根轴直径是第一根轴直径的两倍，则第一根轴与第二根轴最大切应力之比为_____。

A. 2∶1　　　　　B. 4∶1　　　　　C. 8∶1　　　　　D. 16∶1

8-19 圆轴扭转时，横截面上的内力称为_____。

A. 正应力　　　　　B. 轴力　　　　　C. 扭矩　　　　　D. 弯矩

4. 计算题

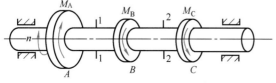

图 8-20　题 8-20 图

8-20 如图 8-20 所示的传动轴，已知轴的转速 $n=200\text{r/min}$，主动轮 A 的输入功率 $P_A=40\text{kW}$，从动轮 B 和 C 的输出功率分别为 $P_B=25\text{kW}$，$P_C=15\text{kW}$。试求轴上 1-1 和 2-2 截面处的扭矩。

8-21 如图 8-21（a）所示的传动轴，

已知轴的转速 $n=200\text{r}/\text{min}$，主动轮 A 的输入功率 $P_A=36\text{kW}$，从动轮 B 和 C 的输出功率分别为 $P_B=22\text{kW}$，$P_C=14\text{kW}$。试作：

（1）该轴的扭矩图；

（2）若将轮 A 和轮 B 的位置对调，如图 8-21（b）所示，画出其扭矩图，并分析图 8-21（a）、（b）两图中，哪种分布更合理。

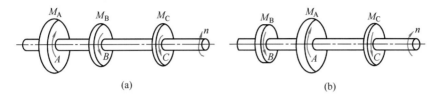

(a)   (b)

图 8-21　题 8-21 图

8-22　如图 8-22 所示，AB 轴传递的功率 $P=7.5\text{kW}$，转速 $n=360\text{r}/\text{min}$。轴 AC 段为实心圆截面，CB 段为空心圆截面。已知 $D=30\text{mm}$，$d=20\text{mm}$。试分别计算 AC 和 CB 段的最大剪应力。

8-23　如图 8-23 所示的传动轴，在外力偶矩 M_A、M_B、M_C 作用下处于平衡，试求：

（1）轴 AB 的 I-I 截面上离圆心距离 20mm 各点的剪应力；

（2）I-I 截面的最大剪应力；

（3）轴 AB 的最大剪应力。

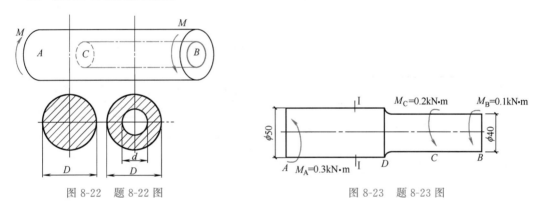

图 8-22　题 8-22 图   图 8-23　题 8-23 图

8-24　如图 8-24 所示转轴，其功率由 B 轮输入，A、C 轮输出。已知：$P_A=60\text{kW}$，$P_C=20\text{kW}$，轴的许用剪应力 $[\tau]=37\text{MPa}$，转速 $n=630\text{r}/\text{min}$，试设计转轴的直径。

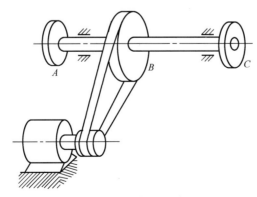

图 8-24　题 8-24 图

8-25　某减速箱的实心传动轴，直径 $D=60\text{mm}$，材料的许用剪应力 $[\tau]=50\text{MPa}$，转速 $n=$

1900r/min，试求轴能传递多少功率。

8-26 一传动轴受力情况如图 8-25 所示。已知材料的许用剪应力 $[\tau]=50\text{MPa}$，许用单位扭转角 $[\theta]=0.6°/\text{m}$，剪切弹性模量 $G=80\text{GPa}$，试设计轴的直径。

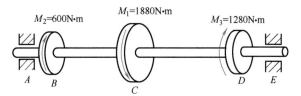

图 8-25　题 8-26 图

8-27 如图 8-26 所示汽车传动轴 AB，由 45 号无缝钢管制成，外径 $D=90\text{mm}$，内径 $d=85\text{mm}$，许用剪应力 $[\tau]=60\text{MPa}$，许用单位扭转角 $[\theta]=2°/\text{m}$，$G=80\text{GPa}$，传递最大力偶矩 $m=1.5\text{kN}\cdot\text{m}$。试求：

（1）校核其强度和刚度；

（2）若改用材料相同的实心轴，要求它不低于原传动轴的强度和刚度，设计其直径 D_1；

（3）计算空心轴和实心轴的重量之比。

8-28 实心圆轴如图 8-27 所示，已知输出扭矩 $M_B=M_C=1.64\text{kN}\cdot\text{m}$，$M_D=2.18\text{kN}\cdot\text{m}$；材料 $G=80\text{GPa}$，$[\tau]=40\text{MPa}$，$[\theta]=1°/\text{m}$。

（1）求输入扭矩 M_A；

（2）试设计轴的直径；

（3）按 $\alpha=0.5$ 重新设计空心轴的尺寸并与实心轴比较重量。

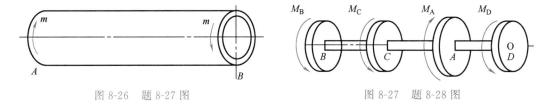

图 8-26　题 8-27 图　　　　　　　　　图 8-27　题 8-28 图

单元九

弯曲

知识目标

- 了解弯曲变形的受力与变形特点；
- 了解平面弯曲的概念；
- 掌握剪力、弯矩方程的建立和纯弯曲的概念；
- 了解提高梁强度、刚度的一些主要措施；
- 了解挠度和转角的概念；
- 了解简单截面图形的惯性矩 I_z 和抗弯截面模量 W_z 计算。

能力目标

- 能将实际受弯构件简化为力学模型；
- 能利用剪力、弯矩方程来绘制剪力、弯矩图；
- 能熟练进行弯曲正应力的计算；
- 会用积分法和叠加法计算梁的变形；
- 能利用弯曲强度条件、刚度条件解决工程实际中的三类问题。

素质目标

- 引入港珠澳大桥等工程案例，介绍我国在基础设施建设领域处于世界领先地位，潜移默化地培养学生的民族自豪感
- 引入重大居民自建房倒塌事故案例分析，提高学生的工程责任意识、安全意识、法律意识，培养工程师职业素养，树立正确的人生观和价值观

课题一　弯曲的受力与变形分析

弯曲是工程实际中最常见的一种基本变形形式。例如工厂中常用的单梁吊车，如图 9-1 所示，在自重和被吊物体的重力作用下发生弯曲变形；卧式容器受到自重和内部物料重量的作用，如图 9-2 所示，塔器受到水平方向风载荷的作用，如图 9-3 所示等也都要发生弯曲变形。这些弯曲杆件的共同特点为：作用在杆件上的外力垂直于杆的轴线，使原为直线的轴线变形后成为曲线。以弯曲变形为主的杆件习惯上称为梁。

一、平面弯曲的认识

工程中常见的梁，其横截面通常都有一个或几个对称轴（见图 9-4）。该对称轴与梁的

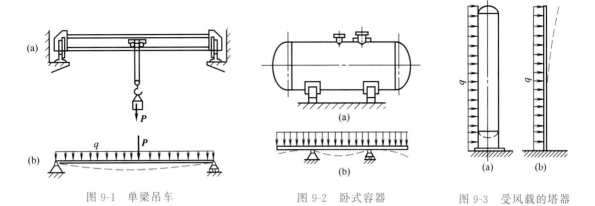

图 9-1 单梁吊车　　　　　图 9-2 卧式容器　　　　　图 9-3 受风载的塔器

轴线所确定的平面称为纵向对称面，如图 9-5 所示。若梁上的外力和外力偶作用在纵向对称面内，则变形后梁的轴线在纵向对称面内弯曲成一条平面曲线，这种弯曲变形称为平面弯曲。

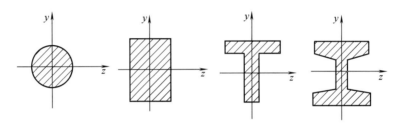

图 9-4 梁的截面

平面弯曲是弯曲变形中最简单，也是最常见的一种。本章将以这种情况为主，讨论梁的应力和变形问题。

二、梁的类型分析

梁的约束方式一般有固定铰约束、活动铰约束和固定端约束三种。如果梁的支座反力仅利用静力平衡方程便可全部求出，这样的梁称为静定梁。常见的静定梁有以下三种形式。

（1）简支梁　梁的一端为固定铰支座，另一端为活动铰支座，如图 9-6（a）所示；

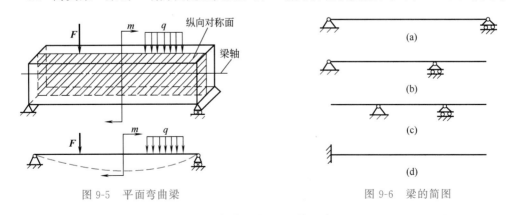

图 9-5 平面弯曲梁　　　　　图 9-6 梁的简图

（2）外伸梁　简支梁的一端或两端伸出支座之外，如图 9-6（b）、（c）所示；

(3) 悬臂梁 梁的一端固定，另一端自由，如图 9-6（d）所示。

课题二 平面弯曲时横截面上的内力计算

在确定了梁上的载荷与反力后，为了计算梁的强度和刚度，还要进一步研究梁上各截面的内力。当梁上所有外力均为已知时，同样可用截面法研究各横截面上的内力。

设有一悬臂梁 AB，受如图 9-7（a）所示均布载荷的作用，现求距左端 x 处截面 m-m 上的内力。用截面法沿截面 m-m 假想地把梁分成两部分，并取左半部分为研究对象，如图 9-7（b）所示。由于整个梁处于平衡状态，所以梁的左段仍应处于平衡状态。由图 9-7（b）可知，要使梁左段保持平衡，在截面 m-m 上必然存在向下的内力 Q 和位于梁纵向对称面内的、逆时针转向的内力偶矩 M。

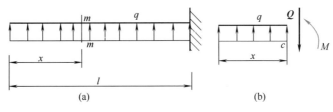

图 9-7 剪力和弯矩

其中力 Q 称为剪力，力偶矩 M 称为弯矩。对静定梁而言，其剪力和弯矩的大小、方向（或转向）可由平衡方程确定。对图 9-7（b）

$$\sum F_y = 0 \quad qx - Q = 0$$

得

$$Q = qx$$

$$\sum M_o = 0 \quad M - qx \times \frac{1}{2}x = 0$$

得

$$M = \frac{1}{2}qx^2$$

在 $\sum M_o = 0$ 中，所取矩心为横截面的形心。

如果取右段梁为研究对象，用同样的方法也可得到截面 m-m 上的剪力 Q' 和弯矩 M'。其值与取左段梁为研究对象时求得的 Q 和 M 相等，但方向（转向）相反。因为它们是作用力和反作用力的关系。

为了使从左右两段梁在同一横截面上求得的内力不但数值相等，而且还具有相同的正负号，可根据梁的变形，对剪力 Q 和弯矩 M 的符号作如下规定：以所截截面为界，使左右两段梁发生左侧截面向上、右侧截面向下的相对错动时，横截面上的剪力为正，反之为负〔见图 9-8（a）、（b）〕；使梁弯曲变形呈上凹下凸状时，横截上的弯矩为正，反之弯矩为负〔见图 9-8（c）、（d）〕。

由图 9-8 可看出，截面左段向上，右段向下的外力产生正的剪力；反之，产生负的剪力。至于弯矩，向上的外力（不论在截面左侧还是右侧）产生正的弯矩，反之为负；截面左侧顺时针力偶及截面右侧逆时针力偶产生正的弯矩，反之为负。可以将这个规则归纳为一个简单的口诀："左上右下，剪力为正；左顺右逆，弯矩为正"。

【例 9-1】 一简支梁 AB，如图 9-9（a）所示，在 C 点处作用一集中力 $P = 10$kN，求距左端 0.8m 处截面 n-n 上的剪力和弯矩。

解：（1）求支反力

由
$$\sum M_A = 0,\ R_B \times 4 - P \times 1.5 = 0$$

$$R_B = \frac{1.5}{4}P = \frac{1.5 \times 10}{4} = 3.75 \text{（kN）}$$

$$\sum F_y = 0,\ R_A + R_B - P = 0$$

$$R_A = P - R_B = 10 - 3.75 = 6.25 \text{（kN）}$$

（2）求 $n\text{-}n$ 截面上的剪力和弯矩

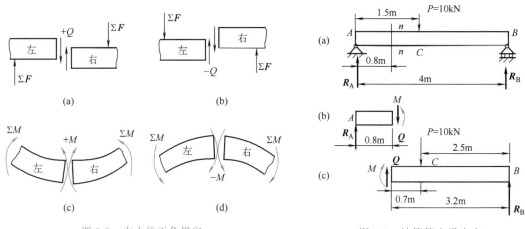

图 9-8　内力的正负规定　　　　图 9-9　计算简支梁内力

将 $n\text{-}n$ 截面截开，取左段梁为研究对象，假设截面上剪力 Q 和弯矩 M 为正，如图 9-9（b）所示，由平衡方程

$$\sum F_y = 0,\ R_A - Q = 0$$

得
$$Q = R_A = 6.25\text{kN}$$

由
$$\sum M_0 = 0,\ -R_A \times 0.8 + M = 0$$

得
$$M = R_A \times 0.8 = 6.25 \times 0.8 = 5 \text{（kN·m）}$$

所得结果均为正值，说明所设的剪力和弯矩的方向（转向）与实际相同。

若取右段梁为研究对象，如图 9-9（c）来计算 Q 和 M，也会得到同样的结果。

由上例结果，可得如下结论：

（1）梁任意横截面上的剪力，数值上等于该截面一侧所有外力的代数和；

（2）梁任意横截面上的弯矩，数值上等于该截面一侧所有外力对该截面形心力矩的代数和。

用截面法计算横截面上的剪力和弯矩，是求弯曲内力的基本方法。在这一方法的基础上，可直接由梁上的外力及外力偶求截面上的剪力 Q 和弯矩 M。

课题三　剪力图和弯矩图的绘制

外伸梁剪力
图弯矩图
绘制案例

在一般情况下，梁横截面上的剪力和弯矩随截面位置的不同而变化。若以梁的轴线为 x 轴，坐标 x 表示横截面的位置，则可将梁各横截面上的剪力和弯矩表示为坐标 x 的函数，即

$$Q = Q(x)$$

$$M = M(x)$$

以上两个函数表达式分别称为剪力方程和弯矩方程。根据这两个方程，仿照轴力图和扭矩图的作法，画出剪力和弯矩沿梁轴线变化的图形，这样的图形称作剪力图和弯矩图。利用剪力图和弯矩图很容易确定梁的最大剪力和最大弯矩，以及梁危险截面的位置。因此，画剪力和弯矩图是梁的强度和刚度计算中的重要环节。

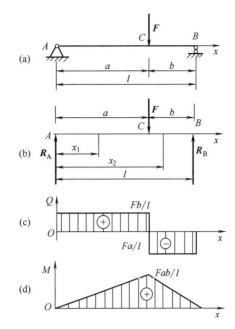

图 9-10　简支梁受集中力作用

【例 9-2】　图 9-10（a）所示简支梁，在 C 截面处作用一集中力 **F**，作此梁的剪力图和弯矩图。

解：（1）求支反力

以整个梁为研究对象，由平衡方程 $\sum F_y = 0$，$\sum M_A = 0$，可求得

$$R_A = \frac{Fb}{l}, \ R_B = \frac{Fa}{l}$$

（2）列剪力方程和弯矩方程

由于 C 截面处有集中力 **F** 的作用，故 AC 段和 CB 段的剪力方程和弯矩方程不同，需要分段列出。

AC 段：

$$Q(x) = R_A = \frac{Fb}{l} \quad (0 < x < a) \tag{a}$$

$$M(x) = R_A x = \frac{Fb}{l}x \quad (0 \leqslant x \leqslant a) \tag{b}$$

CB 段：根据 x 截面右侧梁上外力列剪力和弯矩方程

$$Q(x) = -R_B = -\frac{Fa}{l} \quad (a < x < l) \tag{c}$$

$$M(x) = R_B(l-x) = \frac{Fa}{l}(l-x) \quad (a \leqslant x \leqslant l) \tag{d}$$

如果根据 x 截面左侧梁上外力列剪力和弯矩方程，可以得到同样的结果。

（3）作剪力图和弯矩图

由式（a）、式（c）知，AC 和 BC 两段梁的剪力图均为水平线；由式（b）、式（d）知，这两段梁的弯矩图均为斜直线。因此，可作出梁的剪力图和弯矩图如图 9-10（c）、（d）所示。

由图 9-10（c）可见，在集中力 **F** 作用处剪力图发生突变，突变值等于该集中力的大小。在 $a > b$ 的情况下，CB 段剪力的绝对值最大，$|Q|_{max} = \dfrac{Fa}{l}$。

由图 9-10（b）可见，在集中力 **F** 作用处，弯矩图出现斜率改变的转折点，此截面上有弯矩的最大值 $M_{max} = \dfrac{Fab}{l}$。

图 9-10 中，若力 **F** 作用于梁的中点处，即 $a = b = 1/2l$，则最大弯矩 $M_{max} = \dfrac{1}{4}Fl$。

【例 9-3】　如图 9-11（a）所示的悬臂梁 AB，在自由端受集中力 **P** 的作用，作此梁的剪

力图和弯矩图。

解：（1）列剪力方程和弯矩方程

取梁的左端 A 为坐标原点，根据 x 截面左侧梁上的外力，可写出剪力方程和弯矩方程分别为

$$Q(x) = -P \quad (0 < x < l) \tag{a}$$

$$M(x) = -Px \quad (0 \leqslant x < l) \tag{b}$$

（2）作剪力图和弯矩图

式（a）表明剪力 Q 不随 x 变化，为一常数，故剪力图为 x 轴下方的一条水平线，如图 9-11（b）所示。式（b）表明弯矩 M 是 x 的一次函数，故弯矩图为一斜直线，只需确定该直线上两个点便可画出。如在 $x=0$ 处，$M=0$；$x=l$ 处，$M = -Pl$。弯矩图如图 9-11（c）所示。由图可见，绝对值最大的弯矩位于固定端 B 处，$|M|_{max} = Pl$。

【例 9-4】 如图 9-12（a）所示，一简支梁 AB 受集度为 q 的均布载荷作用，作此梁的剪力图和弯矩图。

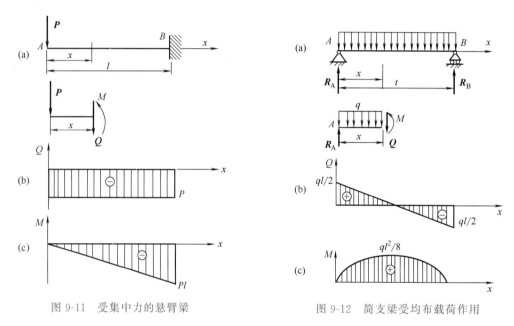

图 9-11　受集中力的悬臂梁　　　　图 9-12　简支梁受均布载荷作用

解：（1）求支反力

根据载荷及支座的对称性，可得

$$R_A = R_B = \frac{ql}{2}$$

（2）列剪力方程和弯矩方程

取梁左端 A 点为坐标原点，根据 x 截面左侧梁上的外力可写出剪力方程和弯矩方程为

$$Q(x) = R_A - qx = \frac{ql}{2} - qx \quad (0 < x < l) \tag{a}$$

$$M(x) = R_A x - qx \times \frac{x}{2} = \frac{ql}{2}x - \frac{q}{2}x^2 \quad (0 \leqslant x \leqslant l) \tag{b}$$

（3）作剪力图和弯矩图

由式（a）可知，剪力 Q 为 x 的一次函数，故在 Q-x 图上是一条斜直线。由两点 $x=0$ 处，$Q = \frac{ql}{2}$；$x=l$ 处，$Q = -\frac{ql}{2}$ 作出剪力图，如图 9-12（b）所示。

式（b）表明弯矩 M 是 x 的二次函数，故弯矩图为二次抛物线，在 $x=0$ 和 $x=l$ 处，$M=0$；在 $x=\dfrac{l}{2}$ 处，$M=\dfrac{ql^2}{8}$，由此可画出弯矩图，如图 9-12（c）所示。

【例 9-5】 图 9-13（a）所示简支梁，在 C 截面处作用一矩为 M_e 的集中力偶，作此梁的剪力图和弯矩图。

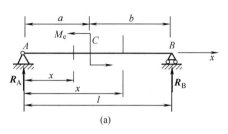

解：（1）求支反力

由梁的平衡方程求得支反力

$$\sum M_A=0 \quad R_B l+M_e=0$$

$$R_B=-\frac{M_e}{l}$$

$$\sum M_B=0-R_A l+M_e=0$$

$$R_A=\frac{M_e}{l}$$

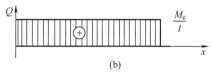

负号表示与假设方向相反。

（2）列剪力方程和弯矩方程

梁的剪力方程为

$$Q(x)=R_A=\frac{M_e}{l} \quad (0<x<l) \qquad (a)$$

AC 段弯矩方程

$$M(x)=R_A x=\frac{M_e}{l}x \quad (0\leqslant x<a) \qquad (b)$$

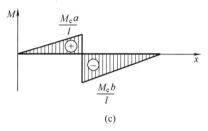

图 9-13 简支梁受集中力偶作用

BC 段弯矩方程

$$M(x)=R_A x-M_e=\frac{M_e}{l}(x-l) \quad (a<x\leqslant l) \qquad (c)$$

（3）作剪力图和弯矩图

由式（a）可知，剪力在全梁各横截面为常数，故剪力图为一水平线，如图 9-13（b）所示。由式（b）、式（c）知两段梁的弯矩均为 x 的线性函数，故弯矩图为斜直线，如图 9-13（c）所示。若 $a<b$，绝对值最大的弯矩位于 C 的右邻截面上，其值为 $|M|_{max}=\dfrac{M_e b}{l}$。由弯矩图还可看到，在集中力偶作用的 C 截面处，弯矩图发生突变，其突变值等于该集中力偶矩 M_e 的大小。

由以上各例，可以看出剪力图和弯矩图有以下一些规律。

① 若梁上某段无均布载荷，则剪力图为水平线，弯矩图为斜直线。

② 若梁上某段有均布载荷，则剪力图为斜直线，弯矩图为二次抛物线；若 q 向下，则剪力图向右下倾斜，弯矩图的抛物线开口向下；若 q 向上，则剪力图向右上倾斜，弯矩图的抛物线开口向上。

③ 若梁上有集中力，则在集中力作用处，剪力图有突变，突变值即为该处集中力的大小，弯矩图在此处有折角。

④ 若梁上有集中力偶，则在集中力偶作用处，剪力图无变化，而弯矩图有突变，突变值即为该处集中力偶的力偶矩。

⑤ 最大弯矩值往往发生在集中力作用处，或集中力偶作用处以及剪力 $Q=0$ 处。

⑥ 悬臂梁固定端处，往往会有最大弯矩值。

利用上述规律，可以检查所作的剪力图和弯矩图的形状是否正确；也可以利用这些规律，直接作梁在各种载荷作用下的剪力图和弯矩图，而不必要列出相应的内力方程。这使得剪力图和弯矩图的作法得到简化。内力 F_Q、M 的变化规律见表 9-1。

表 9-1 内力 F_Q、M 的变化规律 $\left[\dfrac{d^2M}{dx^2}=\dfrac{dF_Q(x)}{dx}=q(x)\right]$

载荷	$q(x)=0$ 的区间	$q(x)=C$ 的区间	$q(x)=C$ 的区间	集中力 F 作用处	力偶 M 作用处
F_Q-图	水平直线 $\underline{+}$ 或 $\underline{-}$	$F_Q>0$ 上斜直线	$F_Q<0$ 下斜直线	C 处有突变 突变量$=F$	剪力图 无突变 无影响
M-图	斜率$=0$ $F_Q>0$ $F_Q<0$ 斜直线 或	1. $q(x)>0$,抛物线下凸 (发豆芽,用碗盛) 2. $q(x)<0$,抛物线上凸 (下雨,打伞) 3. $F_Q=0$,抛物线有极值		斜率有突变 图形呈折线 F 处有尖角	C 处有突变 突变量$=M$

【例 9-6】 一外伸梁受均布载荷和集中力偶作用，如图 9-14（a）所示，试作此梁的剪力图和弯矩图。

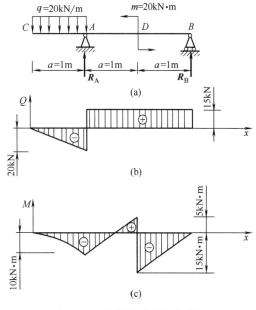

图 9-14 外伸梁受复杂载荷图

解：（1）求支反力

取全梁为研究对象，由平衡方程

$$\sum M_A=0 \quad \frac{qa^2}{2}+M+R_B\times 2a=0$$

$$R_B=-\frac{qa}{4}-\frac{M}{2a}=-\frac{20\times 1}{4}-\frac{20}{2\times 1}$$

$$=-15\ (\text{kN})$$

负号表示 R_B 实际方向与假设方向相反，即向下。

（2）作剪力图

根据外力情况，将梁分为三段，自左至右。CA 段有均布载荷，剪力图为斜直线，AD 和 BD 段为同一条水平线（集中力偶作用处剪力图无变化）。A 截面左邻的剪力 $Q_{A左}=-20\text{kN}$，其右邻的剪力 $Q_{A右}=15\text{kN}$，C 截面上剪力 $Q_C=0$，可得剪力图如图 9-14（b）所示。由图可见，在 A 截面左

邻横截面上剪力的绝对值最大，为

$$|Q|_{max}=20kN$$

（3）作弯矩图

CA 段有向下的均布载荷，弯矩图为二次抛物线；在 C 处截面的剪力 $Q_C=0$，故抛物线 C 截面处取极值，又因为 $M_C=0$，故抛物线 C 处应与横坐标轴相切。AD、BD 两段为斜直线；A 截面处因有集中力 R_A，弯矩图有一折角；在 D 处有集中力偶，弯矩图有突变，突变值即为该处集中力偶的力偶矩。计算出 $M_A=-qa^2/2=-10kN\cdot m$，$M_{D左}=M+R_Ba=20-15\times1=5kN\cdot m$，$M_{D右}=R_Ba=-15\times1=-15kN\cdot m$，$M_B=0$，根据这些数值，可作出弯矩图如图 9-14（c）所示。由图可见，在 D 截面右邻弯矩的绝对值最大，$|M|_{max}=15kN\cdot m$。

课题四 梁的弯曲应力和强度计算

一、梁的纯弯曲变形分析

剪力和弯矩是横截面上内力的合成结果，剪力 Q 是与横截面相切的分布内力系的合力，弯矩 M 是与横截面相垂直的分布内力系的合力偶矩。剪力 Q 对应着剪应力 τ，弯矩 M 对应着正应力 σ。

若梁的各个横截面上只有弯矩而无剪力，从而只有正应力而无剪应力的情况，称为纯弯曲。当横截面上同时存在弯矩和剪力，即同时存在正应力和剪应力的情况称为横力弯曲。例如，图 9-15 所示简支梁，其上作用两个对称的集中力 F。此时梁在靠近支座的 AC、DB 两段内，各横截面上同时有弯矩 M 和剪力 Q，这种情况的弯曲，称为横力弯曲；在中段 CD 内的各横截面上，只有弯矩 M，而无剪力 Q，这种情况的弯曲，称为纯弯曲。

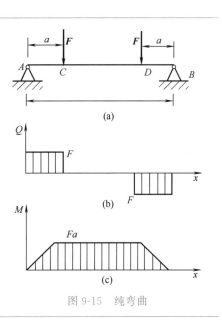

图 9-15 纯弯曲

二、纯弯曲梁横截面上的正应力分析

研究纯弯曲时的正应力，与研究扭转时的应力相似，即要综合考虑几何、物理和静力学三方面的关系。

1. 平面假设和变形几何关系

为了观察梁弯曲时的变形，取一矩形截面等直梁，在其侧面分别画上与轴线相垂直的横向线 mm 和 nn 以及与梁轴线相平行的纵向线 aa 和 bb，如图 9-16（a）所示。然后使梁发生纯弯曲变形。此时可以观察到以下变形现象［如图 9-16（b）］所示：

① 纵向线 aa 和 bb 变为弧线 $\overset{\frown}{aa}$、$\overset{\frown}{bb}$；

② 横向直线 mm 和 nn 在梁变形后仍保持为直线，且仍垂直于已经变为弧线的 aa 和 bb，只是相对转动了一个角度；

③ 靠近凹边的纵向线 aa 缩短，靠近凸边的纵向线 bb 伸长，且矩形截面上部变宽，下部变窄。

　　根据梁表面的上述变形现象，可对梁内部的变形情况作出如下假设：梁弯曲时，原为平面的横截面在梁变形后仍保持为平面，且仍垂直于变形后梁的轴线，只是绕横截面内某一轴旋转一角度。这就是弯曲变形的平面假设。

　　此外，根据实验观察，还可作出纵向纤维之间互不挤压的假设。

　　设想梁由无数纵向纤维组成，发生弯曲变形后，靠近凸边的纵向纤维伸长，靠近凹边的纤维则缩短。由变形的连续性可知，在伸长纤维和缩短纤维之间，必然存在一层既不伸长也不缩短的纤维，这层纤维称为中性层。中性层与横截面的交线称为中性轴，如图 9-17 所示。梁在平面弯曲时，由于外力作用在纵向对称面内，故变形后的形状也应对称于此平面，因此，中性轴与横截面的对称轴垂直。

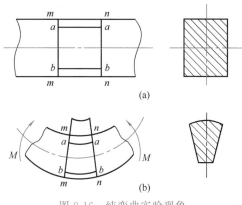

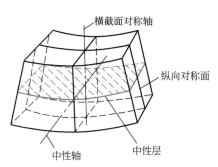

图 9-16　纯弯曲实验现象　　　　图 9-17　中性层和中性轴

中性层与
中性轴

　　为了考察距中性层为 y 的纤维 bb 的变形，用 1-1、2-2 两横截面截取长为 dx 的微段梁，如图 9-18（a）所示，弯曲变形后，与中性层距离为 y 的纤维 bb 变为弧线 $b'b'$，根据平面假设，变形前相距为 dx 的两个横截面，变形后各自绕中性轴 z 相对转过了一个角度 dθ，若以 ρ 代表变形后中性层 O_1O_2 的曲率半径，如图 9-18（b）所示，则弧线 $b'b' = (\rho+y)$dθ，而原长 $bb =$ d$x = O_1O_2 = \rho$dθ，根据应变的定义，纤维 bb 的线应变为

$$\varepsilon = \frac{(\rho+y)\mathrm{d}\theta - \rho\mathrm{d}\theta}{\rho\mathrm{d}\theta} = \frac{y}{\rho} \quad (9\text{-}1)$$

　　对于给定的横截面，ρ 为常量。故式（9-1）表明梁横截面上任一点处纵向纤维的线应变与该点至中性层的距离成正比。

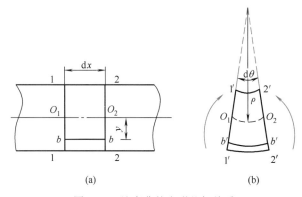

图 9-18　纯弯曲的变形几何关系

2. 物理关系

　　设各纵向纤维之间互不挤压，因而每一纵向纤维都只发生简单轴向拉伸或压缩变形。在应力不超过材料的比例极限时，其应力和应变关系服从胡克定律。即

$$\sigma = E\varepsilon$$

将式（9-1）代入，得

$$\sigma = E\frac{y}{\rho} \quad\quad\quad\quad\quad\quad (9\text{-}2)$$

式（9-2）表明横截面上任一点的正应力与该点到中性轴的距离 y 成正比，距中性轴等距的各点上正应力相等。中性轴上各点的正应力为零。因此，正应力沿截面高度按直线规律变化（见图9-19）。

3. 静力学关系

从纯弯曲的梁中截开一个横截面，如图9-20所示，横截面上只有正应力 σ，在截面中取一微面积 $\mathrm{d}A$，作用于其上的所有微内力 $\sigma\mathrm{d}A$ 构成一空间平行力系，形成弯矩 M。

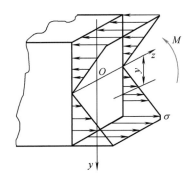

图9-19 梁横截面内力分布

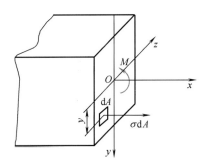

图9-20 纯弯曲正应力的静力学关系

弯矩为

$$M = \int_A \sigma y \mathrm{d}A \tag{9-3}$$

将式（9-2）代入式（9-3）得

$$M = \int_A E \frac{y}{\rho} y \mathrm{d}A = \frac{E}{\rho} \int_A y^2 \mathrm{d}A = \frac{E}{\rho} I_z \tag{9-4}$$

式中，$I_z = \int_A y^2 \mathrm{d}A$ 为横截面对中性轴 z 的惯性矩，是一个仅与横截面形状和尺寸有关的几何量。其常用单位为 m^4 和 mm^4。式（9-4）可写作

$$\frac{1}{\rho} = \frac{M}{EI_z} \tag{9-5}$$

式（9-5）是计算梁变形的基本公式。可确定中性轴的曲率。EI_z 称为梁的抗弯刚度，EI_z 愈大，则曲率愈小，梁愈不易弯曲变形。

将式（9-5）代入式（9-2），得

$$\sigma = \frac{My}{I_z} \tag{9-6}$$

式中　σ——横截面上距中性轴为 y 的各点的正应力；

　　　M——横截面上的弯矩；

　　　y——计算正应力点到中性轴的距离；

　　　I_z——横截面对中性轴 z 的惯性矩。

式（9-6）就是纯弯曲时横截面上的正应力公式。式（9-6）虽是以矩形截面梁为例导出，但对于横截面有一垂直对称轴的梁都适用。

三、弯曲正应力的计算

式（9-6）是在纯弯曲的情况导出的。它以平面假设和纵向纤维间无挤压的假设为基础。但工程中弯曲问题多为横力弯曲，即梁的截面上不仅有弯矩而且有剪力，平面假设与纵向纤

维互不挤压假设均不成立。但大量的理论计算和实验结果表明，当梁的跨度 L 与横截面高度 h 之比大于 5 时，采用纯弯曲时的正应力公式（9-6）计算的结果与实际应力误差很小，可以满足工程精度的要求。$L/h>5$ 的梁称为细长梁。应当指出，式（9-6）只有当梁的材料服从胡克定律时才能成立。

由式（9-6）可知，梁的某确定横截面上，最大正应力 σ_{max} 发生在离中性轴最远处，即横截面的上下边缘处。设该处到中性轴的距离为 y_{max}，则最大弯矩所在截面（危险截面）的最大应力为

$$\sigma_{max}=\frac{M_{max}}{I_z}y_{max} \tag{9-7}$$

令

$$W_z=\frac{I_z}{y_{max}} \tag{9-8}$$

则

$$\sigma_{max}=\frac{M_{max}}{W_z} \tag{9-9}$$

W_z 称为抗弯截面模量（系数），它同样是与截面尺寸和截面形状有关的几何量，其量纲为长度的 3 次方，单位为 mm^3 或 m^3。

四、简单截面图形的惯性矩 I_z 和抗弯截面模量 W_z

1. 矩形截面的惯性矩及抗弯截面模量的计算

设矩形截面的高和宽分别为 h 和 b，取截面的对称轴为 y 轴和 z 轴，如图 9-21 所示，求对 z 轴的惯性矩时，取平行于 z 轴的狭长条微面积 $dA=b\,dy$，则由惯性矩的定义，有

$$I_z=\int_A y^2\,dA=\int_{-h/2}^{h/2}y^2 b\,dy=b\frac{y^3}{3}\Big|_{-h/2}^{h/2}=\frac{bh^3}{12}$$

同理可得对 y 轴的惯性矩　　　$I_y=\frac{hb^3}{12}$

根据式（9-8）可求得抗弯截面模量 W_z

$$W_z=\frac{I_z}{y_{max}}=\frac{bh^2/12}{h/2}=\frac{bh^2}{6}$$

同理可求得　　　　　　　　$W_y=\frac{hb^2}{6}$

2. 圆形及圆环形截面的惯性矩及抗弯截面模量的计算

设圆形截面的直径为 D，y 轴和 z 轴通过圆心 O，如图 9-22 所示。取微面积 dA，其坐标为 y 和 z，至圆心距离为 ρ，在扭转内容中曾经得到，圆形截面对其圆心的极惯性矩 $I_p=\frac{\pi D^4}{32}$，因为 $\rho^2=y^2+z^2$，可得

$$I_p=\int_A \rho^2\,dA=\int_A(y^2+z^2)\,dA=I_z+I_y$$

又因为 y 和 z 轴皆为通过圆截面直径的轴，故

$$I_z=I_y$$

因此　　　　　　　　　　$I_p=2I_z=2I_y$

于是得到圆形截面对 y 轴或 z 轴的惯性矩为

$$I_z = I_y = \frac{I_p}{2} = \frac{\pi D^4}{64}$$

抗弯截面模量为

$$W_z = W_y = \frac{\pi D^3}{32}$$

对于外径为 D、内径为 d 的圆环形截面，如图 9-23 所示，用同样的方法可以得到

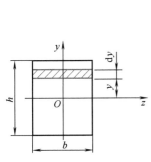

图 9-21 矩形截面

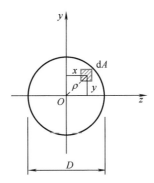

图 9-22 圆形截面

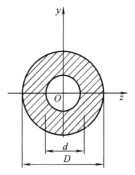

图 9-23 圆环形截面

$$I_z = I_y = \frac{I_p}{2} = \frac{\pi}{64}(D^4 - d^4)$$

或

$$I_z = I_y = \frac{\pi D^4}{64}(1 - \alpha^4)$$

式中

$$\alpha = \frac{d}{D}$$

抗弯截面模量为

$$W_z = W_y = \frac{\pi D^3}{32}(1 - \alpha^4)$$

若中性轴不是对称轴，例如，T 形截面（见表 9-2），其最大拉应力和最大压应力不等值，这时应将 y_1 和 y_2 分别代入式（9-6）方可算得最大拉应力和最大压应力。

对于其他截面或各种轧制型钢，其惯性矩和抗弯截面模量可查有关资料。

为了便于查阅，不同截面的 I_z、W_z 值列于表 9-2 中。

表 9-2　常用截面的几何特性计算公式

图形形状	极惯性矩 I_p	抗扭截面模量 W_n	惯性矩 I_z，I_y	抗弯截面模量 W_z，W_y
	—	—	$I_z = \frac{bh^3}{12}$ $I_y = \frac{hb^3}{12}$	$W_z = \frac{bh^2}{6}$ $W_y = \frac{hb^2}{6}$
	$\frac{\pi D^4}{32}$	$\frac{\pi D^3}{16}$	$\frac{\pi D^4}{64}$	$\frac{\pi D^3}{32}$

图形形状	极惯性矩 I_p	抗扭截面模量 W_n	惯性矩 I_z, I_y	抗弯截面模量 W_z, W_y
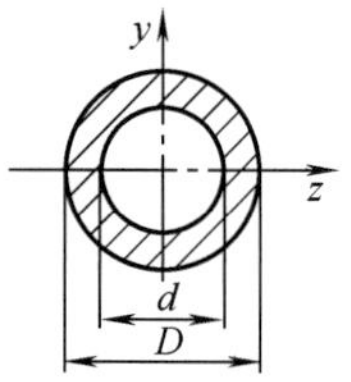	$\dfrac{\pi}{32}(1-\alpha^4)$	$\dfrac{\pi D^3}{16}(1-\alpha^4)$	$\dfrac{\pi D^4}{64}(1-\alpha^4)$	$\dfrac{\pi D^3}{32}(1-\alpha^4)$
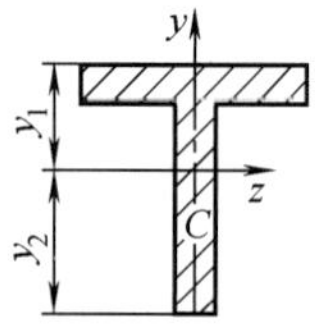	—	—	查手册	查手册

五、弯曲正应力的强度条件及应用

等截面直梁受横力弯曲时，弯矩 M 不再是常量，随横截面位置而变化，最大正应力一般发生在弯矩最大的截面（危险截面）上，由式（9-9）知

$$\sigma_{max}=\frac{M_{max}}{W_z}$$

一般地，最大弯曲正应力 σ_{max} 发生在危险截面上离中性轴最远的点处，即截面的上、下边缘处。为了保证梁能安全工作，最大工作应力 σ_{max} 不得超过材料的弯曲许用应力 $[\sigma]$。因此，梁弯曲时的正应力强度条件为

$$\sigma_{max}=\frac{M_{max}}{W_z}\leqslant[\sigma] \tag{9-10}$$

式（9-10）称为细长梁的弯曲强度条件。

利用梁的弯曲正应力强度条件式（9-10），可以解决梁弯曲时的三类工程问题：

（1）梁的弯曲强度校核；

（2）截面尺寸设计；

（3）确定许用载荷等。

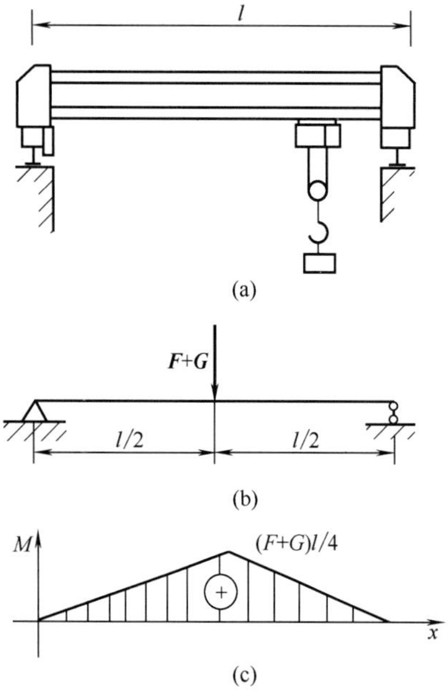

【例 9-7】 一起重量原为 50kN 的单梁吊车，其跨度 $l=10.5\text{m}$，如图 9-24（a）所示，由 45a 号工字钢制成。为发挥其潜力，现拟将起重量提高到 $F=70\text{kN}$，试校核梁的强度。若强度不够，再计算其可能承载的起重量。梁的材料为 Q235，许用应力 $[\sigma]=140\text{MPa}$；电葫芦重 $G=15\text{kN}$，不计梁的自重。

解：（1）作弯矩图，求最大弯矩

将吊车简化为一简支梁，如图 9-24（b）所示。显然，当电葫芦行至梁中点时所引起的弯矩最大，作此时的弯矩图如图 9-24（c）所示。最大弯矩发生在中点处的横截面上，由例 9-2 可知

图 9-24 吊车梁

$$M_{\max} = \frac{(F+G)l}{4} = \frac{(70+15)\times 10.5}{4}$$
$$= 223 \ (\mathrm{kN \cdot m})$$

（2）强度校核

由型钢表查得 45a 号工字钢的抗弯截面模量

$$W_z = 1430 \mathrm{cm}^3$$

梁的最大工作应力为

$$\sigma_{\max} = \frac{M_{\max}}{W_z} = \frac{223 \times 10^6}{1430 \times 10^3} = 156 > 140 \ (\mathrm{MPa})$$

故不安全，不能吊起 70kN 的重物。

（3）计算梁的最大承载能力

由梁的强度条件

$$\sigma_{\max} = \frac{M_{\max}}{W_z} \leqslant [\sigma]$$

得

$$M_{\max} \leqslant [\sigma]W_z = 140 \times 1430 \times 10^3 \approx 2 \times 10^8 \mathrm{N \cdot mm} = 200 \ (\mathrm{kN \cdot m})$$

而由 $M_{\max} = \dfrac{(F+G)l}{4}$，有 $\dfrac{(F+G)l}{4} \leqslant 200$ (kN·m)

则 $F \leqslant \dfrac{200 \times 4}{l} - G = \dfrac{200 \times 4}{10.5} - 15 = 61.3$ (kN)

因此，吊车梁允许的最大起吊重量为 61.3kN。

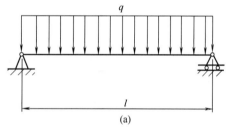

【例 9-8】 图 9-25（a）所示受均布载荷 q 作用的简支梁，若已知 $l=2\mathrm{m}$，$[\sigma]=140\mathrm{MPa}$，$q=2\mathrm{kN/m}$，试按实心和空心圆截面确定梁的截面尺寸，并比较重量（内外径比 $\alpha=0.9$）。

解：作梁的弯矩图，如图 9-25（b）所示，弯矩最大值发生在梁中点截面上，故该截面为危险截面，其上的弯矩值为

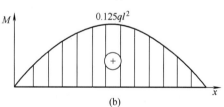

图 9-25　简支梁的计算

$$M_{\max} = 0.125ql^2 = 0.125 \times 2 \times 2^2 \times 10^6$$
$$= 1.0 \times 10^6 \ (\mathrm{N \cdot mm})$$

（1）确定实心截面梁的直径 d

根据强度条件有

$$\sigma_{\max} = \frac{M_{\max}}{W} \leqslant [\sigma]$$

将圆截面的抗弯截面系数 $W = \pi d^3/32$ 代入后，解得

$$d \geqslant \sqrt[3]{\frac{32M_{\max}}{\pi[\sigma]}}$$

将有关数据代入，可得

$$d \geqslant \sqrt[3]{\frac{32 \times 1.0 \times 10^6}{\pi \times 140}} = 41.75 \text{（mm）}$$

取 $d = 42$mm。

（2）确定空心截面梁的内、外径 d 和 D

将空心截面的抗弯截面系数 $W = \pi D^3 / 32 \, (1 - \alpha^4)$ 代入弯曲强度条件公式，有

$$\frac{32 M_{\max}}{\pi D^3 (1 - \alpha^4)} \leqslant [\sigma]$$

由此解得

$$D \geqslant \sqrt[3]{\frac{32 M_{\max}}{\pi (1 - \alpha^4)[\sigma]}}$$

将有关数据代入，得

$$D \geqslant \sqrt[3]{\frac{32 \times 1.0 \times 10^6}{\pi \times (1 - \alpha^4) \times 140}} = 59.59 \text{（mm）}$$

取 $D = 60$mm，则 $d = 0.9D = 54$mm。

（3）比较两种不同截面梁的重量

因为材料、长度相同，实心截面梁与空心截面梁的重量比等于其横截面面积之比。根据上述计算结果，得

重量比
$$\eta = \frac{\pi/4 (D^2 - d^2)}{\pi/4 \, d^2} = \frac{60^2 - 54^2}{42^2} = 0.388$$

上述结果表明，空心截面梁的重量比实心截面梁的重量小很多。因此，在满足同样强度要求的条件下，采用空心截面梁不仅可以节省材料，而且可以大大减轻结构重量。

【例 9-9】 T 形截面铸铁梁受力如图 9-26（a）所示，已知：$F_1 = 9$kN，$F_2 = 5$kN，铸铁的许用拉应力 $[\sigma_1] = 30$MPa，许用压应力 $[\sigma_y] = 60$MPa，截面对形心轴 z 的惯性矩 $I_z = 829.3 \text{cm}^4$，$y_1 = 48$mm，截面其他部分尺寸见图 9-26（b），试校核此梁的强度。

解：（1）求支反力

$$\sum M_B = 0 \quad F_A = 2.5 \text{kN}$$
$$\sum M_C = 0 \quad F_B = 11.5 \text{kN}$$

（2）作梁的弯矩图，如图 9-26（c）所示。

$$M_A = M_D = 0$$
$$M_C = F_A \times 1 = 2.5 \text{ (kN} \cdot \text{m)}$$
$$M_B = -5 \times 0.8 = -4 \text{ (kN} \cdot \text{m)}$$
$$|M_{\max}| = |M_B| = 4 \text{ (kN} \cdot \text{m)}$$

（3）强度校核

B 截面 [图 9-26（d）]

$$\sigma_{\max l} = \frac{M_B y_1}{I_z} = \frac{4 \times 10^6 \times 48}{829.3 \times 10^4} = 23.15 \text{ (MPa)} < [\sigma_1] = 30 \text{MPa}$$

$$\sigma_{\max y} = \frac{M_B y_2}{I_z} = \frac{4 \times 10^6 \times 92}{829.3 \times 10^4} = 44.37 \text{ (MPa)} < [\sigma_y] = 60 \text{MPa}$$

所以 B 截面处强度足够。

尽管 C 截面 [图 9-26（d）] 处的弯矩值 M_C 小于 B 处的弯矩值 M_B，但由于 M_C 是正弯矩，在 C 处最大拉应力发生在截面的下边缘处点，这些点到中性轴的距离较远，有可能

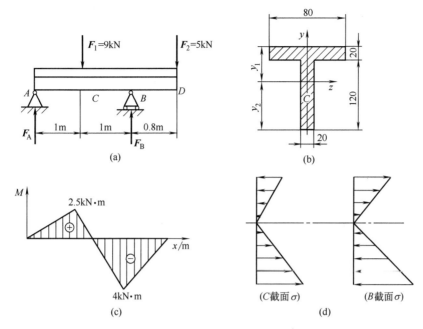

图 9-26　T形截面外伸梁

发生比截面 B 还要大的拉应力，所以要对这些点进行强度校核。

C 截面

$$\sigma_{\text{maxl}}=\frac{M_C y_2}{I_z}=\frac{2.5\times10^6\times92}{829.3\times10^4}=27.73\ (\text{MPa})<[\sigma_1]=30\text{MPa}$$

因此，梁强度足够。

课题五　弯曲剪应力计算

梁在横力弯曲时，在横截面上不仅有正应力 σ，还有剪应力 τ。弯曲正应力是支配梁强度计算的主要因素，但在某些情况下，如短梁或支座附近有较大载荷作用时，梁中的剪应力就可能达到相当大的数值，这时就有必要进行剪应力的强度计算。下面介绍几种常见截面梁上弯曲剪应力的大致分布规律及最大剪应力。

一、矩形截面梁的剪应力计算

设一宽为 b 高为 h 的矩形截面梁，在其截面上沿 y 轴方向有剪力 Q，如图 9-27（a）所示。假设横截面上各点的剪应力 τ 都平行于剪力 Q，且距中性轴等距离各点上的剪应力相等（在 $h>b$ 的情况下，根据上述假设得到的解，与精确解相比有足够的精确度）。这时横截面上任意点处的剪应力的计算公式为

$$\tau=\frac{QS_z}{I_z b} \tag{9-11}$$

式中　Q——横截面上的剪力；

I_z——整个横截面对中性轴的惯性矩；

b——横截面的宽度；

S_z——横截面距中性轴为 y 的横线以外部分面积对中性轴的静矩。

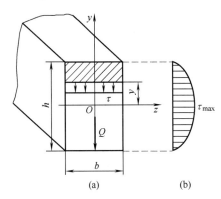

图 9-27 矩形截面梁的剪应力

如求距中性轴为 y 处轴线上的剪应力 τ，此时静矩为

$$S_z = b\left(\frac{h}{2} - y\right)\left[y + \frac{h/2 - y}{2}\right] = \frac{b}{2}\left(\frac{h^2}{4} - y^2\right)$$

将其代入（9-11），可得

$$\tau = \frac{Q}{2I_z}\left(\frac{h^2}{4} - y^2\right)$$

由此式可见，矩形截面梁的剪应力沿截面高度按二次抛物线规律变化，如图 9-27（b）所示。当 $y = \pm\dfrac{h}{2}$ 时，$\tau = 0$，这表明在截面的上、下边缘处，剪应力为零。当 $y = 0$ 时，即在中性轴上，剪应力最大，其值为

$$\tau_{\max} = \frac{Q}{2I_z} \times \frac{h^2}{4}$$

将 $I_z = \dfrac{bh^3}{12}$ 代入，得

$$\tau_{\max} = 1.5\frac{Q}{A} \tag{9-12}$$

式（9-27）说明，矩形截面梁截面上的最大剪应力为平均剪应力的 1.5 倍。

二、工字形截面梁剪应力计算

工字形截面梁由腹板和翼缘组成，其横截面如图 9-28 所示。中间狭长部分为腹板，上、下扁平部分为翼缘。梁横截面上的剪应力主要由腹板承担，翼缘部分的剪应力情况比较复杂，数值很小，可以不予考虑。由于腹板截面是一个狭长矩形，关于矩形截面上剪应力分布的假设仍然适用，故腹板上的剪应力计算公式仍为式（9-11）。剪应力 τ 沿腹板高度方向也是呈二次抛物线规律变化，最大剪应力在中性轴上，其值为

$$\tau_{\max} = \frac{QS_{z\max}}{I_z b} \tag{9-13}$$

式中　b——腹板的宽度；

$S_{z\max}$——中性轴一侧的面积对中性轴的静矩。

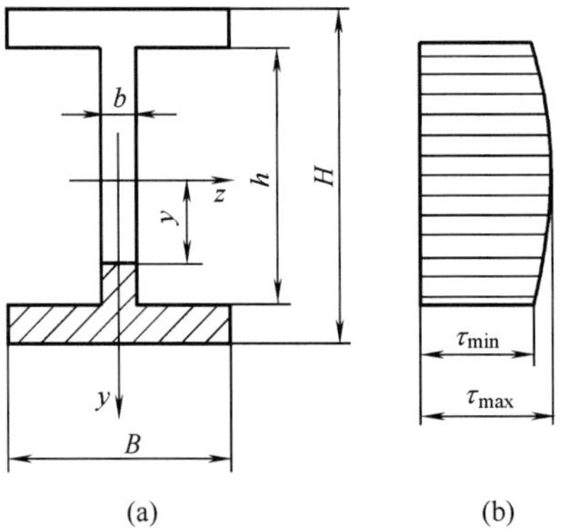

图 9-28 工字形钢截面梁的剪应力

在计算工字钢的 $\tau_{\max}$ 时，式中的比值 $\dfrac{I_z}{S_{z\max}}$ 可直接由型钢规格表中查得。

此外，由理论分析及图 9-28 可知，腹板上的最大剪应力和最小剪应力差别并不太大，剪应力近似均匀分布。这样，就可近似得出腹板内的最大剪应力为

$$\tau_{max} \approx \frac{Q}{bh} \tag{9-14}$$

三、圆形截面梁剪应力计算

对于圆形截面梁，如图 9-29 所示，进一步的研究表明，横截面上的最大剪应力 τ_{max} 仍在中性轴各点处。假设中性轴上各点的剪应力均平行于 y 轴且均匀分布，于是可用式（9-11）近似计算圆形截面的 τ_{max}，即

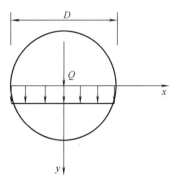

$$\tau_{max} = \frac{QS_z}{I_z d} = \frac{Q \times \frac{1}{2} \times \frac{\pi d^2}{4} \times \frac{2d}{3\pi}}{I_z d} = \frac{4}{3} \times \frac{Q}{A} \tag{9-15}$$

式中，A 为圆形截面面积。由此可见，圆形截面梁横截面上的最大剪应力为平均剪应力的 $1\frac{1}{3}$ 倍。

图 9-29 圆截面梁的剪应力

在梁的强度计算中，应同时满足正应力和剪应力两个强度条件。但对于细长梁，弯曲剪应力的数值比弯曲正应力小得多，满足了弯曲正应力强度条件，一般也就能满足弯曲剪应力强度条件。只有对下述几种情况须进行剪应力强度校核：

① 若梁较短或载荷很靠近支座，此时弯曲剪应力的数值可能会较大；

② 对于一些组合截面梁（如工字形），如其腹板较薄时，横截面上可能产生较大的剪应力；

③ 木梁，其顺纹方向的抗剪能力较差，数值不大的剪应力可能引起破坏。

梁的 σ_{max} 和 τ_{max} 一般不在同一位置，应分别建立正应力强度条件和剪应力强度条件。

课题六 梁的弯曲变形和刚度计算

一、梁变形的概念

工程中的梁除了要满足强度条件之外，对弯曲变形也有一定的限制。例如桥式起重机的大梁，如果弯曲变形过大，将使梁上小车行走困难，并易引起梁的振动；又如齿轮传动轴，如果弯曲变形过大不仅会使齿轮不能很好地啮合，而且会加剧轴承的磨损；机床主轴若变形过大，会影响加工工件的精度。

为了表示梁的变形情况，建立坐标系 Oxy，如图 9-30 所示。以梁左端为原点，x 轴沿梁的轴线方向，向右为正。在梁的纵向对称平面内取与 x 轴相垂直的轴为 y 轴，向上为正。

根据工程实际中的需要，为了限制构件的变形，必须掌握梁的变形的计算方法。下面给出几个有关的概念。

(1) **挠曲线** 梁受到外力作用后，其轴线由原来的直线变成了一条连续光滑的曲线，如图 9-30 所示，这条曲线称为挠曲线。

(2) **挠度** 弯曲时，梁轴线上任一点在垂直于轴线方向的竖向位移，即挠曲线上相应点

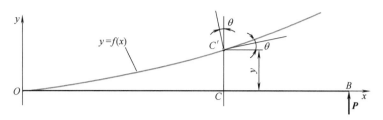

图 9-30　梁的挠度和转角

的纵坐标，称为该点的挠度，用 y 表示，其单位常用 mm。一般情况下，不同截面的挠度是不相同的，它将随截面的位置坐标 x 而变化，是 x 的函数，即

$$y = y(x) \tag{9-16}$$

式（9-16）称为梁的挠曲线方程。挠度与 y 轴正方向一致时为正，反之为负。

（3）转角　梁变形时，横截面将绕中性轴转动一个角度。梁的任一截面相对原位置转动的角度称为该截面的转角，用 θ 表示，其单位是弧度或度。根据平面假设可知，变形前垂直于 x 轴的横截面，变形后仍垂直于挠曲线在该点的切线。因此，转角 θ 就是挠曲线的切线与 x 轴的夹角，如图 9-30 所示。转角的正负号规定为：逆时针转动为正；顺时针转动为负。

（4）挠度与转角之间的关系　由微分学可知，过挠曲线任一点的切线与 x 轴的夹角的正切就是挠曲线在该点的斜率，即

$$\tan\theta = \frac{\mathrm{d}y}{\mathrm{d}x} = y'(x)$$

由于工程中梁的转角很少，故

$$\theta \approx \tan\theta = \frac{\mathrm{d}y}{\mathrm{d}x} = y'(x) \tag{9-17}$$

上式表明，任意横截面的转角 θ 近似等于挠曲线对应点处的切线斜率。显然，只要知道了挠曲线方程，就可以确定梁上任一横截面的挠度和转角。

二、梁的变形计算

1. 用积分法求梁的变形

在纯弯曲时，曾得到以曲率半径 ρ 表示的弯曲变形公式

$$\frac{1}{\rho} = \frac{M}{EI}$$

上式是在梁纯弯曲时建立的，对横力弯曲的梁，若梁的跨度远大于截面高度，通常剪力对梁位移的影响可以忽略，上式仍可应用，但这里 M 和 ρ 皆为 x 的函数。即

$$\frac{1}{\rho(x)} = \frac{M(x)}{EI} \tag{9-18}$$

式中，$\dfrac{1}{\rho(x)}$ 和 $M(x)$ 分别代表梁轴线上任一点处挠曲线的曲率和该处横截面上的弯矩。由高等数学知，平面曲线的曲率可写成

$$\frac{1}{\rho(x)} = \pm\frac{y''}{(1+y'^2)^{3/2}}$$

将上式代入式（9-18），得

$$\frac{y''}{(1+y'^2)^{3/2}} = \pm\frac{M(x)}{EI}$$

　　由于梁的变形很小，转角 $\theta = y'$ 是一个小量，y'^2 与 1 相比十分微小，故可略去不计。因此经过推导，得到梁变形挠曲线的近似微分方程为

$$y'' = \frac{M(x)}{EI} \text{或} \frac{d^2 y}{dx^2} = \frac{M(x)}{EI} \tag{9-19}$$

此式称为梁的挠曲线近似微分方程。

　　对式（9-19）积分可得梁的转角方程 $\theta(x)$ 和挠度方程 $y(x)$。

$$\theta(x) = \frac{dy}{dx} = \int \frac{M(x)}{EI} dx + C \tag{9-20}$$

$$y(x) = \int \left[\int \frac{M(x)}{EI} d(x) \right] d(x) + Cx + D \tag{9-21}$$

　　式中的积分常数 C 和 D 可利用梁支座处的已知位移条件即边界条件来确定。例如，在固定端处，梁的挠度和转角均为零，即 $y = 0$，$\theta = 0$；在铰支座处，梁的挠度为零，即 $y = 0$。

　　当梁上载荷不连续时，弯矩方程应分段写出，挠曲线近似微分方程也应分段建立。这样，积分时每一段都出现两个积分常数。为确定这些常数，除利用边界条件外，还须利用分段处挠曲线的连续条件，即在相邻两段交界处，左右两段梁具有相同的挠度和转角。

　　上述求梁变形的方法通常称为积分法。

　　【例 9-10】 一悬臂梁 AB，在自由端受集中力 P 作用，如图 9-31 所示。已知梁的抗弯刚度 EI 为常数，试求此梁的挠曲线方程和转角方程，并求最大挠度 $y_{\max}$ 和最大转角 $\theta_{\max}$。

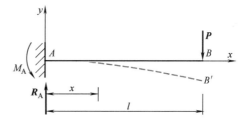

图 9-31　悬臂梁的变形

　　解：（1）选取坐标系如图 9-31 所示，列弯矩方程

$$M(X) = -P(l-x)$$

（2）建立微分方程并积分

挠曲线近似方程为

$$\frac{d^2 y}{dx^2} = \frac{-P(l-x)}{EI} \tag{a}$$

积分一次得

$$\theta = \frac{dy}{dx} = \frac{1}{EI} \left(\frac{P}{2} x^2 - Plx + c \right) \tag{b}$$

再积一次分得

$$y = \frac{1}{EI} \left(\frac{1}{6} Px^3 - \frac{Pl}{2} x^2 + Cx + D \right) \tag{c}$$

（3）确定积分常数边界条件为

在固定端 A 处的转角和挠度均为零，即

当 $x = 0$ 时，$\theta = 0$，$y = 0$ 分别代入式（b）、式（c）两式，得

$$C = 0 \quad D = 0$$

将所得积分常数代入式（b）、式（c）两式，得到梁的转角方程和挠曲线方程分别为

$$\theta(x) = \frac{P}{EI} \left(\frac{1}{2} x^2 - lx \right) \tag{d}$$

$$y(x) = \frac{P}{EI} \left(\frac{1}{6} x^3 - \frac{1}{2} lx^2 \right) \tag{e}$$

（4）梁的最大挠度和最大转角

显然，梁在自由端的转角和挠度为最大，将 $x=l$ 代入式（d）、式（e）两式，得

$$\theta_{max}=\theta_B=\theta\mid_{x=l}=-\frac{Pl^2}{2EI} \tag{f}$$

$$y_{max}=y_B=y\mid_{x=l}=-\frac{Pl^3}{3EI} \tag{g}$$

所得结果均为负值，说明截面 B 的转角为顺时针转动，挠度向下。

2. 用叠加法求梁的变形

积分法可建立梁的挠度方程和转角方程，从而可以确定任一截面的位移，但其运算较繁杂。当梁的弯曲变形很小，材料服从胡克定律时，梁的挠度和转角与作用在梁上的载荷成线性关系。当梁上有几个载荷同时作用时，可分别计算每一个载荷单独作用时所引起的梁的变形，然后求出各变形的代数和，即得到在这些载荷共同作用下梁所产生的变形。这种方法称为叠加法。

为了便于应用叠加法，将常见梁在简单载荷作用下的转角和挠度公式列入表 9-3，以备查用。

表 9-3　梁在简单载荷作用下的变形

梁的类型及载荷	挠曲线方程	端截面转角	最大挠度
1	$y=-\dfrac{Fx^2}{6EI}(3l-x)$	$\theta_B=-\dfrac{Fl^2}{2EI}$	$y_B=-\dfrac{Fl^3}{3EI}$
2	$0\leqslant x\leqslant a$ $y=-\dfrac{Fx^2}{6EI}(3a-x)$ $a\leqslant x\leqslant l$ $y=-\dfrac{Fa^2}{6EI}(3x-a)$	$\theta_B=-\dfrac{Fa^2}{2EI}$	$y_B=-\dfrac{Fa^2}{6EI}(3l-a)$
3	$y=-\dfrac{Mx^2}{2EI}$	$\theta_B=-\dfrac{Ml}{EI}$	$y_B=-\dfrac{Ml^2}{2EI}$
4	$0\leqslant x\leqslant a$ $y=-\dfrac{Mx^2}{2EI}$ $a\leqslant x\leqslant l$ $y=-\dfrac{Ma}{EI}\left(x-\dfrac{a}{2}\right)$	$\theta_B=-\dfrac{Ma}{EI}$	$y_B=-\dfrac{Ma}{EI}\left(l-\dfrac{a}{2}\right)$
5	$y=-\dfrac{qx^2}{24EI}$ $(x^2+6l^2$ $-4lx)$	$\theta_B=-\dfrac{ql^3}{6EI}$	$y_B=-\dfrac{ql^4}{8EI}$

梁的类型及载荷	挠曲线方程	端截面转角	最大挠度
6	$0 \leqslant x \leqslant \dfrac{l}{2}$ $y = -\dfrac{Fx}{48EI}(3l^2 - 4x^2)$	$\theta_A = -\theta_B = -\dfrac{Fl^2}{16EI}$	$y_C = -\dfrac{Fl^3}{48EI}$
7	$0 \leqslant x \leqslant a$ $y = -\dfrac{Fbx}{6lEI}(l^2 - x^2 - b^2)$ $a \leqslant x \leqslant l$ $y = \dfrac{Fb}{6lEI}\Big[(l^2 - b^2)x - x^3 + \dfrac{l}{b}(x-a)^3\Big]$	$\theta_A = -\dfrac{Fab(l+b)}{6lEI}$ $\theta_B = +\dfrac{Fab(l+a)}{6lEI}$	若 $a > b$ 在 $x = \sqrt{\dfrac{l^2 - b^2}{3}}$ 处 $y = -\dfrac{\sqrt{3}\,Fb}{27lEI}(l^2 - b^2)^{3/2}$ 在 $x = \dfrac{l}{2}$ 处 $y_{\frac{l}{2}} = -\dfrac{Fb}{48EI}(3l^2 - 4b^2)$
8	$y = -\dfrac{qx}{24EI}(l^3 - 2lx^2 + x^3)$	$\theta_A = -\theta_B = -\dfrac{ql^3}{24EI}$	$y_{max} = -\dfrac{5ql^4}{384EI}$
9	$y = -\dfrac{Mx}{6lEI}(l^2 - x^2)$	$\theta_A = -\dfrac{Ml}{6EI}$ $\theta_B = +\dfrac{Ml}{3EI}$	在 $x = \dfrac{\sqrt{3}}{3}l$ 处 $y = -\dfrac{\sqrt{3}\,Ml^2}{27EI}$ 在 $x = \dfrac{l}{2}$ 处 $y_{\frac{l}{2}} = -\dfrac{Ml^2}{16EI}$
10	$y = -\dfrac{Mx}{6lEI}(l-x) \times (2l-x)$	$\theta_A = -\dfrac{Ml}{3EI}$ $\theta_B = +\dfrac{Ml}{6EI}$	在 $x = \Big(1 - \dfrac{\sqrt{3}}{3}\Big)l$ 处 $y = -\dfrac{\sqrt{3}\,Ml^2}{27EI}$ 在 $x = \dfrac{l}{2}$ 处 $y_{\frac{l}{2}} = -\dfrac{Ml^2}{16EI}$
11	$0 \leqslant x \leqslant l$ $y = \dfrac{Fax}{6lEI}(l^2 - x^2)$ $l \leqslant x \leqslant l+a$ $y = -\dfrac{F(x-l)}{6lEI}\big[a(3x-l) - (x-l)^2\big]$	$\theta_A = \dfrac{Fal}{6EI}$ $\theta_B = -\dfrac{Fal}{3EI}$ $\theta_C = -\dfrac{Fa}{6EI} \times (2l+3a)$	在 $x = \dfrac{\sqrt{3}}{3}l$ 处 $y_{max} = \dfrac{\sqrt{3}\,Fal^2}{27EI}$ $y_C = -\dfrac{Fa^2}{3EI}(l+a)$

续表

梁的类型及载荷	挠曲线方程	端截面转角	最大挠度
12 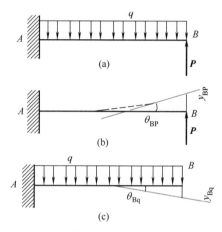 (上方图)	$0 \leqslant x \leqslant l$ $y = -\dfrac{Mx}{6lEI}(x^2 - l^2)$ $l \leqslant x \leqslant l+a$ $y = -\dfrac{M}{6lEI}(3x^3 - 4xl + l^2)$	$\theta_A = \dfrac{Ml}{6EI}$ $\theta_B = -\dfrac{Ml}{3EI}$ $\theta_C = -\dfrac{M}{3EI} \times (l + 3a)$	在 $x = \dfrac{\sqrt{3}}{3}l$ 处 $y_{\max} = \dfrac{\sqrt{3}Ml^2}{27EI}$ $y_C = -\dfrac{Ma}{6EI}(2l + 3a)$

【例 9-11】 图 9-32（a）所示为一悬臂梁，其上作用有集中载荷 P 和集度为 q 的均布载荷，求端点 B 处的挠度和转角。

解：在集中力 P 和均布载荷 q 单独作用时，自由端 B 处的挠度和转角由表 9-3 查得分别为

$$y_{BP} = \frac{Pl^3}{3EI}; \quad \theta_{BP} = \frac{Pl^2}{2EI}$$

$$y_{Bq} = -\frac{ql^4}{8EI}; \quad \theta_{Bq} = -\frac{ql^3}{6EI}$$

由叠加法，可得 B 端的总挠度为

$$y_B = y_{BP} + y_{Bq} = \frac{Pl^3}{3EI} - \frac{ql^4}{8EI}$$

B 端的总转角为

$$\theta_B = \theta_{BP} + \theta_{Bq} = \frac{Pl^2}{2EI} - \frac{ql^3}{6EI}$$

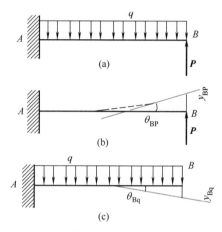

图 9-32　悬臂梁

三、梁的刚度校核

在梁的设计中，通常是先根据强度条件选择梁的截面，然后再对梁进行刚度校核，限制梁的最大挠度和最大转角不能超过规定的数值，由此建立的刚度条件为

$$y_{\max} \leqslant [y] \tag{9-22}$$

$$\theta_{\max} \leqslant [\theta] \tag{9-23}$$

式中，$[y]$ 为构件的许用挠度；$[\theta]$ 为构件的许用转角。对于各类受弯构件，$[y]$ 和 $[\theta]$ 通常可从有关工程手册中查到。如对一般用途的转轴，其许用挠度为 $(0.0003 \sim 0.0005)l$，其许用转角为 $0.001 \sim 0.005\text{rad}$。

【例 9-12】 某冷却塔内支承填料用的梁，可简化为受均布载荷的简支梁，如图 9-33 所示。已知梁的跨长为 2.83m，所受均布载荷集度为 $q = 23\text{kN/m}$，采用 18 号工字钢，材料的弹性模量 $E = 206\text{GPa}$，梁的许用挠度为 $[y] = l/500$，试校核该梁的刚度。

解：由附录型钢表查得，18 号工字钢的惯性矩为 $I_z = 1660\text{cm}^4 = 1660 \times 10^4\text{mm}^4$，梁的许用挠度为

$$[y] = \frac{l}{500} = \frac{2830}{500} = 5.66 \; (\text{mm})$$

最大挠度在梁跨中点，其值为

图 9-33　填料塔梁

$$|y_{max}| = \frac{5ql^4}{384EI} = \frac{5 \times 23 \times 10^3 \times 2.83^4 \times 10^9}{384 \times 206 \times 10^3 \times 1660 \times 10^4} = 5.62\text{mm} < [y]$$
$$= 5.66 \text{ (mm)}$$

该梁满足刚度条件。

课题七 提高梁的强度和刚度的措施

一、提高梁弯曲强度的措施

提高梁的强度，就是在材料消耗尽可能少的前提下，使梁能够承受尽可能大的载荷，达到既安全又经济，以及减轻结构重量等目的。对于一般细长梁，影响梁强度的主要因素是弯曲正应力。由等截面梁的弯曲正应力强度条件

$$\sigma_{max} = \frac{M_{max}}{W_z} \leqslant [\sigma]$$

可看出，在同样载荷作用下，降低最大弯矩值，或在同样面积下，增大抗弯截面模量，都能提高梁的弯曲强度。工程中常见的措施有以下几种。

1. 合理安排梁的受力情况

在工程实际允许的情况下，可适当安排梁的支座和载荷，尽量降低梁的最大弯矩，即提高梁的强度。

(1) **合理布置支座位置** 例如，图 9-34 (a) 所示受均布载荷的简支梁，最大弯矩值在跨中，其值为 $M_{max} = \frac{1}{8}ql^2$，若将两端的支座各向中间移动 $0.2l$，如图 9-34 (c) 所示，最大弯矩将减小为 $M_{max} = \frac{1}{40}ql^2$，仅为前者的 1/5。因而在同样载荷作用下，梁的截面尺寸可相应减少，这样就大大节省材料，并减轻了自重。化工厂里的卧式容器的支座多是这样布置的，使得因物料和设备自重引起的弯曲应力较小，如图 9-35 所示。

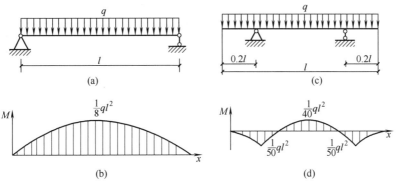

图 9-34 受均布载荷的简支梁和外伸梁

(2) **改善载荷布置情况** 若结构上允许，把集中载荷分散布置，可以降低梁的最大弯矩值。例如，图 9-36 (a) 所示简支梁在跨中受一集中力 **P** 作用，其截面上的最大弯矩为 $M_{max} = \frac{Pl}{4}$，在该梁中部放置一根长为 $\frac{l}{2}$ 的辅梁，如图 9-36 (c) 所示，集中力作用于辅梁的

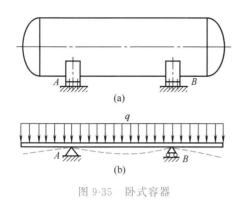

图 9-35　卧式容器

中点，此时原简支梁的最大弯矩变为 $M_{\max} = \dfrac{Pl}{8}$，仅为前者的一半。利用这样的方法，可以用 5kN 的吊车，吊起 10kN 的重物。

（3）合理布置载荷作用位置　将梁的载荷布置在靠近支座处的最大弯矩值比布置在跨中时要小得多。例如，承受集中力 **P** 作用的简支梁，载荷作用在梁中点时，如图 9-37（a）所示，最大弯矩 $M_{\max} = \dfrac{1}{4}Pl$［见图 9-37（b）］，若载荷靠近支座作用，如图 9-37（c）所示，则最大弯矩为 $\dfrac{5}{36}Pl$［见图 9-37（d）］，减小了近一半，且随着载荷离支座距离的缩小而继续减小，若将载荷移到支座 B 点处，则最大弯矩趋近于零。

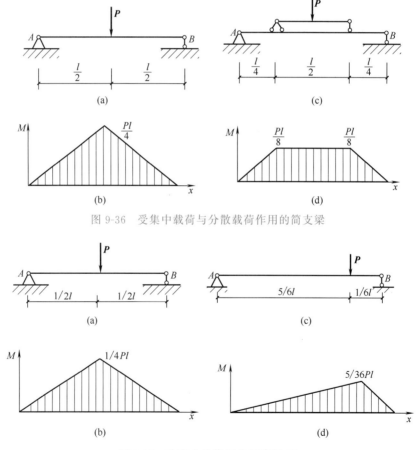

图 9-36　受集中载荷与分散载荷作用的简支梁

图 9-37　改变力的作用位置降低 M

（4）适当增加梁的支座　由于梁的最大弯矩与梁的跨度有关，增加支座可以减小梁的跨度，从而可降低最大弯矩值。例如，前面介绍的跨度为 l、受均布载荷 q 作用的简支梁［见图 9-34（a）］，其最大弯矩值为 $\dfrac{1}{8}ql^2$［见图 9-34（b）］。若在梁中间增加一个支座，如图 9-

38（a）所示，则 $M_{max}=\dfrac{1}{32}ql^2$，如图 9-38（b）所示，只是原梁的 $\dfrac{1}{4}$。

2. 合理选择梁的截面形状

由弯曲正应力强度条件可知，梁横截面的抗弯截面模量 W_z 越大，梁的强度就越高。因此，梁的合理截面应是采用较小的截面面积 A 而获取较大的抗弯截面模量 W_z 的截面，即比值 W_z/A 越大的截面就越合理。例如矩形截面梁，设截面边长 $h>b$，如图 9-39（a）所示竖放与图 9-39（b）所示平放相比较，竖放不易弯断。虽然二者截面积相同，但竖放时 $W_z=\dfrac{1}{6}bh^2$，平放时 $W_z'=\dfrac{1}{6}hb^2$，两者之比 $\dfrac{W_z}{W_z'}=\dfrac{h}{b}$，由于 $h>b$，因此竖放时 W_z/A 的比值更大，具有较大的抗弯强度，更为合理。

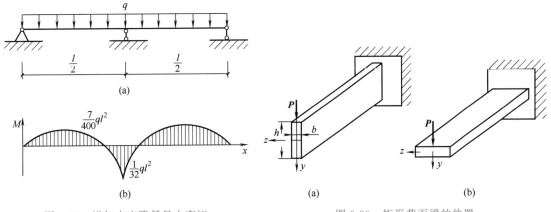

图 9-38 增加支座降低最大弯矩   图 9-39 矩形截面梁的放置

但是矩形截面毕竟不是最合理的截面形状，这可以由比值 W_z/A 的大小来说明。表 9-4 列出了几种常用截面的 W_z/A 值。比较可知，工字形或槽形截面最经济合理，而矩形截面（竖放）又比圆形截面合理。

表 9-4 几种常用截面的 W_z 和 A 比值

截面形状	矩形(直立)	圆形	槽钢	工字钢
W_z/A	$0.167h$	$0.125d$	$(0.27\sim0.31)h$	$(0.27\sim0.31)h$

从弯曲正应力的分布规律可见，横截面上、下边缘处的正应力最大，而靠近中性轴处的正应力很小。为了使物尽其用，可将圆截面改成截面积相同的圆环形截面；将矩形截面中性轴附近的面积挖掉，加在离中性轴较远的上、下边缘处，如图 9-40（a）所示就变成了工字形截面。这样材料的使用就比较合理，提高了经济性。

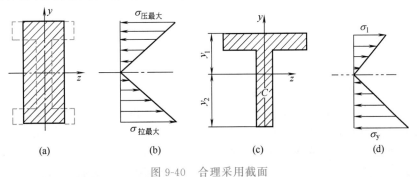

图 9-40 合理采用截面

此外，根据材料的特性，对于拉压强度相同的塑性材料，可选取对称于中性轴的截面，这样可使截面上的最大拉压应力同时达到材料的许用应力，如图 9-40（b）所示。而对于拉压强度不相等的脆性材料，在选择截面时，为使物尽其用，最好采用中性轴靠近受拉一边的截面，如 T 字形截面，如图 9-40（c）所示，实现最大拉应力与最大压应力同时达到材料的许用应力［图 9-40（d）］。

3. 采用等强度梁

一般情况下，梁横截面上的弯矩是随截面位置坐标 x 而变化的，从强度观点看，如果在弯矩较大处采用较大的截面，在弯矩较小处采用较小的截面，就比较合理。为此，使梁的截面沿轴线变化，以达到各截面上的最大正应力，均等于材料的许用应力，这种梁称为等强度梁。显然，这种梁既满足了强度条件，又减少了材料的消耗量。

从弯曲刚度角度看，在同等截面面积条件下，工字形和槽形截面比矩形和圆形截面有更大的惯性矩，因而可提高梁的弯曲刚度。需要指出的是，弯曲变形还与材料的弹性模量有关。对于 E 值不同的材料来说，E 值越大弯曲变形越小。采用高强度钢可提高材料的屈服应力而达到提高梁弯曲强度的目的。但由于各种钢材的弹性模量 E 大致相同，所以采用高强度钢并不会提高梁的弯曲刚度。

二、提高梁弯曲刚度的措施

综合表 9-3 中梁的各种变形计算可以发现，弯曲变形与梁的跨度 l 或外伸长度 a、弯矩及抗弯刚度 EI 有关。梁的变形可统一表述为如下形式

$$变形 \propto 载荷 \cdot (跨度)^n / 抗弯刚度$$

基于此，可从以下两个方面着手来提高梁的弯曲刚度。

1. 增大梁的抗弯刚度 *EI*

由于梁的变形与梁的抗弯刚度成反比，因此，增大 EI 可有效地减小变形。这一措施包括两个方面：增大 E 值或增大 I 值。对于钢材而言，E 值差别不大，故通过调换优质钢材是划不来的，工程中主要是通过增大 I 值来提高梁的刚度，即选用合理截面，如采用工字钢、空心截面或组合截面等。

2. 缩短梁的跨度

由于梁的变形与跨度的 n 次幂成正比，故缩短 l 值能明显地提高梁的弯曲刚度。这一措施有两种途径：一是采取外伸的结构形式和增加支承；第二种途径是将原来的静定梁变成静不定梁。

一般地，提高梁强度的措施对提高梁的刚度也是适用的。但影响梁刚度的因素与影响强度的因素也有不同之处，如材料弹性模量与强度无关，而与刚度有关；影响强度的截面几何性质是抗弯截面模量 W_z，而影响刚度的则是惯性矩 I_z；此外，梁的跨长对刚度的影响比对强度的影响要敏感得多，即减小跨长，能显著地提高梁的刚度。

 小结

. . . .

1. 梁弯曲时横截面上两个内力分量——剪力和弯矩

确定横截面上剪力和弯矩的基本方法是截面法。在掌握这一方法的基础上，也可以直接利用外力确定剪力和弯矩的数值和符号，即：

横截面上的剪力等于此截面一侧梁上外力的代数和；

横截面上的弯矩等于此截面一侧梁上外力对该截面形心之矩的代数和。

"左上右下，剪力为正；左顺右逆，弯矩为正。"

2. 作剪力图和弯矩图的方法

一是根据剪力方程和弯矩方程作图；二是用叠加法作图；三是根据内力图的一些规律来作图。其中，用剪力和弯矩方程作图是最基本的方法，是本章学习的重点。

3. 作剪力图和弯矩图的基本方法步骤

(1) 求支座反力；

(2) 分段，在集中力（包括支座反力）、集中力偶或分布载荷规律发生变化的地方将梁分为几段；

(3) 列出各段梁的剪力方程和弯矩方程；

(4) 根据剪力和弯矩方程画出剪力图和弯矩图；

(5) 确定最大剪力和最大弯矩及其所在的截面。

4. 载荷集度 q、剪力 Q 和弯矩 M 三者之间的微分关系

$$\frac{dQ}{dx}=q; \qquad \frac{dM}{dx}=Q; \qquad \frac{d^2M}{dx^2}=q$$

由这些关系，可以得到剪力图和弯矩图的一些规律，从而帮助我们正确而简捷地作出内力图，或利用这些规律校核所作内力图的正确性。

5. 梁横截面上两种应力——正应力和剪应力

在一般情况下，正应力是决定梁是否破坏的主要因素；只有在某些特殊情况下才须进行剪应力强度校核。因此，弯曲正应力及其强度计算也是本章讨论的重点。

6. 梁弯曲时的正应力公式及其强度条件

$$\sigma=\frac{M}{I_z}y$$

$$\sigma_{max}=\frac{M_{max}}{W_z}\leqslant[\sigma]$$

在使用这些公式时应理解以下几点：

(1) 横截面上正应力的分布规律是，沿截面高度方向呈线性分布，在中性轴处的正应力为零，在上下边缘处的正应力最大；

(2) 中性轴通过截面的形心；

(3) 中性轴的上、下两侧分别受拉和受压，应力的正负号（拉或压）可直接根据梁的变形或弯矩的方向来确定。

7. 弯曲正应力公式推导

与轴向拉压正应力公式和扭转剪应力公式的推导过程一样，在推导弯曲正应力公式时，综合考虑了变形几何关系、应力应变关系和静力学关系三个方面，这是材料力学分析问题的一个方法。

8. 梁弯曲时的剪应力公式及强度条件

$$\tau=\frac{QS_z}{I_zb}$$

$$\tau_{max}=\frac{Q_{max}S_{zmax}}{I_zb}\leqslant[\tau]$$

应用这两个公式时应注意：

(1) 横截面上的剪应力沿截面高度方向呈二次抛物线分布，轴上的剪应力最大；

(2) S_z 和 S_{zmax} 为部分截面对中性轴的静矩，而 I_z 则是整个截面对中性轴的惯性矩。

9. 弯曲时梁的变形

用挠度 y 和转角 θ 表示。工程中常采用叠加原理求梁的变形。即查出并计算梁上每个载荷单独作用时的挠度、转角，计算它们的代数和，得出载荷共同作用时的挠度、转角。

梁的弯曲刚度条件为

$$y_{\max} \leqslant [y] \quad \theta_{\max} \leqslant [\theta]$$

10. 提高梁的强度和刚度的措施

在工程中很有实用价值。提高强度的主要措施是降低最大弯矩值，选择合理的截面形状，提高抗弯截面模量；提高刚度的主要措施是缩小跨度、增加约束及增大惯性矩。

 思考题

1. 弯曲变形的特点是什么？什么是平面弯曲？

2. 梁的支座可归纳为哪几类？它们各有些什么样的反力？

3. 什么是悬臂梁、简支梁、外伸梁？

4. 什么是弯矩？怎样计算弯矩的数值？怎样确定它们的正负号？

5. 什么是弯矩图？弯矩图说明什么问题？

6. 弯矩图上有哪些基本规律？

7. 什么是纯弯曲？研究纯弯曲的意义是什么？

8. 观察纯弯曲变形时，看到了哪些现象？

9. 纯弯曲时，梁内与轴平行的各层纤维将发生什么变化？什么是中性层、中性轴？中性轴在横截面上什么地方？

10. 纯弯曲时，梁内横截面上将产生什么应力？它们按什么规律分布？

11. 写出弯曲时最大应力的计算公式，说明截面抗弯截面模量的意义。

12. 怎样计算矩形、圆形和圆环形截面的抗弯截面模量和轴惯性矩？它们的单位是什么？

13. 弯曲强度条件是什么？解决三类强度问题时应该注意些什么？

14. 钢梁的截面为什么常做成工字形？铸铁梁的截面为什么常做成 T 字形？

15. 什么是梁的挠度？怎样计算？它们与什么因素有关？怎样提高梁的刚度？

16. 什么是梁的挠度和转角？

17. 梁弯曲时的刚度条件是什么？

18. 提高梁的强度和刚度的措施有哪些？

 训练题

1. 判断题

（　　）9-1　梁在纯弯曲时，横截面上任一点处的轴向线应变的大小与该点到中性轴的距离成正比。

（　　）9-2　梁的合理截面应该使面积的分布尽可能远离中性轴。

（　　）9-3　截面尺寸和长度相同的两悬臂梁，一为钢制，一为木制，在相同载荷作用下，两梁中的最大正应力和最大挠度都相同。

（　　）9-4　在其他条件不变的情况下，将简支梁改为外伸梁可提高梁的强度。

（　　）9-5　弯曲时，向上的外力（不论左侧还是右侧）都将产生负的弯矩。

2. 填空题

9-6 在工程中，把_____统称为梁。按照支座情况的不同，可以将梁分为_____、_____和_____三种基本形式。

9-7 梁的轴线与_____所构成的平面，叫做纵向对称平面。梁弯曲时的受力特点是：_____；变形特点是_____。把梁的这种弯曲叫做_____。

9-8 梁的外力包括_____和_____两个部分，常见的载荷有_____、_____和_____三种。

9-9 梁在弯曲时，其纵向纤维有伸长或缩短，凹侧的纵向纤维_____，而凸侧的纵向纤维则_____。只有在_____处，纵向纤维既不伸长也不缩短。

9-10 在外力作用下，梁截面上产生的内力有_____和_____两个分量，因为一般情况下梁的跨度比较大，由_____产生的剪应力对梁的作用很小，所以_____的作用可以忽略不计，只研究_____对梁的作用。

9-11 用来表示_____的图形，叫做弯矩图。弯矩图的作用是帮助找出_____。

9-12 梁弯曲时，截面上各点的正应力的大小与_____成正比例，方向与截面_____。截面上的最大正应力在_____处；而在_____处的应力最小，等于_____。

9-13 梁弯曲时，截面上的最大正应力计算公式有_____和_____两种表达式。其中_____叫做截面对中性轴的惯性矩，其单位是_____，_____叫做抗弯截面模量，单位是_____，它们之间的关系是_____。

9-14 梁弯曲时强度条件的数学表达式是：_____，其中_____是危险截面上的弯矩，_____是危险截面上的抗弯截面系数，_____是梁上的最大正应力，_____是梁材料的许用拉压应力。应用这个强度条件，可以求解强度方面的_____、_____和_____三种类型的问题。

9-15 所谓梁的合理截面，就是指_____的截面形状。对于截面面积相同的正方形、竖放的矩形和工字形，以及圆形，它们的抗弯截面模量是_____形为最大，_____形为次之，_____形为最小。

9-16 所谓等强度梁是指_____的梁。

9-17 梁弯曲变形时，其横截面绕_____转过了一个角度，这个角度叫做_____，用符号_____来表示；其横截面沿_____方向移动了一段距离，这段距离叫做_____，用符号_____来表示。

3. 单项选择题

9-18 图 9-41 所示圆截面悬臂梁，若其他条件不变，而直径增加一倍，则其最大正应力是原来的_____倍。

A. $\dfrac{1}{8}$ B. 8   C. 2   D. $\dfrac{1}{2}$

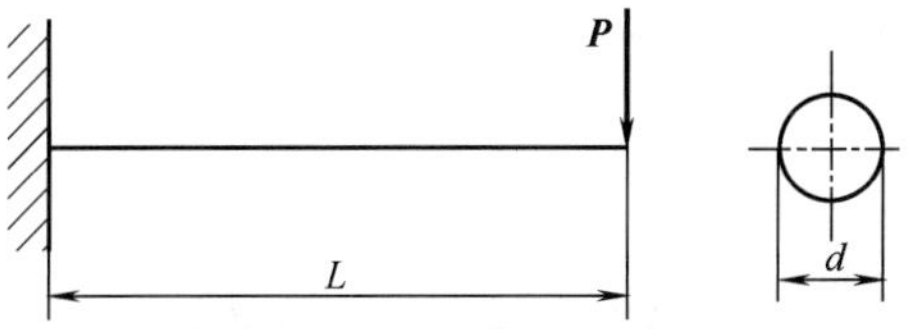

图 9-41 题 9-18 图

9-19 在梁的弯曲正应力公式 $\sigma = \dfrac{M}{I_z} y$ 中，I_z 是横截面对_____的惯性矩。

A. 形心   B. 对称轴   C. 中性轴   D. 水平轴

9-20 悬臂梁在自由端受铅垂力作用，若将其长度加倍，其他情况不变，则梁的最大转角为原梁的_____倍，最大挠度为原来的_____倍。

A. 2   B. 4   C. 8   D. 16

9-21 梁的挠度是_____。

A. 截面上任意点沿梁轴垂直方向的线位移   B. 截面形心沿梁轴垂直方向的线位移

C. 截面形心沿梁轴方向的线位移   D. 截面形心的位移

9-22 两梁的横截面上最大正应力相等的条件是_____。

A. M_{max} 与横截面积相等   B. M_{max} 与 W_z（抗弯截面系数）相等

C. M_{max} 与 W_z 相等，且材料相等

9-23 几何形状完全相同的两根梁，一根为钢材，一根为铝材。若两根梁受力情况也相同，则它们的（ ）。

A. 弯曲应力相同，轴线曲率不同   B. 弯曲应力不同，轴线曲率相同

C. 弯曲应力与轴线曲率均相同   D. 弯曲应力与轴线曲率均不同

9-24 在下列关于梁转角的说法中，（ ）是错误的。

A. 转角是横截面绕中性轴转过的角位移

B. 转角是变形前后同一截面间的夹角

C. 转角是挠曲线的切线与轴向坐标轴间的夹角

D. 转角是横截面绕梁轴线转过的角度

9-25 等强度梁的截面尺寸（ ）。

A. 与载荷和许用应力均无关   B. 与载荷无关，而与许用应力有关

C. 与载荷和许用应力均有关   D. 与载荷有关，而与许用应力无关

9-26 中性轴是梁的（ ）的交线。

A. 纵向对称面与横截面   B. 纵向对称面与中性层

C. 横截面与中性层   D. 横截面与顶面或底面

9-27 梁剪切弯曲时，其横截面上（ ）。

A. 只有正应力，无剪应力   B. 只有剪应力，无正应力

C. 既有正应力，又有剪应力   D. 既无正应力，也无剪应力

9-28 横截面上最大弯曲拉应力等于压应力的条件是_____。

A. 梁材料的拉、压强度相等

B. 截面形状对称于中性轴

C. 同时满足以上两条

4. 计算题

9-29 试列出图 9-42 所示各梁的剪力和弯矩方程，并画出剪力和弯矩图，求出 Q_{max}、M_{max}。

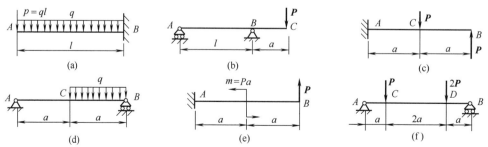

(a)   (b)   (c)

(d)   (e)   (f)

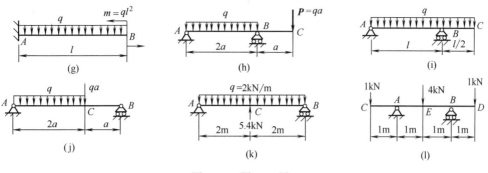

图 9-42 题 9-29 图

9-30 圆轴外伸部分为空心轴，尺寸及所受载荷如图 9-43 所示。试作该轴的弯矩图，并求出轴上的最大正应力。

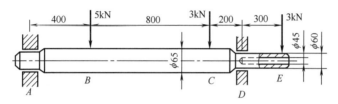

图 9-43 题 9-30 图

9-31 如图 9-44 所示一矩形截面的简支木梁，受 $q=2\text{kN/m}$ 的均布载荷作用。已知梁长 $l=3\text{m}$，截面高为宽的 3 倍，即 $h=24\text{cm}$，$b=8\text{cm}$，试分别计算截面竖放和横放时梁的最大正应力，并比较二者相差几倍。

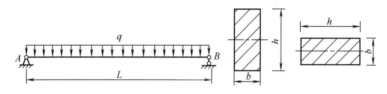

图 9-44 题 9-31 图

9-32 梁 AD 为 10 号工字钢，点 B 用圆钢杆 BC 悬挂，如图 9-45 所示。已知圆杆直径 $d=20\text{mm}$，梁和杆的许用拉应力均为 $[\sigma]=160\text{MPa}$。试求许用均布载荷 $[q]$。

9-33 四轮拖车的载重量 $P=40\text{kN}$。设每一车轮受到的重量相等。车轴尺寸和受载情况如图 9-46 所示。车轴材料的许用应力 $[\sigma]=50\text{MPa}$。试设计车轴直径 d。

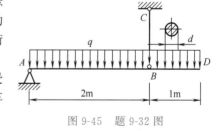

图 9-45 题 9-32 图

9-34 一卧式贮罐，内径为 1600mm，壁厚 20mm，封头高 $H=450\text{mm}$；支座位置如图 9-47 （a）所示，$L=8000\text{mm}$，$a=1000\text{mm}$。内贮液体，包括贮罐自重在内，可简化为单位长度上的均布载荷 $q=28\text{N/mm}$，简化图如图 9-47 （b）所示。求罐体上的最大弯矩和弯曲应力。

9-35 轧制钢板的轧辊结构简图如图 9-48 （a）所示。轧辊可看作简支梁，轧制力可简化为均布载荷，其力学计算简图如图 9-48 （b）所示。轧辊直径 $D=280\text{mm}$，跨度 $l=1000\text{mm}$，钢板宽 $b=100\text{mm}$。轧辊材料的弯曲许用应力 $[\sigma]=100\text{MPa}$。试求轧辊能承受的最大轧制力。

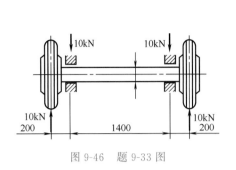

图 9-46 题 9-33 图

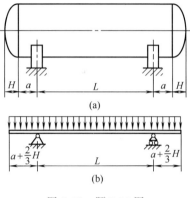

图 9-47 题 9-34 图

9-36 如图 9-49 所示吊车大梁。用 20a 号工字钢制成，已知 $l=5\text{m}$，材料的许用应力 $[\sigma]=160\text{MPa}$。试确定最大起重量 G。

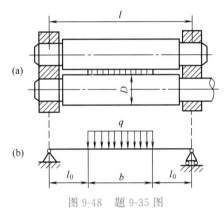

图 9-48 题 9-35 图

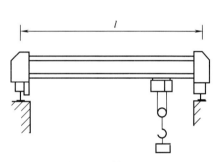

图 9-49 题 9-36 图

9-37 用叠加法求图 9-50 所示各梁指定截面处的挠度和转角。

9-38 扭矩扳手的主要尺寸及其受力情况如图 9-51 所示。材料的 $E=210\text{GPa}$。当扳手产生 $M=200\text{N·m}$ 的力矩时。试求刻度所在的点 C 处的挠度。

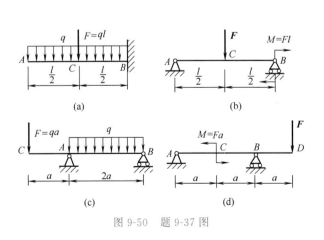

图 9-50 题 9-37 图

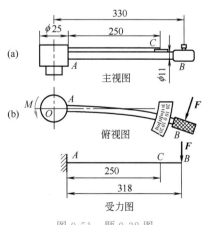

图 9-51 题 9-38 图

单元十

组合变形

知识目标

- 了解组合变形的概念及组合变形件的受力与变形特点；
- 掌握组合变形构件强度计算的一般步骤。

能力目标

- 能正确分析组合变形物体的受力情况；
- 能用叠加法进行常见组合变形的强度计算。

素质目标

- 通过构件组合变形强度计算，让学生认识到各种复杂的组合变形最终都能变成基本变形的组合，从而把复杂问题简单化，引导学生学会正确地把复杂问题变成若干简单问题组合，增强解决工程上复杂问题的能力。

课题一　组合变形的受力与变形分析

前面，研究了杆件轴向拉伸（压缩）、剪切、扭转和弯曲等基本变形时的强度和刚度计算，但在工程实际中，大多数杆件在外力作用下产生的变形较为复杂。经分析可知，这些复杂变形均可看成是由若干种基本变形组合而成的，故称这些复杂变形为组合变形。如图 10-1（a）所示的塔器，除了受到自重作用，发生轴向压缩变形外，同时还受到了水平方向风载荷的作用，产生轴向弯曲变形，是压弯组合变形；图 10-1（b）所示之钻床的立柱 AB，承受轴力 F 引起的拉伸和弯矩（$M=Fe$）引起的弯曲，是拉弯组合变形；图 10-1（c）所示之传动轴 AB，承受由力偶 M_0 引起的扭转和由力 F_1、F_2 引起的弯曲，是弯扭组合变形。

在组合变形的计算中，通常杆件的变形是在弹性范围内，而且都很小，可以假设任一载荷所引起的应力和变形都不受其他载荷的影响。这样，将作用在杆件上的载荷适当分解，使分解后的各个截面都是只产生基本变形，从而判断组合变形的类型，进行相应的强度计算。通常采用下列基本步骤处理组合变形问题。

（1）**外力分析**　将作用于杆件的外力沿由杆的轴线及横截面的两对称轴所组成的直角坐标系作等效分解，使杆件在每组外力作用下，只产生一种基本变形。

（2）**内力分析**　用截面法计算杆件横截面上的内力，并画出内力图，由此判断危险截面的位置。

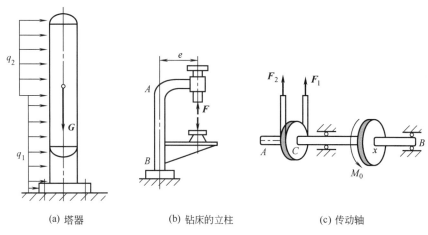

(a) 塔器   (b) 钻床的立柱   (c) 传动轴

图 10-1　组合变形工程实例

（3）**应力分析**　根据基本变形时杆件横截面上的应力分布规律，运用叠加原理确定危险截面上危险点的位置及其应力值。

（4）**强度计算**　分析危险点的应力状态，结合杆件材料的性质，选择适当的强度理论进行强度计算。

研究组合变形问题的关键在于：如何将组合变形分解为若干基本变形，再将基本变形下的应力和变形进行叠加。

组合变形种类较多，本章主要讨论工程中最常见的拉伸（压缩）与弯曲、扭转与弯曲的组合变形。至于其他形式的组合变形，可用同样的分析方法加以解决。

课题二　拉伸（压缩）与弯曲组合变形的强度计算

一、拉伸（压缩）与弯曲组合变形的应力分析

拉伸（压缩）与弯曲相组合的变形是工程上杆件常见的变形形式。现以图 10-2（a）所示的悬臂起重机的横梁为例进行说明。

（1）**外力分析**　如图 10-2（a）所示的悬臂梁在自由端受力 P 的作用，力 P 位于梁的纵向对称平面内，并与梁的轴线成夹角 φ。将力 P 沿平行轴线方向和垂直轴线方向分解为 P_x 和 P_y，如图 10-2（b）所示，大小分别为

$$P_x = P\cos\varphi \qquad P_y = P\sin\varphi$$

分力 P_x 为轴向拉力，将使梁产生轴向拉伸变形，如图 10-2（c）所示，分力 P_y 方向与梁的轴线垂直，将使梁产生平面弯曲，如图 10-2（d）所示。故梁在 P 力作用下将产生拉弯组合变形。

（2）**内力分析**　梁的内力图如图 10-2（e）、（f）所示。

梁各横截面上的轴力都相等，均为

$$N = P_x = P\cos\varphi$$

梁的固定端截面 A 上的弯矩值最大，其值为

$$M_{max} = P_y l = Pl\sin\varphi$$

梁的固定端截面 A 为危险截面。

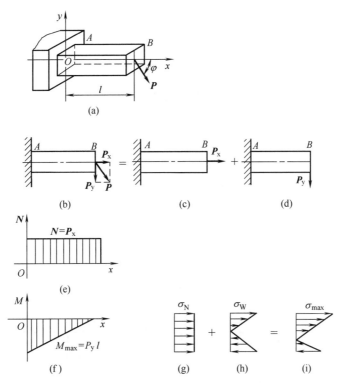

图 10-2 拉弯组合杠杆

（3）**应力分析** 在梁的危险截面上，拉应力 σ_N 均匀分布，如图 10-2（g）所示；弯曲正应力 σ_W 的分布如图 10-2（h）所示。其值分别为

$$\sigma_N = \frac{N}{A} = \frac{P_x}{A}$$

$$\sigma_W = \frac{M_{max}}{W_z} = \frac{P_y l}{W_z}$$

式中，W_z 为抗弯截面模量。根据叠加原理，可将悬臂梁固定端所在截面上的弯曲正应力和拉伸正应力相叠加，由于两者都为正应力，所以只需将两应力代数相加。叠加后的应力分布图如图 10-2（i）所示，由应力分布图可知，危险点为截面的上边缘各点。

截面上边缘各点的应力（截面上的最大拉应力）为

$$\sigma_{lmax} = \frac{N}{A} + \frac{M_{max}}{W_z} = \frac{P_x}{A} + \frac{P_y l}{W_z}$$

截面下边缘各点的应力（截面上的最大压应力）为

$$\sigma_{ymax} = \frac{N}{A} - \frac{M_{max}}{W_z} = \frac{P_x}{A} - \frac{P_y l}{W_z}$$

对压缩与弯曲的组合变形采用同样的分析方法。

（4）**强度条件** 对于拉、压强度相同的塑性材料，只需按截面上的最大应力进行强度计算，其强度条件为

$$|\sigma|_{max} = \left| \frac{F_N}{A} \right| + \left| \frac{M_{max}}{W_z} \right| \leqslant [\sigma] \tag{10-1}$$

但对于抗拉、压强度不相同的脆性材料，则要按最大拉应力和最大压应力分别进行强度计算，故强度条件分别为

$$\sigma_{\text{lmax}} = \frac{F_N}{A} + \frac{M_{\max}}{W_z} \leqslant [\sigma_1] \tag{10-2}$$

$$\sigma_{\text{ymax}} = \left| -\frac{F_N}{A} - \frac{M_{\max}}{W_z} \right| \leqslant [\sigma_y] \tag{10-3}$$

二、拉伸（压缩）与弯曲组合变形时的强度计算

根据前面所建立的拉（压）弯组合变形的强度条件，同样可以对拉弯或压弯组合变形的构件进行三类计算，即强度校核、尺寸设计和许可载荷的确定，下面举例说明。

【例 10-1】 如图 10-3（a）所示，AB 杆是悬臂吊车的滑车梁，若 AB 梁为 22a 工字钢，材料的许用应力 $[\sigma]=100\text{MPa}$，当起吊重量 $F=30\text{kN}$，行车移至 AB 梁的中点时，试校核 AB 梁的强度。

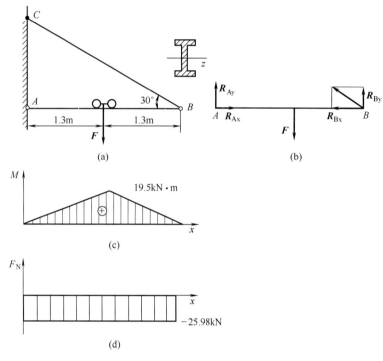

图 10-3 悬臂吊车梁

解：（1）外力分析。取 AB 梁为研究对象，如图 10-3（b）所示。设支座 A 处的约束反力为 $\boldsymbol{R}_{Ax}$、$\boldsymbol{R}_{Ay}$，BC 杆给 AB 梁的约束反力为 $\boldsymbol{R}_{Bx}$、$\boldsymbol{R}_{By}$，根据平衡方程

$$\sum M_A(F) = R_{By} \times 2.6 - F \times 1.3 = 0$$

$$R_{By} = \frac{F}{2} = 15\text{kN}$$

$$\sum M_B(F) = F \times 1.3 - R_{Ay} \times 2.6 = 0$$

$$R_{Ay} = \frac{F}{2} = 15\text{kN}$$

$$\sum F_x = R_{Ax} - R_{Bx} = 0$$

$$R_{Ax} = R_{Bx} = \frac{R_{By}}{\tan 30°} = 25.98\text{kN}$$

其中力 R_{Ax} 与 R_{Bx} 使梁产生轴向压缩变形，R_{Ay}、R_{By}、F 使梁产生弯曲变形，所以 AB 梁将产生压弯组合变形。

（2）内力分析。梁的轴力和弯矩图如图 10-3（c）、（d）所示，由图可知危险截面为梁的跨中截面，其上的轴力和弯矩分别为

$$F_N = R_{Ax} = 25.98 \text{kN}$$

$$M_{max} = \frac{Pl}{4} = \frac{30 \times 2.6}{4} = 19.5 \text{（kN·m）}$$

（3）应力分析。由轴向压力 F_N 引起危险截面上各点的压缩正应力均相等，由于最大弯矩引起的最大弯曲压应力产生在中点截面上侧的各点，因此危险点就形成危险截面上侧的一条线。查型钢表得 22a 工字钢的面积 $A = 42 \text{cm}^2$，抗弯截面模量 $W_z = 309 \text{cm}^2$。

危险点的压应力为

$$\sigma_N = -\frac{F_N}{A} = -\frac{25.98 \times 10^3}{42 \times 10^2} = -6.19 \text{（MPa）}$$

危险点的最大弯曲压应力为

$$\sigma_W = -\frac{M_{max}}{W_z} = -\frac{19.5 \times 10^6}{309 \times 10^3} = -63.11 \text{（MPa）}$$

（4）强度计算。危险截面上的最大应力为

$$\sigma_{max} = \left| -\frac{F_N}{A} - \frac{M_{max}}{W_z} \right| = |-6.19 - 63.11| = 69.3 \text{（MPa）} < [\sigma] = 100 \text{MPa}$$

故 AB 梁的强度足够。

由计算数据可知，由轴力所产生的正应力远小于由弯矩所产生的弯曲正应力。因此在一般情况下，在拉（压）弯组合变形中，弯曲正应力是主要的。

【例 10-2】 压力机机架如图 10-4（a）所示。机架材料为铸铁，许用拉应力 $[\sigma_1] = 40 \text{MPa}$，许用压应力 $[\sigma_y] = 120 \text{MPa}$。立柱横截面的几何性质与有关尺寸为：横截面面积 $A = 1.8 \times 10^5 \text{mm}^2$，惯性矩 $I_z = 8 \times 10^9 \text{mm}^4$，$h = 700 \text{mm}$，$C$ 为截面形心，$y_C = 200 \text{mm}$，$e = 800 \text{mm}$，压力 $P = 800 \text{kN}$，试校核该机架的强度。

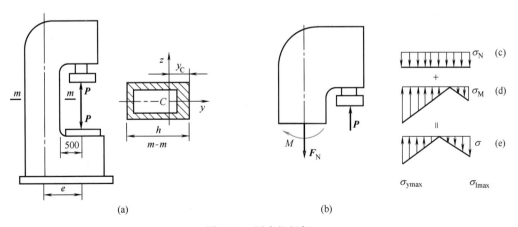

图 10-4　压力机机架

解： 若作用在杆上的外力与杆的轴线平行而不重合，这种变形就称为偏心拉伸或偏心压缩，外力的作用线与杆件轴线间的距离称为偏心距。可见，立柱受到力 P 的偏心拉伸作用，偏心距为 e。

（1）外力分析。将力 P 向轴线简化，得到轴向力 F_N 和力偶 $M_e = Pe$，力 F_N 引起轴向拉伸，力偶 M_e 引起弯曲，所以，立柱在偏心力 P 作用下，产生拉弯组合变形。

（2）内力分析。用截面法将立柱沿任一截面 $m\text{-}m$ 截开，取上半部为研究对象，如图 10-4（b）所示，由平衡条件可知，截面上的内力为

轴力 $\qquad\qquad\qquad F_N = P$

弯矩 $\qquad\qquad\qquad M = M_e = Pe$

（3）应力分析。在 $m\text{-}m$ 截面上的拉伸与弯曲正应力分布情况如图 10-4（c）、（d）所示，叠加后，截面上的正应力分布情况如图 10-4（e）所示。由轴向拉力 F_N 引起的危险截面上各点的拉应力均相等。

由轴力引起的危险点的拉应力为

$$\sigma_N = \frac{P}{A}$$

由弯矩引起的危险点的拉应力为

$$\sigma_{Ml} = \frac{M}{I_z} y_C = \frac{Pe}{I_z} y_C$$

由弯矩引起的危险点的压应力为

$$\sigma_{My} = \frac{M}{I_z}(h - y_C)$$

所以，立柱 $m\text{-}m$ 截面上右侧边缘有最大拉应力，最大拉应为

$$\sigma_{lmax} = \sigma_N + \sigma_{Ml} = \frac{P}{A} + \frac{Pe}{I_z} y_C$$

立柱 $m\text{-}m$ 截面上左侧边缘有最大压应力，最大压应力为

$$\sigma_{ymax} = |\sigma_N - \sigma_{My}| = \left| \frac{P}{A} - \frac{Pe}{I_z}(h - y_C) \right|$$

（4）强度计算。因机架材料为铸铁，抗拉和抗压能力不同，应分别建立拉应力强度条件和压应力强度条件。

$$\sigma_{lmax} = \frac{P}{A} + \frac{Pe}{I_z} y_C = \frac{800 \times 10^3}{1.8 \times 10^5} + \frac{800 \times 10^3 \times 800}{8 \times 10^9} \times 200 = 20.4 \text{（MPa）}$$

所以 $\sigma_{lmax} < [\sigma_l] = 40\text{MPa}$

$$\sigma_{ymax} = \left| \frac{P}{A} - \frac{Pe}{I_z}(h - y_C) \right| = \left| \frac{800 \times 10^3}{1.8 \times 10^5} - \frac{800 \times 10^3 \times 800}{8 \times 10^9} \times 500 \right| = 40.44 \text{（MPa）}$$

所以 $\sigma_{ymax} < [\sigma_y] = 120\text{MPa}$

该压力机机架具有足够的强度，是安全的。

课题三　弯曲与扭转的组合变形的强度计算

一、弯扭组合变形时的应力分析

（1）**外力分析**　设有一圆轴，如图 10-5（a）所示，左端固定，自由端受力 P 和力偶矩 m 的作用。力 P 的作用线与圆轴的轴线垂直，使圆轴产生弯曲变形；力偶矩 m 使圆轴产生扭转变形，所以圆轴 AB 将产生弯曲与扭转的组合变形。

（2）**内力分析**　画出圆轴的内力图，如图 10-5（c）、（d）所示。由图 10-5（d）所示的扭矩图可以看出，圆轴各横截面上的扭矩值都相同，而从图 10-5（c）所示的弯矩图看出，固定端截面上的弯矩值最大，所以横截面 A 为危险截面，其上的扭矩值和弯矩值分别为

$$T = m \qquad M = Pl$$

（3）**应力分析**　在危险截面上同时存在着扭矩和弯矩，扭矩将产生扭转剪应力，剪应力与危险截面相切，截面的外轮廓线上各点的剪应力为最大；弯矩将产生弯曲正应力，弯曲正应力与横截面垂直，截面的前、后（a、b）两点的弯曲正应力为最大。固定端处截面上的应力分布如图 10-5（b）所示。可见该截面上 a、b 两点处的弯曲正应力和扭转切应力均分别达到了最大值。所以，截面的前、后两点（a、b）为弯扭组合变形的危险点。危险点上的剪应力和正应力分别为

$$\tau_{\max} = \frac{T}{W_n} \qquad \sigma_{\max} = \frac{M}{W_z}$$

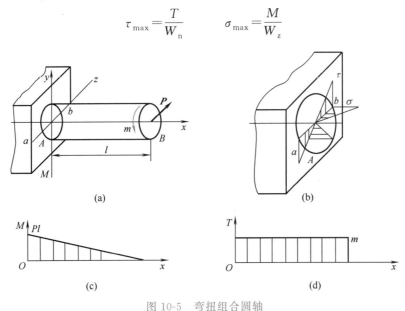

图 10-5　弯扭组合圆轴

（4）**强度条件**　对于塑性材料制成的转轴，因其抗拉、压强度相同，因此，a、b 两点的危险程度是相同的，故只需取其一点来研究。由于弯扭组合变形中危险点上既有正应力，又有切应力，属于复杂应力状态，不能将正应力和切应力简单地进行代数相加，而必须应用材料力学的有关"强度理论"来建立强度条件。对于塑性材料在弯扭组合变形这样的复杂应力状态下，一般应用第三、第四强度理论（参见有关材料力学教材）来建立强度条件进行强度计算。第三、第四强度理论的相当应力分别为

$$\sigma_{xd3} = \sqrt{\sigma^2 + 4\tau^2} \leqslant [\sigma]$$

$$\sigma_{xd4} = \sqrt{\sigma^2 + 3\tau^2} \leqslant [\sigma]$$

式中，σ_{xd3} 为第三强度理论的相当应力；σ_{xd4} 为第四强度理论的相当应力。

将式 $\tau_{\max} = \dfrac{T}{W_n}$ 和 $\sigma_{\max} = \dfrac{M}{W_z}$ 代入以上两式，并注意到 $W_n = 2W_z$，即可得到按第三和第四强度理论建立的强度条件为

$$\sigma_{xd3} = \frac{\sqrt{M^2 + T^2}}{W_z} \leqslant [\sigma] \tag{10-4}$$

$$\sigma_{xd4} = \frac{\sqrt{M^2 + 0.75T^2}}{W_z} \leqslant [\sigma] \tag{10-5}$$

需要指出的是，式（10-4）和式（10-5）只适用于由塑性材料制成的弯扭组合变形的圆形截面和圆环形截面杆。

二、弯扭组合变形时的强度计算

根据前面所建立的强度条件，同样可以对产生弯扭组合变形的构件进行三类计算，即强度校核、尺寸设计和许可载荷的确定。下面举例说明。

【例 10-3】 电动机带动带轮，如图 10-6（a）所示，轴的直径 $d = 38$mm。带轮的直径 $D = 400$mm，其重量 $G = 700$N，若电动机的功率 $P = 16$kW，转速 $n = 955$r/min，带轮紧边与松边拉力之比为 $T_2 : T_1 = 2$，轴的许用应力 $[\sigma] = 120$MPa。试按第三强度理论来校核该轴的强度。

弯扭组合
强度计算
案例

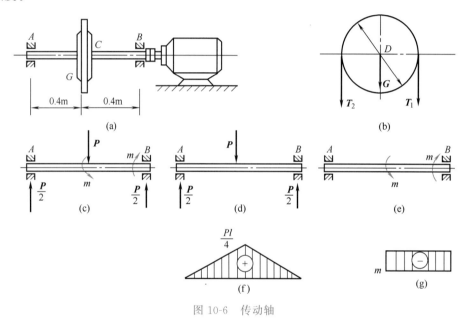

图 10-6 传动轴

解：（1）外力分析。根据题意，可求得电动机输出的外力偶矩为

$$m = 9550\frac{P}{n} = 9550\frac{16}{955} = 160 \ (\text{N} \cdot \text{m})$$

由带轮的受力图 10-6（b）可知，作用在轴上的载荷有垂直向下的力 P 和作用面垂直于轴线的力偶 m，轮轴的受力情况可简化为图 10-6（c）所示。其中

$$P = G + T_1 + T_2 = G + 3T_1$$

$$m = (T_2 - T_1)\frac{D}{2} = \frac{DT_1}{2}$$

显然 $T_1 = \dfrac{2m}{D} = \dfrac{2 \times 160 \times 10^3}{400} = 800 \ (\text{N})$

所以作用于轴上的垂直向下的合力为

$$P = G + 3T_1 = 700 + 3 \times 800 = 3100 \ (\text{N})$$

（2）内力分析。力 P 使轴产生弯曲变形，如图 10-6（d）所示，力偶 m 使轴产生扭转变形，如图 10-6（e）所示。所以轴 AB 将发生弯扭组合变形。画出轴的内力图，弯矩如

图 10-6（f）所示，扭矩如图 10-6（g）所示，由扭矩图可以看出，轴 CB 段各横截面上的扭矩值都相同，AC 段的扭矩值为零，而从弯矩图可以看出，轴的中间截面 C 处的弯矩值最大，所以轴的中间截面 C 为危险截面，该截面上的扭矩值和弯矩值分别为

$$T = m = 160 \text{N} \cdot \text{m}$$

$$M = \frac{1}{4}Pl = \frac{1}{4} \times 3100 \times 0.8 = 620 \ (\text{N} \cdot \text{m})$$

（3）强度校核

轴的抗弯截面模量 $W_z = \frac{\pi}{32}d^3 = \frac{3.14}{32} \times 38^3 = 5384 \ (\text{mm}^3)$

根据式（10-4）可得

$$\sigma_{xd3} = \frac{\sqrt{M^2 + T^2}}{W_z} = \frac{\sqrt{(620 \times 10^3)^2 + (160 \times 10^3)^2}}{5384} = 119 \text{MPa} < [\sigma] = 120 \ (\text{MPa})$$

所以该轴强度足够。

在工程实际中，用于强度计算的第三强度理论强度条件为

$$\sigma_{xd3} = \frac{M_e}{W_z} = \frac{\sqrt{M^2 + (\alpha T)^2}}{W_z} \leqslant [\sigma_{-1}]$$

式中 M_e——当量弯矩，是一假想弯矩，$M_e = \sqrt{M^2 + (\alpha T)^2}$ （N·m）；

   α——将转矩转化为当量弯矩的折合系数。对于不变转矩 $\alpha = 0.3$；对于脉动循环的转矩，$\alpha = 0.6$；对于对称循环转矩 $\alpha = 1$；当不能确切知道载荷的性质时，一般轴的转矩可按脉动循环处理；

   $[\sigma_{-1}]$——构件在对称循环交变应力下的许用应力。

【例 10-4】 如图 10-7（a）所示一齿轮轴，传递的功率 $P_1 = 13 \text{kW}$，转速 $n_1 = 215 \text{r/min}$，直齿轮的节圆直径 $D = 405 \text{mm}$，齿轮啮合角 $\alpha = 20°$，轴材料的许用应力 $[\sigma_{-1}] = 55 \text{MPa}$，$\alpha = 0.6$，试按第三强度理论设计轴的直径。

解：（1）外力分析与计算。画出齿轮轴的计算简图，将作用于齿轮上的径向力 F_r 滑移至轴线，圆周力 F_t 平移至轴线且附加一力偶，其力偶矩 $m_e = F_t D/2$，如图 10-7（b）所示。驱动力偶 m 与附加力偶 m_e 使齿轮轴产生扭转变形；径向力 F_r 与 A、B 轴承的铅直反力使齿轮轴在铅垂平面内产生弯曲；圆周力 F_t 与 A、B 轴承的水平反力使齿轮轴在水平面内产生弯曲。因此，该齿轮轴将产生弯扭组合变形。

外力偶矩 $m = 9550 \frac{P}{n_1} = 9550 \times \frac{13}{215} \approx 577 \ (\text{N} \cdot \text{m})$

由轴的平衡条件

$$\sum M_x(F) = 0 \quad F_t \times \frac{D}{2} - m = 0 \quad F_t = \frac{2 \times 577 \times 10^3}{405} = 2.85 \ (\text{kN})$$

$$F_r = F_t \tan 20° = 2.85 \times 10^3 \times 0.364 = 1.037 \ (\text{kN})$$

在 Axy 平面内 $F_{Ay} = F_{By} = \frac{F_r}{2} = 0.519 \ (\text{kN})$

Axz 平面内 $F_{Az} = F_{Bz} = \frac{F_t}{2} = 1.43 \ (\text{kN})$

（2）内力分析。画出齿轮轴的内力图，即扭矩图、Axy 平面内的弯矩图及 Axz 平面内的弯矩图。如图 10-7（c）、（d）、（e）所示。由内力图可知齿轮轴中点 C 截面上的内力最

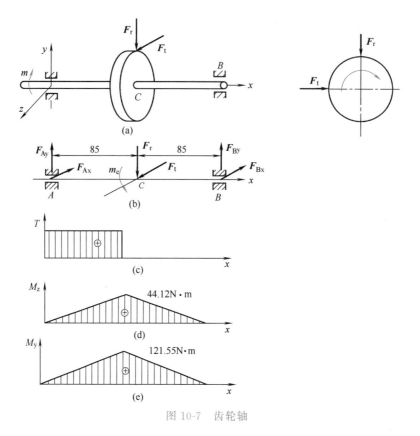

图 10-7 齿轮轴

大，故该截面为危险截面。该截面上的弯矩根据叠加原理，合成弯矩为 M_e。

$$M_e = \sqrt{M_{zc}^2 + M_{yc}^2}$$

式中，M_e 为轴上 C 截面的合成弯矩；M_{zc} 为轴在铅垂平面内弯曲时，C 截面上的弯矩；M_{yc} 为轴在水平面内弯曲时，C 截面的弯矩。有关截面的弯矩值和转矩值分别为

$$M_{zc} = F_{Ay} \times AB/2 = 0.519 \times 10^3 \times 85 \times 10^{-3} = 44.12 \ (N \cdot m)$$

$$M_{yc} = F_{Az} \times AB/2 = 1.43 \times 10^3 \times 85 \times 10^{-3} = 121.55 \ (N \cdot m)$$

$$T = m = 577 N \cdot m$$

（3）设计轴的直径。根据第三强度理论的强度条件，有

$$\sigma_{xd3} = \frac{\sqrt{M^2 + (\alpha T)^2}}{W_z} = \frac{\sqrt{M_{zc}^2 + M_{yc}^2 + (\alpha T)^2}}{W_z} \leqslant [\sigma]$$

$$W_z \geqslant \frac{\sqrt{M_{zc}^2 + M_{yc}^2 + (\alpha T)^2}}{[\sigma]} = \frac{\sqrt{44.12^2 + 121.55^2 + (0.6 \times 577)^2 \times 10^6}}{55} = 6.72 \times 10^3$$

$$d \geqslant \sqrt[3]{\frac{6.72 \times 10^3 \times 32}{3.14}} = 40.8 \ (mm)$$

取 $d = 42mm$

 小结

1. 本章讨论了构件的组合变形的强度问题。组合变形构件强度计算的一般步骤如下。

外力分析：将作用于杆件的外力沿由杆的轴线及横截面的两对称轴所组成的直角坐标系作等效分解，使杆件在每组外力作用下，只产生一种基本变形。

内力分析：用截面法计算杆件横截面上的内力，并画出内力图，由此判断危险截面的位置。

应力分析：根据基本变形时杆件横截面上的应力分布规律，运用叠加原理确定危险截面上危险点的位置及其应力值。

强度计算：分析危险点的应力状态，结合杆件材料的性质，选择适当的强度理论进行强度计算。

2. 拉伸（或压缩）与弯曲的组合变形，强度条件分两种情况考虑：

对于拉、压强度相同的塑性材料，只需按截面上的最大应力进行强度计算，其强度条件为

$$|\sigma|_{max} = \left|\frac{F_N}{A}\right| + \left|\frac{M_{max}}{W_z}\right| \leqslant [\sigma]$$

对于抗拉、压强度不相同的脆性材料，则要分别按最大拉应力和最大压应力进行强度计算，故强度条件分别为

$$\sigma_{lmax} = \frac{F_N}{A} + \frac{M_{max}}{W_z} \leqslant [\sigma_l]$$

$$\sigma_{ymax} = \left|-\frac{F_N}{A} - \frac{M_{max}}{W_z}\right| \leqslant [\sigma_y]$$

3. 弯曲与扭转组合变形的圆截面杆，属复杂应力状态，按第三或第四强度理论建立强度条件，分别为

$$\sigma_{xd3} = \frac{\sqrt{M^2 + T^2}}{W_z} \leqslant [\sigma]$$

$$\sigma_{xd4} = \frac{\sqrt{M^2 + 0.75T^2}}{W_z} \leqslant [\sigma]$$

 思考题

1. 拉（压）弯组合变形构件的危险截面和危险点如何确定？弯扭组合变形构件的危险截面和危险点如何确定？

2. 试分析图 10-8（a）、（b）、（c）三图中所示杆件 AB、BC、CD 段分别是哪几种基本变形的组合。

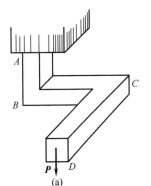

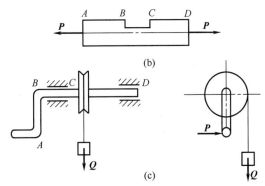

图 10-8　思考题 2 图

训练题

1. 判断题

（　　）10-1　偏心拉压杆中性轴的位置，取决于梁截面的几何尺寸和载荷作用点的位置，而与载荷的大小无关。

（　　）10-2　拉伸（压缩）与弯曲组合变形只需按截面上的最大应力进行强度计算。

（　　）10-3　当杆件的变形在弹性范围内时，对于组合变形的计算，可以假设任一载荷所引起的应力和变形都不受其他载荷的影响。

（　　）10-4　按第三或第四强度理论建立的强度条件只适用于由塑性材料制成的弯扭组合变形的圆形截面和圆环形截面杆。

2. 填空题

10-5　弯曲与扭转组合变形的圆截面杆，属复杂应力状态，需按_____或_____建立强度条件。

10-6　工程中的偏心压缩实质上是_____和_____的组合变形。

10-7　按第三强度理论建立的弯扭组合强度条件为_____，按第四强度理论建立的弯扭组合强度条件为_____。

3. 单项选择题

10-8　在工程实际中，用于强度计算的第三强度理论强度条件为 $\sigma_{xd3}=\dfrac{M_e}{W_z}=\dfrac{\sqrt{M^2+(\alpha T)^2}}{W_z}\leqslant [\sigma_{-1}]$，对于脉动循环的转矩，$\alpha=$_____。

A. 0.3　　　　　B. 0.6　　　　　C. 1　　　　　D. 0.75

10-9　如图 10-9（a）、（b）、（c）三图所示的受力图中，_____图中的 AB 杆受到压缩与弯曲的组合变形。

A. （a）图　　　B. （b）图　　　C. （c）图　　　D. （a）、（b）二图都是

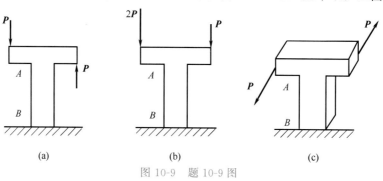

图 10-9　题 10-9 图

10-10　如图 10-10 所示的正方形截面，AB 杆的最大压应力 $\sigma_{ymax}=$____ MPa（长度单位为 mm）。

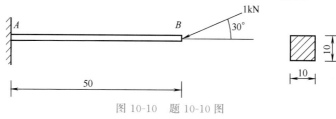

图 10-10　题 10-10 图

A. 23.66　　　　B. 8.66　　　　C. 15　　　　D. 10

4. 计算题

10-11　单轨吊车吊起重物如图 10-11 所示。已知电葫芦自重与起吊重物的总和 $P = 16kN$，横梁 AB 采用工字钢，许用应力 $[\sigma] = 120MPa$，梁长 $l = 3.4m$，按第四应力强度条件，选择工字钢型号。

10-12　吊车可在横梁 AB 上行走，如图 10-12 所示，横梁 AB 由两根 20 号槽钢组成。由型钢表可查得 20 号槽钢的截面积为 $A = 32.84cm^2$，$W_z = 191cm^3$。若材料的许用应力 $[\sigma] = 120MPa$，假定拉杆 BC 强度足够，试确定该吊车能吊起的最大重量 G_{max}。

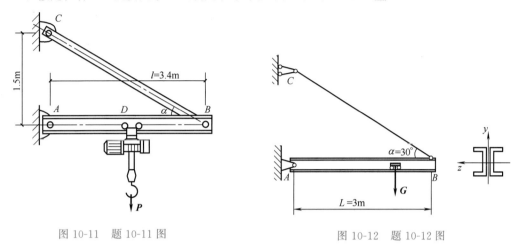

图 10-11　题 10-11 图　　　　　图 10-12　题 10-12 图

10-13　图 10-13 所示矩形截面悬臂木梁高为 h，$[\sigma] = 10MPa$，若 $h/b = 2$，试确定其截面尺寸。

10-14　钢传动轴如图 10-14 所示。齿轮 A 直径 $D_A = 200mm$，受径向力 $F_{Ay} = 3.64kN$、切向力 $F_{Az} = 10kN$ 作用；齿轮 C 直径 $D_C = 400mm$，受径向力 $F_{Cz} = 1.82kN$、切向力 $F_{Cy} = 5kN$ 作用。若 $[\sigma] = 120MPa$，试按第三强度理论设计轴径 d。

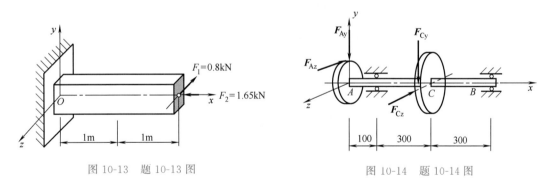

图 10-13　题 10-13 图　　　　　图 10-14　题 10-14 图

10-15　如图 10-15 所示，已知传动轴 AB 由电动机带动，在轴中间装有一重 $G = 40kN$ 的鼓轮，其直径 $D = 1200mm$，起吊载荷 $Q = 40kN$，轴的许用应力 $[\sigma] = 100MPa$，试按第三强度理论设计轴的直径。

10-16　斜齿轮传动轴如图 10-16 所示，斜齿轮直径 $D = 300mm$，轴径 $d = 50mm$。齿面上受径向力 $F_y = 1kN$、切向力 $F_z = 2.4kN$ 及平行于轴线的轴向力 $F_x = 0.8kN$ 作用。若 $[\sigma] = 160MPa$，试按第四强度理论校核轴的强度。

10-17　如图 10-17 所示的转轴，已知带拉力 $F_{T1} = 5kN$，$F_{T2} = 2kN$，带轮直径 $D = 160mm$，直齿圆柱齿轮的分度圆直径 $d = 100mm$，压力角 $\alpha = 20°$，轴的许用应力为 $[\sigma] = 80MPa$，试按第

四强度理论设计轴的直径。

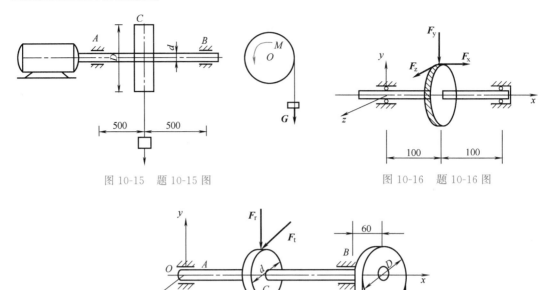

图 10-15   题 10-15 图

图 10-16   题 10-16 图

图 10-17   题 10-17 图

单元十一

压杆的稳定性

知识目标

• 了解稳定平衡、不稳定平衡和临界载荷的概念；

• 了解压杆柔度、临界应力和临界应力总图的概念；

• 掌握提高压杆稳定性的主要措施。

能力目标

• 会判断大柔度、中柔度和小柔度三类压杆，会对其进行临界载荷计算和稳定性的校核；

• 能熟练计算常见四种约束形式的细长杆的临界载荷。

素质目标

• 借助失败工程案例剖析（如外压容器的失稳）引导学生思考工程事故责任的严重性，从内心深处建立职业的敬畏感；

• 通过对压杆稳定理论发展做出巨大贡献的科学家欧拉克服贫困和疾病的重重困难，甚至在双目失明的情况下仍然坚持科学研究的介绍，培养学生的科学素养与科学精神。

课题一　压杆稳定的概念分析

一、失稳的概念

前面研究直杆轴向压缩时，认为只要满足强度及刚度条件，就能确保其安全工作。事实上，这个结论只适应短粗杆，对细长的压杆则并非如此。例如，取两根截面相同（宽 300mm，厚 500mm）的木杆，如图 11-1 所示，其抗压强度极限 $\sigma_b = 40\text{MPa}$，长度分别为 30mm 和 1000mm，进行轴向压缩试验。试验结果为，当压杆长为 30mm 的短杆加压力达到 $F = 6000\text{N}$ 时才能破坏；而长为 1000mm 的细长杆，在承受不足 30N 的轴向压力时就突然发生侧向弯曲，丧失其在直线形状下保持平衡的能力，但此时压杆横截面上的应力远小于极限应力。由此可见，两根材料相同，横截面相同的压杆，由于杆长不同，其丧失工作能力的原因有着质

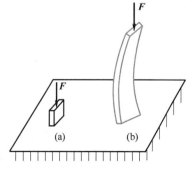

图 11-1　木杆

的不同，前者属短粗杆，主要考虑其强度问题；后者属细长杆，引起丧失工作能力的因素不是强度不足，而是由于其轴线在轴向压力作用下不能维持原有的直线形状——称为压杆丧失稳定，简称失稳。

二、临界力

为了研究细长压杆的失稳过程，取两端铰支的细长直杆，在两端施加轴向压力 **F**，使杆

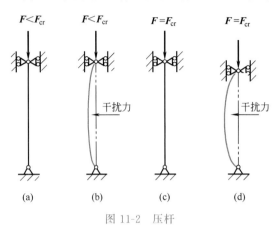

图 11-2 压杆

在直线形状下处于平衡，如图 11-2（a）所示。如果给杆以微小的侧向干扰力使其发生微小弯曲，然后撤去干扰力，则随着轴向压力 **F** 数值的由小增大，会出现下述两种不同的情况。

当轴向力 **F** 小于某数值 F_{cr} 时，撤去干扰力后，杆仍能恢复到原有直线形状的平衡状态［图 11-2（b）］。则原有直线形状的平衡［图 11-2（a）］为稳定平衡。

当轴向力 **F** 逐渐增大到某一数值 F_{cr} 时［图 11-2（c）］，即使撤去干扰，杆仍处于微弯形状，不能自动恢复到原有的直线

形状平衡［图 11-2（d）］，则原有直线形状的平衡［图 11-2（c）］为不稳定平衡。如果力 **F** 的数值继续增大，则杆继续弯曲，产生显著的变形，甚至突然破坏。压杆的稳定性问题，就是受压杆件的轴线能否保持在原有的直线状态的平衡问题。

压杆能否保持稳定，主要取决于轴向压力 **F** 的大小，压力 **F** 小于某一数值时，压杆就处于稳定平衡状态；压力 **F** 超过某一数值时，压杆则处于非稳定平衡状态。压杆从稳定平衡状态过渡到非稳定平衡状态的极限状态称为临界状态，该状态所对应的轴向压力值称为临界力或临界压力，用 F_{cr} 表示。

临界力是判断压杆是否稳定的一个重要指标。它的大小表示压杆稳定性的强弱。临界力 F_{cr} 大，则压杆不易失稳，稳定性强；临界力小，则压杆易失稳，稳定性弱。所以，对于压杆稳定性问题的研究，关键在于确定临界力 F_{cr} 的大小。

在工程实际中，只注重压杆的强度、刚度，而忽视其稳定性，会给工程结构带来极大的危害，因为失稳往往是突然发生的。历史上，曾多次出现由于压杆失稳而引发严重事故的案例。因此在结构的设计计算中，特别是细长压杆，对其进行稳定性计算是非常必要的，例如图 11-3 所示的活塞杆、图 11-4（a）所示内燃机连杆、图 11-4（b）所示内燃机配气机构的挺杆、图 11-4（c）所示螺旋千斤顶的螺杆、建筑物中的立柱及桁架结构中的受压杆等，当其过于细长时，都必须进行稳定性计算。

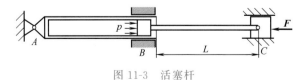

图 11-3 活塞杆

失稳现象不仅限于压杆这一类构件，还有很多其他的受力状况的构件也存在稳定性问题，如图 11-5 所示窄而高的矩形截面梁，当作用在自由端的载荷 **F** 达到或超过一定数值时，梁将突然发生侧向弯曲与扭转，又如图 11-6 所示承受外压的薄壁圆筒，当外压 *p* 达到或超

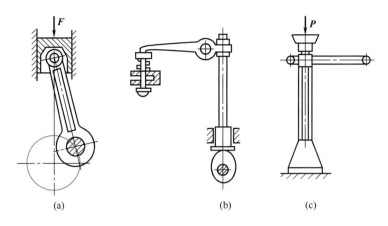

图 11-4 受压杆

过一定数值时，圆环形截面将突然变为椭圆形或波瘪形。

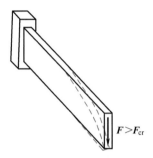

图 11-5 矩形截面梁

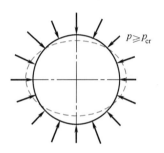

图 11-6 薄壁容器的失稳

课题二 压杆的临界力和临界应力计算

一、临界力——欧拉公式

压杆稳定计算的关键是确定压杆的临界力。瑞士著名的科学家欧拉，于 1774 年首先提出了临界力的计算公式，即欧拉公式

$$F_{cr} = \frac{\pi^2 EI}{(\mu l)^2} \qquad (11-1)$$

式中　E——材料的弹性模量；

　　　I——杆件横截面对中性轴的惯性矩；

　　　μ——与杆件两端支承情况有关的长度系数，其值见表 11-1；

　　　l——压杆的长度；

　　　μl——相当长度，因欧拉公式是按两端铰支的情况推导出来的，当杆两端铰支时，$\mu = 1$，对其余支承情况，杆件的长度应按相当长度计算。

由式（11-1）可以看出，临界力 $\boldsymbol{F}_{cr}$ 与杆件的抗弯刚度 EI 成正比，与相当长度 μl 的平方成反比，杆件越细长，稳定性就越差。

表 11-1　不同支承情况的长度系数 μ

支承情况	两端铰支	一端固定,一端铰支	两端固定	一端固定,一端自由
	P 0.7*l* l	P 0.7*l* l	P 0.25*l* 0.5*l* 0.25*l* l	P 2*l* l
μ	1	0.7	0.5	2

应用欧拉公式时应当注意两点：一是本公式只适用于弹性范围，即只适用于弹性稳定问题；二是公式中的 I 为压杆失稳弯曲时对其中性轴的惯性矩，且当截面对不同中性轴的惯性矩不等时，应取其中的最小值。

二、临界应力的欧拉公式

压杆在临界力作用下横截面上的压应力，称为临界应力，以 σ_{cr} 表示。设作用于压杆上的临界力为 $\boldsymbol{F}_{cr}$，压杆的横截面面积为 A，则其临界应力为

$$\sigma_{cr} = \frac{F_{cr}}{A} = \frac{\pi^2 EI}{(\mu l)^2 A}$$

上式中的 I 和 A 都是与截面有关的几何量，如将惯性矩表示为 $I = i^2 A$，则

$$i = \sqrt{\frac{I}{A}}$$

式中，i 为横截面的惯性半径，于是 σ_{cr} 可改写为

$$\sigma_{cr} = \frac{\pi^2 E}{(\mu l)^2} i^2 = \frac{\pi^2 E}{(\mu l/i)^2}$$

令

$$\lambda = \frac{\mu l}{i} \tag{11-2}$$

则有

$$\sigma_{cr} = \frac{\pi^2 E}{\lambda^2} \tag{11-3}$$

式中，λ 是一个无量纲的量，称为压杆的柔度，它集中反映了杆端约束（μ）、压杆长度（l）、横截面形状尺寸（i）等因素对临界应力 σ_{cr} 的综合影响，因而是压杆稳定性计算中的一个重要参数。由式（11-3）可以看出，λ 愈大，即杆愈细长，则临界应力愈小，压杆愈容易失稳；反之，λ 愈小，压杆就愈不易失稳。

应当指出，式（11-3）实质上是欧拉公式的另一种表达形式。前已述及欧拉公式只适应于弹性范围，即当 $\sigma_{cr} \leqslant \sigma_p$ 时才成立，由此可得欧拉公式的适用条件为

$$\sigma_{cr} = \frac{\pi^2 E}{\lambda^2} \leqslant \sigma_p$$

上式可改写成

$$\lambda^2 \geqslant \frac{\pi^2 E}{\sigma_p} 或 \lambda \geqslant \pi \sqrt{\frac{E}{\sigma_p}}$$

再令

$$\lambda_p = \pi \sqrt{\frac{E}{\sigma_p}} \tag{11-4}$$

得

$$\lambda \geqslant \lambda_p \tag{11-5}$$

式（11-5）是欧拉公式适用范围的柔度表达形式。该式表明，只有当压杆的实际柔度大于或等于界限值时，才能用欧拉公式来计算其临界应力和临界力。

压杆的实际柔度 $\lambda = \dfrac{\mu l}{i}$ 随压杆的几何形状尺寸和杆端约束条件的不同而变化，但 λ_p 是仅由材料性质确定的值，不同材料的 λ_p 可按式（11-4）计算。以 Q235 钢为例，取其 $E = 206\text{GPa}$，代入式（11-4）得

$$\lambda_p = \pi \sqrt{\frac{206 \times 10^9}{200 \times 10^6}} \approx 100$$

即由 Q235 钢制成的压杆，只有当 $\lambda \geqslant 100$ 时，欧拉公式才适用。

工程上把 $\lambda \geqslant \lambda_p$ 的压杆称为细长压杆或大柔度杆。

三、中、小柔度杆的临界应力计算

1. 中柔度杆（中长杆）的临界应力

当压杆的 $\lambda < \lambda_p$，但大于某一临界取值 λ_0 时，称其为中长杆或中柔度杆。在工程实际中，这类压杆用得最多，且其主要失效形式是失稳问题，因而值得特别注意。如内燃机连杆、千斤顶螺杆就属于这类杆。对于中长杆，其临界应力已超出比例极限，欧拉公式不再适应。这类压杆的临界力需根据弹塑性理论确定，但目前各国采用以试验资料为依据的经验公式。经验公式分直线型和抛物型两类。本书仅介绍直线公式，其表达式为

$$\sigma_{cr} = a - b\lambda \quad (\lambda_0 \leqslant \lambda \leqslant \lambda_p) \tag{11-6}$$

式中，a、b 分别是与材料有关的常数，单位为 MPa。表 11-2 列出了一些常用材料的 a、b 值。

表 11-2 一些常用材料的 a、b 值

材　料	a/MPa	b/MPa	λ_p	λ_s
Q235	304	1.12	100	62
45 钢	461	2.57	100	60
硅钢	577	3.74	100	60
铬锰钢	980	5.29	55	
铸铁	332	1.45	80	
硬铝	372	2.14	50	
木材	28.7	0.19	110	

直线公式（11-6）也有其适用范围，即压杆的临界应力不能超过材料极限应力 σ^0（σ_s 或 σ_b），即

$$\sigma_{cr} = a - b\lambda \leqslant \sigma^0$$

对于塑性材料，在式（11-6）中令 $\sigma_{cr} = \sigma_s$，得

$$\lambda_s = \frac{a - \sigma_s}{b} \tag{11-7}$$

式中，λ_s 是塑性材料压杆使用直线公式时柔度 λ 的最小值。

对于脆性材料，将式（11-7）中的 σ_s 换成 σ_b，就可以确定相应的 λ_b。将 λ_s 和 λ_b 统一记为 λ_0，则直线公式适用范围的柔度表达式为

$$\lambda_0 \leqslant \lambda < \lambda_p$$

如 Q235 钢，其 $\sigma_s = 235\text{MPa}$，$a = 304$，$b = 1.12\text{MPa}$，代入式（11-7）得

$$\lambda_s = \frac{304 - 235}{1.12} \approx 62$$

即由 Q235 钢制成的压杆，当其柔度 $62 \leqslant \lambda < 100$ 时，才可以使用直线公式。

2. 小柔度杆（短粗杆）的临界应力

当压杆的柔度 $\lambda < \lambda_0$ 时，称其为短粗杆或小柔度杆。这类杆的失效形式是强度不足的破坏。故其临界应力就是屈服点或抗拉强度，即 $\sigma_{cr} = \sigma_s$（或 σ_b）。

四、临界应力总图

综上所述，压杆可据其柔度大小分为三类，分别用不同公式计算临界力和临界应力。

① 当 $\lambda \geqslant \lambda_p$ 时，属于细长杆（大柔度杆），用欧拉公式计算，即

$$\sigma_{cr} = \frac{\pi^2 E}{\lambda^2} \qquad F_{cr} = \frac{\pi^2 EI}{(\mu l)^2}$$

② 当 $\lambda_0 \leqslant \lambda < \lambda_p$ 时，属于中长杆（中柔度杆），用经验公式计算，即

$$\sigma_{cr} = a - b\lambda \qquad F_{cr} = \sigma_{cr} A$$

③ 当 $\lambda \leqslant \lambda_0$ 时，属于短粗杆（小柔度杆），用轴向压缩公式计算，即

$$\sigma_{cr} = \sigma^0 \qquad F_{cr} = \sigma^0 A$$

对于塑性材料，$\sigma^0 = \sigma_s \sigma_{cr} = \sigma_s$；

对于脆性材料，$\sigma^0 = \sigma_b$

根据上述有关公式，可作出压杆临界应力随柔度变化的曲线，称为临界应力总图，如图 11-7 所示。由图可见，压杆的临界应力随柔度的增大而减小，表明压杆愈长，愈易于失稳。

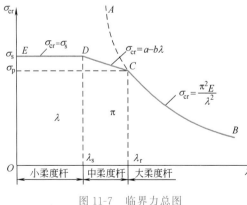

图 11-7 临界力总图

【例 11-1】 一圆截面压杆直径 $d = 20\text{mm}$，长 $L = 800\text{mm}$，两端铰支。压杆材料为 Q235 钢，弹性模量 $E = 206\text{GPa}$，求临界压力。

解：（1）计算柔度 λ。圆截面惯性半径

$$i = \sqrt{\frac{I}{A}} = \sqrt{\frac{\pi d^4}{64} \times \frac{4}{\pi d^2}} = \frac{d}{4} = \frac{20}{4} = 5 \ (\text{mm})$$

两端铰支，$\mu = 1$，故

$$\lambda = \frac{\mu l}{i} = \frac{1 \times 800}{5} = 160$$

（2）计算临界压力。Q235 钢的 $\lambda_p = 100$，由于 $\lambda \geqslant \lambda_p$，故用欧拉公式计算其临界力

$$F_{cr}=\frac{\pi^2 EI}{(\mu l)^2}=\frac{\pi^2 E}{(\mu l)^2}\times\frac{\pi d^4}{64}=24912N=24.9\text{（kN）}$$

【例 11-2】 有一矩形截面的压杆如图 11-8 所示，下端固定，上端自由。已知 $b=20mm$，$a=40mm$，$l=1000mm$，材料为钢材，$E=206GPa$，$\sigma_s=235MPa$，试计算此压杆的临界应力、临界力和屈服载荷。

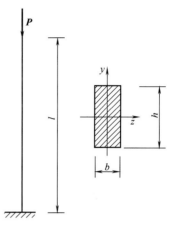

图 11-8 圆截面压杆

解：（1）求最小惯性半径 i_{min}

矩形截面对 y 轴和 z 轴的惯性矩分别为

$$I_y=\frac{hb^3}{12}=\frac{40\times20^3}{12}\approx26667\text{（mm}^4\text{）}$$

$$I_z=\frac{bh^3}{12}=\frac{20\times40^3}{12}\approx106667\text{（mm}^4\text{）}$$

压杆应在刚度较小的平面内失稳，故取 $I_{min}=I_y=26667mm^4$，其最小惯性半径为

$$i=\sqrt{\frac{I_{min}}{A}}=\sqrt{\frac{26667}{40\times20}}\approx5.774\text{（mm）}$$

（2）求柔度 λ

由表 11-1 查得 $\mu=2.0$

$$\lambda=\frac{\mu l}{i}=\frac{2\times1\times10^3}{5.774}\approx346.4>\lambda_p=100$$

（3）用欧拉公式计算临界应力和临界力

$$\sigma_{cr}=\frac{\pi^2 E}{\lambda^2}=\frac{3.14^2\times206\times10^3}{346.4^2}\approx16.93\text{（MPa）}$$

$$F_{cr}=\sigma_{cr}A=16.93\times20\times40=13544N=13.544\text{（kN）}$$

（4）计算屈服载荷 F_s

$$F_s=\sigma_s A=235\times20\times40=188000N=188\text{（kN）}$$

（5）讨论

$F_s:F_{cr}=188:13.544\approx13.8$，即屈服载荷是临界力的近 14 倍。可见细长杆的失效形式主要是稳定性不够，而不是强度不足。

【例 11-3】 三根圆截面压杆，直径均为 $d=160mm$，材料为 Q235 钢，$E=206GPa$，各杆两端为铰支，长度分别为 $l_1=5\times10^3mm$，$l_2=2.5\times10^3mm$，$l_3=1.25\times10^3mm$。试计算各杆的临界力。

解：（1）计算相关数据。

$$A=\frac{\pi d^2}{4}=\frac{3.14}{4}\times160^2\approx2\times10^4\text{（mm}^2\text{）}$$

$$I=\frac{\pi}{64}d^4=\frac{3.14}{64}\times160^4\approx3.22\times10^7\text{（mm}^4\text{）}$$

$$i=\frac{d}{4}=\frac{160}{4}=40\text{（mm）}$$

查表 11-1 得 $\mu=1.0$

（2）计算各杆的临界力。

杆 1：$\lambda_1=\frac{\mu l_1}{i}=\frac{1\times5\times10^3}{40}=125>\lambda_p$，属细长杆，用欧拉公式计算临界力。

$$F_{cr} = \frac{\pi^2 EI}{(\mu l_1)^2} = \frac{3.14^2 \times 206 \times 10^3 \times 3.22 \times 10^7}{(1 \times 5 \times 10^3)^2} \approx 2619 \text{ (kN)}$$

杆 2：$\lambda_2 = \dfrac{\mu l_2}{i} = \dfrac{1 \times 2.5 \times 10^3}{40} = 62.5$，$\lambda_0 \leqslant \lambda_2 < \lambda_p$，属中长杆，用直线公式计算临界力。

$$\sigma_{cr} = q - b\lambda_2 = 304 - 1.12 \times 62.5 = 234 \text{ (MPa)}$$

$$F_{cr} = \sigma_{cr} A = 234 \times 2 \times 10^4 = 4680 \text{ (kN)}$$

杆 3：$\lambda_3 = \dfrac{\mu l_3}{i} = \dfrac{1 \times 1.25 \times 10^3}{40} = 31.3 < \lambda_0 = 62$，属短粗杆，按强度计算临界力。

$$F_{cr} = F_s = \sigma_{cr} A = 235 \times 2 \times 10^4 = 4700 \text{ (kN)}$$

课题三　压杆的稳定性计算

对于实际工作中的压杆，要使其不丧失稳定，必须使作用于压杆上的工作压力小于压杆的临界压力（或工作应力小于其临界应力）。但考虑到载荷估计、约束简化、杆的几何及计算等误差，考虑到材料性能的分散性及可能的偶然超载等等，与强度设计一样，在压杆稳定设计时，同样需要留有保证杆的稳定性的安全储备，将临界压力（或临界应力）除以某一大于1的安全系数。因此压杆的稳定条件为

$$F \leqslant \frac{F_{cr}}{[n_w]} \text{ 或 } \sigma \leqslant \frac{\sigma_{cr}}{[n_w]} \tag{11-8}$$

若令 $n_w = \dfrac{F_{cr}}{F} = \dfrac{\sigma_{cr}}{\sigma}$ 为压杆实际工作的稳定安全系数，可得压杆的稳定条件为

$$n_w = \frac{F_{cr}}{F} \geqslant [n_w] \text{ 或 } n_w = \frac{\sigma_{cr}}{\sigma} \geqslant [n_w] \tag{11-9}$$

式中　$[n_w]$——规定的稳定安全系数；

　　　F——压杆的工作压力；

　　　F_{cr}——压杆的临界力；

　　　n_w——压杆的工作稳定安全系数。

规定的稳定安全系数 $[n_w]$ 的确定是一个既复杂又重要的问题。它涉及的因素很多。$[n_w]$ 的值，在有关设计规范中都有明确的规定，一般情况下，$[n_w]$ 可采用如下数值

金属结构中的钢制压杆：$[n_w] = 1.8 \sim 3.0$

矿山设备中的钢制压杆：$[n_w] = 4.0 \sim 8.0$

金属结构中的铸铁压杆：$[n_w] = 4.5 \sim 5.5$

木结构中的木制压杆：$[n_w] = 2.5 \sim 3.5$

按式（11-9）进行稳定计算的方法，称为安全系数法。利用该式可解决压杆三类稳定性的问题：

(1) 校核压杆的稳定性；

失稳案例

(2) 设计压杆的截面尺寸；

(3) 确定作用在压杆上的最大许可载荷。

下面举例说明安全系数法的具体应用。

【例 11-4】　如图 11-9 所示的螺旋千斤顶，螺杆旋出的最大长度 $L = 350\text{mm}$，螺纹直径

$d=4$mm，最大起重量 $F=80$kN，螺杆材料为 45 钢。若规定的许用稳定安全系数为 $[n_w]=4$，试校核其稳定性。

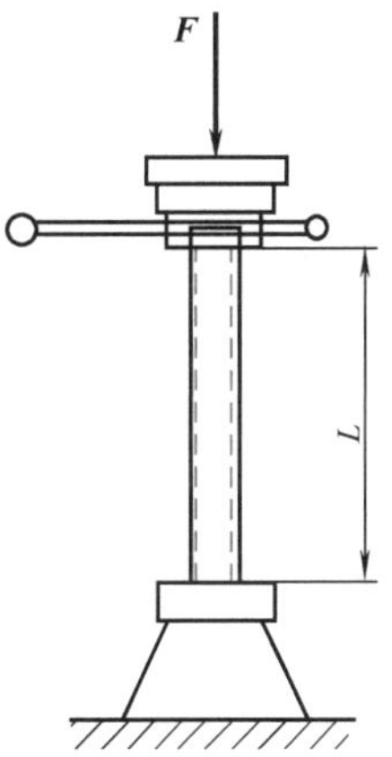

解：（1）计算杆的柔度。由材料性能确定 λ_s、λ_p

圆截面惯性半径为：
$$i=\sqrt{\frac{I}{A}}=\frac{d}{4}=10（\text{mm}）$$

故丝杆的柔度为：
$$\lambda=\frac{\mu l}{i}=\frac{2.0\times 350}{10}=70（\text{mm}）$$

（2）计算临界力。丝杆可简化为下端固定、上端自由的压杆，查表得 $\mu=2.0$；由表 11-2 知，对于优质碳钢，有：

$a=461$MPa，$b=2.57$MPa，$\lambda_p=100$，$\lambda_s=60$

因 $\lambda<\lambda_p=100$，且 $\lambda>\lambda_s=60$，故螺杆为中长杆，应用经验公式计算其临界应力。按经验公式有

$$\sigma_{cr}=a-b=461-2.57\times 70=281.1（\text{MPa}）$$
$$F_{cr}=\sigma_{cr}A=281.1\times(40^2\times\pi/4)=353240\text{N}=353.24（\text{kN}）$$

（3）稳定性校核。由稳定性条件式（11-9），有：
$$n_w=F_{cr}/F=353.24/80=4.415>[n_w]=4$$

可见，压杆是稳定的。

【例 11-5】 某硬铝合金制圆截面压杆长 $L=1000$mm，两端铰支，受压力 $F=12$kN 作用。已知 $\sigma_s=320$MPa，$E=70$GPa，若规定许用稳定安全系数为 $n_{st}=5$，试设计其直径 d。

解：（1）由材料性能确定 λ_s、λ_p。

查表 11-2 有：$a=372$MPa，$b=2.14$MPa，$\lambda_p=50$，则
$$\lambda_s=(a-\sigma_s)/b=(372-320)/2.14=24.3$$

（2）确定临界载荷。由稳定性条件式（11-9），有
$$F_{cr}\geqslant Fn_w=12\times 5=60（\text{kN}）$$

（3）估计截面直径 d。按大柔度杆设计，由欧拉公式有
$$F_{cr}=\frac{\pi^2 EI}{(\mu l)^2}=\frac{\pi^2\times 70\times 10^3\times(\pi d^4/64)}{(1\times 1000)^2}=60000（\text{N}）$$

解得：$d=36.47（\text{mm}）$

圆整后取 $d=38$mm。

（4）计算杆的柔度，检验按欧拉公式设计的正确性
$$\lambda=\frac{\mu l}{i}=\frac{1\times 1000}{38/4}=105.26>\lambda_p=50$$

可见，按欧拉公式设计是正确的。

讨论：在满足稳定条件的情况下设计截面尺寸，由于柔度 λ 不能确定，故只有先假定压杆的类型，选取欧拉公式或经验公式计算；估计截面尺寸后，再计算柔度，校核其是否满足所假定压杆类型的柔度要求。

图 11-9　螺旋千斤顶

课题四　提高压杆稳定性的措施

提高压杆的稳定性，关键在于提高压杆的临界应力或临界力。由细长杆临界力和临界应力的欧拉公式以及中长杆临界应力的经验公式

细长杆
$$F_{cr}=\frac{\pi^2 EI}{(\mu l)^2} \qquad \sigma_{cr}=\frac{\pi^2 E}{\lambda^2}$$

中长杆
$$\sigma_{cr}=a-b\lambda$$

而
$$\lambda=\frac{\mu l}{i}\sqrt{\frac{A}{I}}$$

可以看出，临界力和临界应力与压杆的材料性能、截面形状和尺寸、压杆的长度、杆端约束情况等有关。

因此，提高压杆的稳定性可从下列几个方面来考虑。

(1) 合理选用材料　对于大柔度杆（细长杆），其临界应力与材料的弹性模量 E 成正比，应选用 E 值较高的材料，以提高压杆的稳定性，但若压杆由钢材制成，由于各种钢材的 E 值都很近，所以选用优质钢材作压杆材料并不能提高压杆的稳定性。对于中、小柔度的压杆，因其临界应力与材料强度有关，所以选用高强度的优质钢材可以提高其临界应力。但优质钢价格相对较贵。

(2) 合理选择截面形状　由欧拉公式可知，对于细长杆，临界力 F_{cr} 的大小与截面惯性矩 I 有关，I 越大，F_{cr} 就越大，压杆越稳定；而 σ_{cr} 的大小与 λ 及 E 有关，E 值越大，λ 值越小，σ_{cr} 就越大，压杆抵抗失稳的能力越强。

因此，对于一定长度和支承方式的压杆，在横截面面积及材料一定的情况下，应尽可能使材料分布远离截面形心，以增大截面惯性矩，减小其柔度。如图 11-10 所示，采用空心截面将比实心截面更为合理。

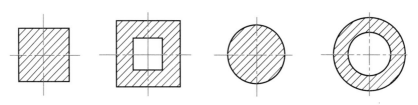

图 11-10　空心截面与实心截面

此外，压杆的失稳总是发生在柔度 λ 较大的纵向平面内。因此最理想的设计应该是使各个纵向平面内有相等或近似相等的柔度。

(3) 减小压杆的长度　由 $\lambda=\mu l/i$ 可知，λ 与 l 成正比，要使柔度 λ 减小，就应尽量减小杆件的长度，如果工作条件不允许减小压杆的长度，可以通过在压杆中间增加约束的方法来提高压杆的稳定性。欧拉公式中临界载荷与杆长 l 的平方是成反比的，在杆中部增加一可动铰支座，相当于杆长缩短一半，失稳临界载荷可提高到 4 倍。

(4) 改善压杆两端的约束条件　由 $\lambda=\mu l/i$ 可知，与 μ 成正比，要使柔度 λ 减小，就应尽量使 μ 减小，即加固端部约束。自由端最不利于压杆的稳定，一端固定，一端自由的压杆，$\mu=2$；换成一端固定，一端铰支，则 $\mu=0.7$；由大柔度压杆的欧拉公式可知，临界载荷与 μ 的平方成反比，故后者可使临界载荷提高到前者的 $4/0.7^2=8.16$ 倍。

 小结

本章对细长杆和中长杆承载能力进行分析与计算，解决工程中受压构件的稳定性问题。

1. 压杆稳定的概念

当轴向压力小于临界力 F_{cr} 时，压杆的直线平衡状态是稳定的；当轴向压力等于或大于临界力时，压杆的直线平衡状态是不稳定的。临界力 F_{cr} 和临界应力 σ_{cr} 是压杆失稳的一个界限值。

2. 临界力、临界应力的计算方法

杆的柔度用无量纲参数 λ 表示，且：$\lambda = \mu l / i$

式中 μ 为反映压杆不同支承情况的相当长度系数，截面的惯性半径 $i = (I/A)^{1/2}$。λ 反映了杆端约束、压杆长度、杆截面形状和尺寸对临界应力的综合影响。λ 越大，临界应力越小，越容易发生失稳。

对于 $\lambda \geqslant \lambda_p$ 的大柔度杆（或细长杆），临界应力用欧拉公式计算

$$F_{cr} = \frac{\pi^2 EI}{(\mu l)^2} \qquad \sigma_{cr} = \frac{\pi^2 E}{\lambda^2}$$

对于 $\lambda_s < \lambda < \lambda_p$ 的中柔度杆（或中长杆），临界应力由经验公式求解

$$\sigma_{cr} = a - b\lambda \qquad F_{cr} = \sigma_{cr} A$$

对于 $\lambda \leqslant \lambda_s$ 的小柔度杆（或粗短杆），将不发生失稳，临界应力由材料的极限强度确定。

$$\sigma_{cr} = \sigma_s \text{ 或 } \sigma_b$$

3. 压杆稳定性计算，常用安全系数法，其稳定条件

$$n_w = \frac{F_{cr}}{F} \geqslant [n_w] \quad \text{或} \quad n_w = \frac{\sigma_{cr}}{\sigma} \geqslant [n_w]$$

4. 校核压杆稳定性问题的一般步骤

（1）计算压杆柔度。根据压杆的实际尺寸和支承情况，分别算出在各个弯曲平面内弯曲时的实际柔度。即

$$\lambda = \frac{\mu l}{i} \qquad i = \sqrt{\frac{I}{A}}$$

（2）计算临界力。根据实际柔度恰当地选用计算临界应力的公式，并计算出临界应力或临界力。

（3）校核稳定性，按稳定性条件进行稳定性计算。

5. 提高压杆稳定性的措施

（1）合理选择材料；

（2）合理选择截面形状；

（3）减小压杆长度；

（4）改善压杆两端的约束条件。

思考题

1. 什么是稳定性？稳定性与强度、刚度有什么不同？

2. 受拉直杆是否有稳定问题？为什么？

3. 压杆失稳后产生的弯曲变形，与梁在横力弯曲作用下产生的弯曲变形，两者在性质上有何不同？

4. 矩形截面的梁，承受平面弯曲时，不宜设计成方形截面；矩形截面的柱，承受轴向压缩时，宜于设计成方形截面，为什么？

5. 何谓杆的柔度，量纲是什么？何谓截面的惯性半径，量纲是什么？圆截面的惯性半径 i 等于 $d/4$，矩形截面（$b \times h$）的惯性半径 i 等于多少？

6. 将某圆截面压杆的直径和长度都加大一倍，对杆的柔度有无影响？对杆的临界应力有无影响？对杆的临界载荷有无影响？

训练题

1. 判断题

（ ） 11-1 对于压杆来说，同面积的矩形截面比正方形截面要好。

（ ） 11-2 增大截面的惯性矩，可降低压杆的柔度，从而提高压杆的稳定性。

（ ） 11-3 减小压杆的长度，可以降低柔度，提高压杆的稳定性。

（ ） 11-4 中、小柔度杆的临界应力与材料的强度有关，采用高强度钢材，能提高这类压杆的抗失稳能力。

（ ） 11-5 压杆失稳时，其横截面上的应力一般远低于材料的极限应力。

2. 填空题（把正确的答案写在横线上）

11-6 根据柔度大小，压杆可分为＿＿＿＿＿＿、＿＿＿＿＿＿和＿＿＿＿＿＿三类。

11-7 对由一定材料制成的压杆来说，临界应力取决于杆的柔度，柔度值愈大，临界应力值愈＿＿＿＿＿＿，压杆就愈＿＿＿＿＿＿失稳。

11-8 当轴向压力达到或超过一定限度时，压杆不能保持其原有的直线平衡状态，可能突然变弯而丧失承载能力的现象叫＿＿＿＿＿＿。

11-9 细长杆临界压力的计算公式为＿＿＿＿＿＿，临界应力计算公式为＿＿＿＿＿＿。

11-10 中长杆的临界应力计算公式为＿＿＿＿＿＿。

3. 单项选择题

11-11 两根材料、约束相同的大柔度细长压杆，当其直径 $d_1 = 2d_2$ 时，则两根杆的临界压力之比为＿＿＿＿＿＿。

A. 8：1   B. 4：1   C. 16：1   D. 2：1

11-12 关于压杆失稳，在以下四种说法中，正确的是＿＿＿＿＿＿。

A. 局部横截面积迅速变化   B. 危险截面发生屈服或断裂

C. 不能维持平衡而突然运动   D. 不能维持直线平衡状态而突然变弯

11-13 正方形截面细长压杆，若截面的边长由 a 增大到 $2a$ 后仍为细长杆（其他条件不变），则杆的临界力是原来临界力的＿＿＿＿＿＿。

A. 2 倍   B. 4 倍   C. 8 倍   D. 16 倍

11-14 压杆一般分为三种类型，它们是按压杆的＿＿＿＿＿＿。

A. 计算长度分   B. 杆长分   C. 杆端约束情况分   D. 柔度分

11-15 细长杆承受轴向压力 P 的作用，其临界压力与＿＿＿＿＿＿无关。

A. 杆的材质   B. 杆的长度

C. 杆承受压力的大小   D. 杆的横截面形状和尺寸

11-16 两根细长压杆的长度、横截面面积、约束状态及材料均相同，若 a、b 杆的横截面形状分别为正方形和圆形，则两压杆的临界压力 F_{Acr} 和 F_{Bcr} 的关系为＿＿＿＿＿＿。

A. $F_{Acr} < F_{Bcr}$ B. $F_{Acr} > F_{Bcr}$ C. $F_{Acr} = F_{Bcr}$ D. 不可确定

11-17 在材料相同的条件下，随着柔度的增大＿＿＿＿＿＿。

A. 细长杆的临界应力是减小的，中长杆不变

B. 中长杆的临界应力是减小的，细长杆不变

C. 细长杆和中长杆的临界应力均是减小的

D. 细长杆和中长杆的临界应力均不是减小的

11-18 两根材料和柔度都相同的压杆_____。

A. 临界应力一定相等，临界压力不一定相等

B. 临界应力和临界压力一定相等

C. 临界应力不一定相等，临界压力一定相等

D. 临界应力和临界压力不一定相等

11-19 在下列有关压杆临界应力 σ_{cr} 的结论中，_____是正确的。

A. 细长杆的 σ_{cr} 值与杆的材料无关　　　B. 中长杆的 σ_{cr} 值与杆的柔度无关

C. 中长杆的 σ_{cr} 值与杆的材料无关　　　D. 粗短杆的 σ_{cr} 值与杆的柔度无关

11-20 在如图 11-11 所示横截面面积等其他条件均相同的条件下，压杆采用图_____所示截面形状，其稳定性最好。

A. A 图　　　　　B. B 图　　　　　C. C 图　　　　　D. D 图

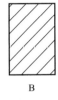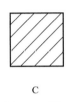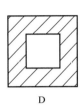

A　　　　　　　B　　　　　C　　　　　D

图 11-11 题 11-20 图

11-21 将低碳钢改为优质高强度钢后，并不能提高_____压杆的承压能力。

A. 细长　　　　　B. 中长　　　　　C. 短粗　　　　　D. 非短粗

11-22 由低碳钢组成的细长压杆，经冷作硬化后，其_____。

A. 稳定性提高，强度不变　　　　　　B. 稳定性不变，强度提高

C. 稳定性和强度都提高　　　　　　　D. 稳定性和强度都不变

4. 计算题

11-23 三根圆截面压杆，其直径均为 $d=160\text{mm}$，材料均为 Q235A 钢，$E=200\text{GPa}$，$\sigma_s=235\text{MPa}$，已知压杆两端均为铰接，长度分别为 L_1、L_2、L_3，且 $L_1=2L_2=4L_3=6\text{m}$。试求各杆的临界力。

11-24 由 Q235A 钢制成的 20a 号工字钢压杆，两端为铰支，杆长 $L=4\text{m}$，弹性模量 $E=200\text{GPa}$，试求压杆的临界力和临界应力。

11-25 有一木柱两端铰支，其横截面为 $120\text{mm}\times200\text{mm}$ 的矩形，长度 $L=4\text{m}$，弹性模量 $E=10\text{GPa}$，$\lambda_p=112$，试求木柱的临界应力。

11-26 一端固定、另一端铰支的细长压杆，截面积 $A=16\text{cm}^2$，承受压力 $F=240\text{kN}$ 作用，$E=200\text{GPa}$，试用欧拉公式计算下述不同截面情况下的临界长度 L_{cr}，并进行比较。

(1) 边长为 4cm 的方形截面；

(2) 外边长为 5cm、内边长为 3cm 的空心方框形截面。

11-27 图 11-12 中 AB 为刚性梁，在 B 处作用一力 $F=2\text{kN}$；低碳钢撑杆 CD 直径 $d=40\text{mm}$，在 C 处用铰链连接，CD 长 $l=1.2\text{m}$，$E=200\text{GPa}$，规定的稳定安全系数 $[n_w]=3$，试校核 CD 杆的稳定性。

11-28 图 11-13 中 AC、BC 均为低碳钢圆截面杆，载荷 $F=120\text{kN}$，许用稳定安全系数 $[n_w]=4$，试设计杆 BC 的直径。

11-29 图 11-14 所示简易起重机的起重臂为 $E=200\text{GPa}$ 的优质碳钢钢管制成，长 $L=3\text{m}$，截面外径 $D=100\text{mm}$，内径 $d=80\text{mm}$，规定的稳定安全系数为 $[n_w]=4$，试确定允许起吊的载荷 W（提示：起重臂支承可简化为 O 端固定，A 端自由）。

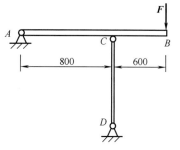

图 11-12 题 11-27 图

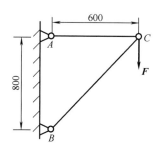

图 11-13 题 11-28 图

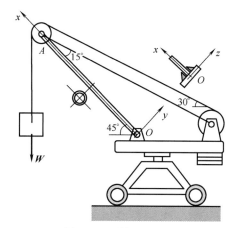

图 11-14 题 11-29 图

单元十二

构件的疲劳强度

课题一　交变应力与构件的疲劳破坏分析

一、交变应力的概念

在前面几个课题中计算强度问题时，所涉及的构件中的应力均不随时间而变化。但工程实际中，某些机械的零部件，如传动轴、轮齿、连杆等，它们在工作的过程中，一点处的应力会随时间作周而复始的往复变化，如图 12-1 所示。传动轴在外载 P 的作用下发生弯曲变形。图 12-1（a）、（b）表示一传动轴和轴的横截面上弯曲正应力的分布情况。

在轴转动时，虽然作用在轴上

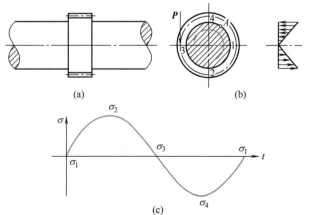

交变应力与疲劳失效

图 12-1　传动轴弯曲应力变化情况

的载荷大小、方向均不变化，但由于轴本身的转动，因而轴内各点的应力是随时间作周期变化的。横截面边缘任意一点 A 的弯曲正应力 σ 随时间 t 变化的曲线如图 12-1（c）所示。图中 σ_1、σ_2、σ_3、σ_4 分别表示当 A 点经过 1、2、3、4 位置时的应力，即某一瞬时 A 点处于中性轴，这时应力为零（1 点），当轴继续转动，A 点先后转到 2、3、4 等位置，应力则由零逐渐变为最大值（2 点）；然后又由最大值逐渐减小至零（3 点），以后再从零逐渐变为负的最大值（4 点）；最后又回到 A 点的初始位置，应力又为零，即 A 点的弯曲正应力，由拉应力变为压应力，再由压应力变为拉应力，如此往复。

又如图 12-2 所示，齿轮上的每一个轮齿，自开始啮合到脱离啮合的过程中，齿根上的任一点 A 的应力自零增加到最大值，然后又逐渐减为零，齿轮每转一周，齿根上的应力按此规律重复变化一次，图 12-2（b）反映了应力 σ 随时间 t 变化的情况。把这种随时间作周期性变化的应力，称为交变应力。

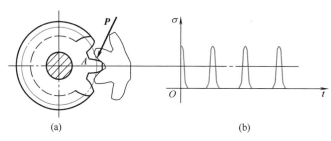

图 12-2　轮齿弯曲应力变化情况

二、疲劳破坏的特点分析

构件在交变应力下的破坏现象，工程上习惯地将其称为"疲劳"破坏或"疲劳"失效。人们在长期的生产实践中发现，构件在交变应力作用下发生的疲劳破坏和在静应力作用下发生的破坏不同，构件在交变应力作用下发生的破坏具有以下特点。

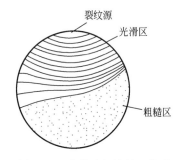

图 12-3　疲劳破坏的断口情形

① 破坏时的最大应力一般远低于静载荷下材料的强度极限，甚至低于屈服点。

② 构件在确定的应力水平下发生疲劳破坏需要一个过程，即需要一定量的应力交变次数。

③ 构件在破坏前和破坏时都没有明显的塑性变形，即使在静载下塑性很好的材料，破坏时也将呈现无明显塑性变形的脆性断裂。

④ 同一疲劳破坏的断口有两个截然不同的区域：一个是光滑区，另一个是粗糙区。在光滑区内，可以看到以微裂纹为起始点（称为裂纹源）逐渐扩展的弧形曲线，如图 12-3 所示。

目前对这种疲劳破坏现象的一般解释是：当交变应力超过一定的限度，并经过一定的循环次数后，在构件上应力集中处或材料有缺陷处出现微裂纹，随着循环次数的增加，微裂纹再向四周扩展，形成宏观裂纹，而不断扩展。扩展中裂纹表面摩擦，形成光滑区；随着裂纹的扩展，形成弧形。当表面被削弱至不能承受所加载荷而断裂，即为脆断粗糙区。疲劳破坏产生的过程可概括为：裂纹形成→裂纹扩展→断裂。

构件的疲劳破坏通常是在机器运转过程中发生的，事先不易发现，一旦发生疲劳破坏，往往会造成严重的损害，因此，对于承受交变应力的构件必须积极预防疲劳破坏的发生。

课题二 循环特征和疲劳极限分析

一、循环特征分析

在交变应力作用下，构件内任一点的应力在最大应力和最小应力之间循环变化着，应力每重复变化一次，称为一个应力循环。应力变化的情况，可用应力随时间变化的曲线（σ-t 或 τ-t 曲线）来表示 [见图 12-1 (c) 和图 12-2 (b)]。

对于各种不同的应力变化规律，可以用循环特征来表示。循环特征是用最小应力与最大应力之比来度量的，以符号 r 表示，即

$$r = \frac{\sigma_{\min}}{\sigma_{\max}} \tag{12-1}$$

图 12-4 表示一般情况下交变应力的 σ-t 曲线。图中 σ_{m} 表示最大应力 $\sigma_{\max}$ 与最小应力 $\sigma_{\min}$ 的平均值，称为平均应力。即

$$\sigma_{\text{m}} = \frac{1}{2}(\sigma_{\max} + \sigma_{\min}) \tag{12-2}$$

用 σ_{a} 表示应力变化的幅度，称应力幅度。即

$$\sigma_{\text{a}} = \frac{1}{2}(\sigma_{\max} - \sigma_{\min}) \tag{12-3}$$

工程中常见的交变应力的循环特征有下列两种。

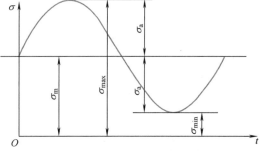

图 12-4 交变应力下的 σ-t 曲线

(1) 对称循环 应力循环中最大应力与最小应力的绝对值相等，但方向相反，即 $\sigma_{\min} = -\sigma_{\max}$。图 12-1 所示的传动轴上任一点的弯曲正应力就是这种循环，其循环特征为

$$r = \frac{\sigma_{\min}}{\sigma_{\max}} = -1$$

(2) 脉动循环 在图 12-2 中，应力的数值随时间在零到某一最大值之间变动，最小应力 $\sigma_{\min} = 0$，其循环特征为

$$r = \frac{\sigma_{\min}}{\sigma_{\max}} = 0$$

当最大应力与最小应力的大小相等且方向相同时（$\sigma_{\min} = \sigma_{\max}$），即应力无变化的情况，这就是静应力。静应力也可以看成是交变应力的一种特殊情况，其循环特征为

$$r = \frac{\sigma_{\min}}{\sigma_{\max}} = 1$$

构件在交变切应力作用下工作时，只需将上述各式中的 σ 换成 τ 即可。

二、构件的疲劳极限分析

1. 试样材料的疲劳极限

试验表明，在交变应力下，材料是否会发生疲劳破坏，不仅与应力循环中的最大应力 $\sigma_{\max}$ 有关，而且与循环次数 N 有关。在某一循环特征下，最大应力 $\sigma_{\max}$ 越大，破坏前所经

历的循环次数越少；反之，最大应力 $\sigma_{\max}$ 越小，经历的循环次数越多。当 $\sigma_{\max}$ 不超过某一极限值时，材料可以经受"无数次"应力循环而不发生破坏，此极限值称为材料的疲劳极限（或持久极限），用 σ_r（以正应力为例）表示，下标 r 为循环特征。实验表明，同一材料在不同的循环特征下，它的疲劳极限是不同的，其中对称循环下的疲劳极限值最低。因此，材料在对称循环下的极限应力 σ_{-1}（下标"-1"表示对称循环特性 $r=-1$）是表示材料疲劳强度的一个基本数据。

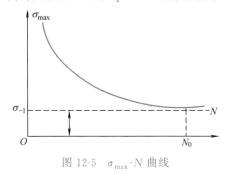

图 12-5 　$\sigma_{\max}$-N 曲线

材料的疲劳极限是用专门的试验机来测定的。试件在弯曲对称循环下最大应力与循环次数 N 的关系曲线，称为疲劳曲线，如图 12-5 所示。从图 12-5 可以看出，$\sigma_{\max}$-N 曲线有一条水平渐进线，这条线反映了在对称循环下，试样的疲劳极限 σ_{-1}，即经历无数次循环而不破坏的最高应力值。

对于钢材，通常规定以累计循环次数达到 10^7 来代替"无限次"，用 N_0 表示称循环基数。

2. 构件的疲劳极限

上面所讨论的疲劳极限，是用光滑小试样在试验机上测得的，它排除了应力集中、尺寸以及表面加工质量等因素的影响。而作为工程实际中的构件，只有考虑这些因素的影响之后，才能确定其疲劳极限。

(1) 构件外形的影响　在构件的截面有突变处，如：阶梯轴的过渡段、键槽、轴肩等处，会产生应力集中现象。在这些局部区域内，应力值较高，不仅容易形成微裂纹，而且会促使裂纹扩展，从而使疲劳极限降低。一般用 K 表示其降低程度。

应力集中对疲劳极限的影响，用有效应力集中系数 K_{σ}（或 K_{τ}）度量，它表示疲劳极限降低的倍数，K_{σ}（或 K_{τ}）>1。

(2) 构件尺寸的影响　构件尺寸对疲劳极限有着明显的影响。试验表明，当构件横截面上的应力非均匀分布时，构件尺寸越大，所包含的缺陷相应增多，出现裂纹的概率也越大，致使其疲劳极限降低。

尺寸对疲劳极限的影响，用尺寸系数 ε_{σ}（或 ε_{τ}）度量，ε_{σ}（或 ε_{τ}）<1。

(3) 构件表面质量的影响　粗糙的机械加工，会在构件的表面形成深浅不同的刻痕，这些刻痕本身就是初始微裂纹。当应力比较大时，裂纹的扩展首先从这里开始。因此，随着表面加工质量的提高，疲劳极限将提高。

表面加工质量对疲劳极限的影响，用表面质量系数 β 度量。我国以磨光表面质量系数 $\beta=1$ 为基准，当表面质量低于磨光的试样时，$\beta<1$；当表面质量经强化处理后，$\beta>1$。

综合考虑构件外形、构件尺寸及表面加工质量的影响，可得构件在弯曲和扭转对称循环下的疲劳极限 σ_{-1}^{p} 和 τ_{-1}^{p}。

$$\sigma_{-1}^{\mathrm{p}}=\frac{\varepsilon_{\sigma}\beta}{K_{\sigma}}\sigma_{-1} \tag{12-4}$$

$$\tau_{-1}^{\mathrm{p}}=\frac{\varepsilon_{\tau}\beta}{K_{\tau}}\tau_{-1} \tag{12-5}$$

式中，K_{σ}、K_{τ}、ε_{σ}、ε_{τ}、β 等均可从有关设计手册中查得。

工程上对于构件疲劳强度的安全校核，就是基于式（12-4）或式（12-5），常称安全系数法（即使得构件的工作安全系数大于规定的安全系数）。

若用 n_σ 或 n_τ 分别表示对称循环下弯曲和扭转的工作安全系数，用 n 表示设计中规定的安全系数，则疲劳强度条件分别为

$$n_\sigma = \frac{\sigma^{\mathrm{p}}_{-1}}{\sigma_{\max}} = \frac{\beta \varepsilon_\sigma}{K_\sigma} \times \frac{\sigma_{-1}}{\sigma_{\max}} \geqslant n \qquad (12\text{-}6)$$

$$n_\tau = \frac{\tau^{\mathrm{p}}_{-1}}{\tau_{\max}} = \frac{\beta \varepsilon_\tau}{K_\tau} \times \frac{\tau_{-1}}{\tau_{\max}} \geqslant n \qquad (12\text{-}7)$$

3. 提高构件疲劳强度的措施

提高构件的疲劳强度，就是在不改变构件的基本尺寸和材料的前提下，通过减小应力集中和改善表面加工质量，以提高疲劳极限。通常有以下一些途径。

(1) 缓和应力集中　截面突变处的应力集中是产生裂纹及裂纹扩展的重要原因。因此，通过适当加大截面突变处的过渡圆度以及其他措施，有利于缓和应力集中，从而可以明显地提高构件的疲劳强度。

(2) 提高构件的表面层质量　在应力非均匀分布的情形下，疲劳裂纹大都从构件的表面开始形成和扩展。因此，通过机械的或化学的方法对构件表面进行强化处理，改善表面质量，将使构件的疲劳强度有明显的提高。如表面滚压和喷丸处理，表面渗碳、渗氮和液体碳氮共渗等。

 小结

1. 交变应力

随时间作周期性变化的应力，称为交变应力。

2. 疲劳破坏

构件在交变应力下的破坏现象，称为疲劳破坏。

3. 疲劳破坏的特点

(1) 破坏时的最大应力一般远低于静载荷下材料的强度极限，甚至低于屈服点。

(2) 疲劳破坏需要一个过程，即需要一定量的应力交变次数。

(3) 构件在破坏前和破坏时都没有明显的塑性变形，破坏时呈现脆断现象。

(4) 同一疲劳破坏的断口有两个截然不同的区域：一个是光滑区，另一个是粗糙区。

4. 交变应力的循环特征

循环特征	r
对称循环	$r = -1$
脉动循环	$r = 0$
静应力	$r = 1$

5. 疲劳极限

材料经历"无数次"应力循环而不发生破坏时的最大应力值称为材料的疲劳极限（或持久极限），用 σ_r（以正应力为例）表示，下标 r 为循环特征。材料在对称循环下的极限应力 σ_{-1} 是表示材料疲劳强度的一个基本数据。

6. 影响构件的疲劳极限的因素

（1）构件外形　应力集中对疲劳极限的影响，用有效应力集中系数 K_σ（或 K_τ）度量，它表示疲劳极限降低的倍数，K_σ（或 K_τ）>1。

（2）构件尺寸的影响　尺寸对疲劳极限的影响，用尺寸系数 ε_σ（或 ε_τ）度量，ε_σ（或 ε_τ）<1。

（3）构件表面质量的影响　表面加工质量对疲劳极限的影响，用表面质量系数 β 度量。我国以磨光表面质量系数 $\beta=1$ 为基准，当表面质量低于磨光的试样时，$\beta<1$；当表面质量经强化处理后，$\beta>1$。

7. 构件在弯曲和扭转对称循环下的疲劳极限 σ^p_{-1} 和 τ^p_{-1}

$$\sigma^p_{-1}=\frac{\varepsilon_\sigma\beta}{K_\sigma}\sigma_{-1} \qquad \tau^p_{-1}=\frac{\varepsilon_\tau\beta}{K_\tau}\tau_{-1}$$

8. 疲劳强度条件

$$n_\sigma=\frac{\sigma^p_{-1}}{\sigma_{\max}}=\frac{\beta\varepsilon_\sigma}{K_\sigma}\times\frac{\sigma_{-1}}{\sigma_{\max}}\geqslant n \qquad n_\tau=\frac{\tau^p_{-1}}{\tau_{\max}}=\frac{\beta\varepsilon_\tau}{K_\tau}\times\frac{\tau_{-1}}{\tau_{\max}}\geqslant n$$

9. 提高构件疲劳强度的措施

（1）缓和应力集中；

（2）提高构件的表面层质量。

 思考题

1. 什么是交变应力？试举两个工程实例。

2. 金属构件在交变应力作用下破坏时的断口有什么特征？疲劳失效的过程怎样？

3. 什么是"疲劳极限"？材料的试件疲劳极限与构件疲劳极限有何区别与联系？

4. 工程中提高构件疲劳强度的措施主要有哪些？

 训练题

1. 判断题

（　　）12-1　静应力也可以看成是交变应力的一种特殊情况。

（　　）12-2　应力的数值随时间在零到某一最大值之间变动，称为对称循环交变应力。

（　　）12-3　在交变应力作用下，材料的强度性能不仅与材料有关，而且与应力变化情况、构件的形状和尺寸以及表面加工质量等因素有着很大的关系。

（　　）12-4　疲劳破坏时，破坏应力远低于本材料在静载下的强度指标（如屈服极限值）。

（　　）12-5　材料试样的疲劳极限与构件的疲劳极限没有区别。

2. 填空题

12-6　把随时间作周期性变化的应力，称为＿＿＿＿＿＿＿＿。

12-7　影响构件疲劳极限的主要因素有应力集中、＿＿＿＿＿＿和＿＿＿＿＿。

12-8　材料在经历过无数次循环而不破坏时的最大应力值称为材料的＿＿＿＿＿＿＿＿。常用材料在＿＿＿＿＿＿＿＿下的极限应力来表示材料疲劳强度。

12-9　通常把＿＿＿＿＿＿＿和＿＿＿＿＿＿＿之比，称为交变应力的循环特征。

12-10　同一疲劳破坏的断口，一般都有明显的＿＿＿＿＿＿＿和＿＿＿＿＿＿＿两个区域。

12-11　构件尺寸越大，所包含的缺陷越_____，其疲劳极限越_____。

3. 单项选择题

12-12　对称循环下的特征值 $r=$ _____。

A. 0　　　　　　　　B. 1　　　　　　　　C. −1

12-13　对于钢材，通常规定以累计循环次数达到_____来代替"无数次"，并用 N_0 表示，称循环基数。

A. 10^6　　　　　　　B. 10^7　　　　　　　C. 10^5

12-14　构件尺寸对疲劳极限的影响，用系数_____度量，它是一个小于1的数。

A. K_σ（或 K_τ）　　B. ε_σ（或 ε_τ）　　C. β

12-15　下面_____是提高构件的表面层质量的方法。

A. 表面滚压和喷丸处理

B. 表面渗碳、渗氮和液体碳氮共渗等

C. 以上都是

12-16　图 12-6 所示交变应力的循环特征 $r=$ _____

A. 3　　　　　　　B. 1/3　　　　　　　C. 2/3　　　　　　　D. 2

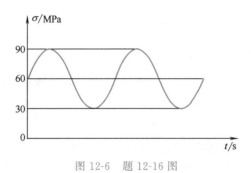

图 12-6　题 12-16 图

单元十三

质点运动与动力分析

在前面的静力分析中，讨论了物体在平衡力系作用下平衡的规律。如果作用于物体的力系不满足平衡条件，物体的运动状态将发生改变。

运动分析是从几何观点研究物体的位置随时间变化的规律，包括运动轨迹、速度、加速度、运动方程及它们相互间的关系，它是研究物体运动几何性质的科学；动力分析则对物体的机械运动进行全面的分析，研究物体所受作用力与物体运动状态之间的关系，它建立了物体机械运动的普遍规律。

物体在空间的位置只能相对地确定，运动与静止是相对的概念，因此研究任何一个物体的运动，都必须选取另一物体作为参考物。所谓参考系，就是固结在被考察运动的参考物上的坐标系。在运动分析中，如果不加说明，总是以固连于地球的坐标系作为参考系。

在研究物体的运动时，为使研究的问题简化，常把物体抽象为质点或刚体。当物体的几何形状和尺寸在运动过程中对所研究的问题可以忽略不计时，可以将物体简化为一个质点，否则，应视为刚体。

课题一　自然法求点的速度和加速度

一、点的弧坐标运动方程分析

自然法是以点的轨迹作为自然坐标轴来确定动点位置的方法。

设动点 M 沿已知轨迹 AB 运动。如图 13-1 所示，在轨迹上任取一点 O 为原点，并规定 O 点的一侧为正方向，另一侧为负方向，动点 M 的位置用弧长 $\overset{\frown}{OM}$ 来描述，称为动点 M 的自然坐标或弧坐标，它是一个代数量，用 s 表示。当动点沿轨迹运动时，s 将随时间变化而变化。所以弧坐标 s 是时间的单值连续函数，即

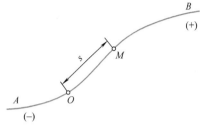

图 13-1　点在弧坐标中的运动轨迹

$$s = f(t) \qquad (13\text{-}1)$$

式（13-1）表明了点的运动规律，称为点沿已知轨迹的运动方程。

由此可见，用自然法确定点的运动必须具备两个条件：

① 已知运动轨迹。

② 已知沿轨迹的运动方程 $s = f(t)$。

动点在运动过程中，任一瞬时的弧坐标、路程和位移的含义是不同的。

弧坐标：表示某瞬时动点在轨迹上的位置，是一个代数量，它与参考原点位置的选择有关。但是，当动点沿轨迹单向运动时，某时间间隔内动点弧坐标增量的绝对值等于路程。

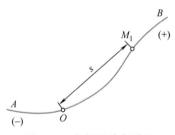

图 13-2　点的运动在弧坐标中的描述（1）

路程：指动点在某时间间隔内沿轨迹走过的弧长，它表示动点在某时间间隔内所走过的距离，与原点位置的选择无关。

位移：指动点位置的移动，以由起始位置到终止位置的有向线段表示。

如图 13-2 所示，动点 M 沿轨迹 AB 运动，$t = 0$ 时从 O 点出发，$t = t_1$ 时运动到 M_1，则动点 M 的弧坐标为 $s = \overset{\frown}{OM}$，路程为 s，位移为 $\overrightarrow{OM_1}$。

二、点的速度计算

描述点沿轨迹运动的快慢及方向的物理量即为点的速度，用矢量 $\boldsymbol{v}$ 表示。

已知动点的轨迹及沿此轨迹的运动方程为

$$s = f(t)$$

设动点 M 沿曲线 AB 运动，如图 13-3 所示。瞬时 t 时，动点 M 的弧坐标为 s，经过时间间隔 Δt 后，动点运动到 M_1 位置，其弧坐标为 $s + \Delta s$。$\overrightarrow{MM_1}$ 为动点在 Δt 时间内的位移。位移 $\overrightarrow{MM_1}$ 与 Δt 的比值称为 Δt 时间内的平均速度，以 $\boldsymbol{v}^*$ 表示，即

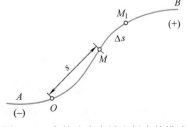

图 13-3　点的速度在弧坐标中的描述

$$\boldsymbol{v}^* = \frac{\overline{MM_1}}{\Delta t} \qquad (13\text{-}2)$$

平均速度只能说明点在 Δt 时间内的整体情况，要想表明点在某时刻的运动情况，必须计算其瞬时速度。

当 $\Delta t \to 0$ 时，$M_1 \to M$，$\overline{MM_1} \to \Delta s$，$\overline{MM_1}$ 的极限方向与 M 点的切线方向重合，指向运动的一方，平均速度也就趋近于动点在瞬时 t 的速度 v，即

$$\boldsymbol{v} = \lim_{\Delta t \to 0} \boldsymbol{v}^* = \lim_{\Delta t \to 0} \left| \frac{\overline{MM_1}}{\Delta t} \right| \qquad (13\text{-}3)$$

其大小为

$$v = \lim_{\Delta t \to 0} |v^*| = \lim_{\Delta t \to 0} \frac{|\overline{MM_1}|}{\Delta t} = \lim_{\Delta t \to 0} \frac{\Delta s}{\Delta t} = \frac{\mathrm{d}s}{\mathrm{d}t} \qquad (13\text{-}4)$$

综上所述，当点作曲线运动时，其瞬时速度的大小等于动点的弧坐标对时间的一阶导数，方向沿轨迹的切线方向，并指向动点运动的一方。

三、点的加速度计算

描述点的速度大小和方向随时间而变化的物理量即为点的加速度，用矢量 $\boldsymbol{a}$ 表示。

如图 13-4 所示，设动点作变速曲线运动，在瞬时 t 时该动点在 M 点处的速度为 $\boldsymbol{v}$，经

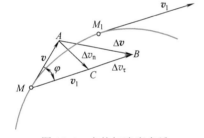

图 13-4　点的加速度在弧
坐标中的描述

过 Δt 时间后，该动点到达 M_1 处，其速度为 $\boldsymbol{v}_1$。于是，在 Δt 时间间隔内速度矢量的增量为 $\Delta \boldsymbol{v} = \boldsymbol{v}_1 - \boldsymbol{v}$。根据矢量的性质，可将 $\boldsymbol{v}_1$ 平移到 M 点，连接矢量 $\boldsymbol{v}$ 和 $\boldsymbol{v}_1$ 的端点，即得 $\boldsymbol{v}_1$ 与 $\boldsymbol{v}$ 的矢量差 $\Delta \boldsymbol{v}$。$\Delta \boldsymbol{v}$ 既包含速度大小的变化，也包含速度方向的变化。

速度矢量的增量 $\Delta \boldsymbol{v}$ 与相应的时间间隔 Δt 的比值，称为动点在 Δt 时间内的平均加速度，用 $\boldsymbol{a}^*$ 表示，即

$$\boldsymbol{a}^* = \frac{\Delta \boldsymbol{v}}{\Delta t} \qquad (13\text{-}5)$$

当 $\Delta t \to 0$ 时，平均加速度趋近于点在瞬时 t 的加速度，如以 $\boldsymbol{a}$ 表示这个加速度，则

$$\boldsymbol{a} = \lim_{\Delta t \to 0} \frac{\Delta \boldsymbol{v}}{\Delta t} \qquad (13\text{-}6)$$

由于 $\Delta \boldsymbol{v}$ 既包含速度大小的变化，也包含速度方向的变化，故可将 $\Delta \boldsymbol{v}$ 分解为两个分量。如图 13-4 所示，在矢量 $\boldsymbol{v}_1$ 上截取数值上等于矢量 $\boldsymbol{v}$ 的 MC，则不难看出：BC 段代表速度大小的改变量，用 $\Delta \boldsymbol{v}_\tau$ 表示；AC 段则代表速度方向的改变量，用 $\Delta \boldsymbol{v}_n$ 表示。即

$$\Delta \boldsymbol{v} = \Delta \boldsymbol{v}_\tau + \Delta \boldsymbol{v}_n \qquad (13\text{-}7)$$

这表明加速度 $\boldsymbol{a}$ 也可用两个分量表示

$$\boldsymbol{a} = \lim_{\Delta t \to 0} \frac{\Delta \boldsymbol{v}}{\Delta t} = \lim_{\Delta t \to 0} \frac{\Delta \boldsymbol{v}_\tau}{\Delta t} + \lim_{\Delta t \to 0} \frac{\Delta \boldsymbol{v}_n}{\Delta t} \qquad (13\text{-}8)$$

现分析这两个分量的大小和方向：

分量 $\lim\limits_{\Delta t \to 0} \dfrac{\Delta \boldsymbol{v}_\tau}{\Delta t}$ 表明速度的大小对时间的变化率。当 $\Delta t \to 0$ 时，它的方向沿 M 点的切线指向速度数值增量的方向。故将此分量称为切向加速度，用 $\boldsymbol{a}_\tau$ 表示。其大小等于其速度的代数值对时间的一阶导数，或等于其弧坐标对时间的二阶导数，即

$$a_\tau = \frac{\mathrm{d}v}{\mathrm{d}t} = \frac{\mathrm{d}^2 s}{\mathrm{d}t^2} \qquad\qquad (13\text{-}9)$$

分量 $\lim\limits_{\Delta t \to 0} \dfrac{\Delta \boldsymbol{v}_n}{\Delta t}$ 表明速度的方向对时间的变化率。当 $\Delta t \to 0$ 时，$\Delta \varphi \to 0$，它的方向和速度方向垂直，指向轨迹内凹一侧。故将此分量称为法向加速度，也称为向心加速度，用 $\boldsymbol{a}_n$ 表示。其大小等于其速度的平方除以轨迹在该点的曲率半径，即

$$a_n = \frac{v^2}{\rho} \qquad\qquad (13\text{-}10)$$

于是，动点的加速度也可表示为

$$\boldsymbol{a} = \boldsymbol{a}_\tau + \boldsymbol{a}_n \qquad\qquad (13\text{-}11)$$

由此可知：动点的全加速度等于切向加速度和法向加速度的矢量和。切向加速度表明了速度大小的变化，其方向沿轨迹切线；法向加速度表明了速度方向随时间的变化率，其方向沿轨迹主法线且永远指向曲率中心。如图 13-5 所示。点的全加速度的大小的数学表达式为

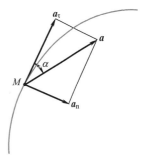

$$a = \sqrt{a_\tau^2 + a_n^2} = \sqrt{\left(\frac{\mathrm{d}v}{\mathrm{d}t}\right)^2 + \left(\frac{v^2}{\rho}\right)^2}$$

$$\tan\alpha = \frac{|a_\tau|}{a_n} \qquad\qquad (13\text{-}12)$$

图 13-5　点的全加速度在弧坐标中的描述

其中 α 为切向加速度 $\boldsymbol{a}_\tau$ 和全加速度 $\boldsymbol{a}$ 之间的夹角。

下面给出点的运动的几种特殊情况。

(1) 匀速直线运动　在这种情况下，速度的大小和方向都是固定不变的，因此，全加速度 $\boldsymbol{a} = 0$。

(2) 变速直线运动　在这种情况下，直线的曲率半径 $\rho \to \infty$，$a_n = 0$，这表明加速度仅有切向分量，速度的方向不发生改变，全加速度 $\boldsymbol{a} = \boldsymbol{a}_\tau$。

(3) 匀速曲线运动　在这种情况下，速度的大小是固定不变的，因此，$a_\tau = 0$，这表明加速度仅有法向分量，全加速度 $\boldsymbol{a} = \boldsymbol{a}_n$。

(4) 匀变速曲线运动　在这种情况下，a_τ 为常数，加速度既有切向分量也有法向分量。动点沿轨迹运动的有关公式可通过积分求得

$$v = v_0 + a_\tau t \qquad\qquad (13\text{-}13)$$

$$s = s_0 + v_0 t + \frac{1}{2} a_\tau t^2 \qquad\qquad (13\text{-}14)$$

$$v^2 = v_0^2 + 2a_\tau (s - s_0) \qquad\qquad (13\text{-}15)$$

式 (13-13)、式 (13-14) 及式 (13-15) 是匀变速曲线运动的三个常用公式，式中 s_0、v_0 分别表示 $t = 0$ 时动点的弧坐标和速度。

【例 13-1】　如图 13-6 所示摇杆套环机构，A 为固定铰链，将 AB 杆与半径为 R 的固定圆环套在一起，杆 AB 与铅垂线夹角为 $\varphi = \omega t$，求点 M 的运动方程、速度、加速度。

解：以套环为研究对象，由于环的运动轨迹已知，故采用自然法求解。以圆弧上 O' 点为弧坐标原点，顺时针为弧坐标正向，建立弧坐标轴，如图 13-6 所示。

(1) 建立点 M 的运动方程，由图中几何关系建立运动方程为

$$s = R \times 2\varphi = 2R\omega t$$

（2）求点 M 的速度

$$v = \frac{\mathrm{d}s}{\mathrm{d}t} = \frac{\mathrm{d}}{\mathrm{d}t}(2R\omega t) = 2R\omega$$

（3）求点 M 的加速度

$$a_\tau = \frac{\mathrm{d}v}{\mathrm{d}t} = 0$$

$$a_\mathrm{n} = \frac{v^2}{\rho} = \frac{(2R\omega)^2}{R} = 4R\omega^2$$

点 M 的全加速度为

$$a = \sqrt{a_\tau^2 + a_\mathrm{n}^2} = 4R\omega^2$$

a 的方向沿 MO 指向圆心 O。

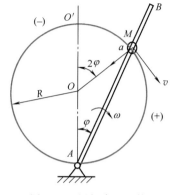

图 13-6 摇杆套环机构

【例 13-2】 如图 13-7 所示，列车沿圆弧轨道作匀减速运动，初速度 $v_0 = 54\mathrm{km/h}$，经过 800m 后车速 $v = 18\mathrm{km/h}$。圆弧的半径 $R = 1000\mathrm{m}$，求列车经过这段路程所需的时间及通过起点和终点的加速度。

解：将列车视为动点，设列车的前进方向为弧坐标的正向，取起点 O 作弧坐标的原点，则 $t = 0$ 时，$s_0 = 0$，且

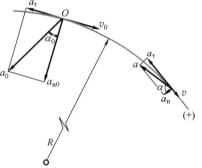

图 13-7 列车沿圆弧轨道的运动

初速度 $\quad v_0 = \frac{54 \times 1000}{60 \times 60} = 15$ （m/s）

末速度 $\quad v = \frac{18 \times 1000}{60 \times 60} = 5$ （m/s）

路程 $\quad s - s_0 = 800$ （m）

则列车的切向加速度为

$$a_\tau = \frac{v^2 - v_0^2}{2(s - s_0)} = \frac{5^2 - 15^2}{2 \times 800} = -0.125 \ (\mathrm{m/s^2})$$

列车经过这段路程所需的时间为

$$t = \frac{v - v_0}{a_\tau} = \frac{5 - 15}{-\frac{1}{8}} = 80 \ (\mathrm{s})$$

列车在起点的法向加速度为

$$a_{\mathrm{n}0} = \frac{v_0^2}{R} = \frac{15^2}{1000} = 0.225 \ (\mathrm{m/s^2})$$

列车在起点的全加速度为

$$a_\mathrm{n} = \frac{v^2}{R} = \frac{5^2}{1000} = 0.025 \ (\mathrm{m/s^2})$$

列车在终点的法向加速度为

$$a_0 = \sqrt{a_\tau^2 + a_{\mathrm{n}0}^2} = \sqrt{(-0.125)^2 + (0.225)^2} = 0.257 \ (\mathrm{m/s^2})$$

a_0 与法线正向间的夹角为

$$\alpha_0 = \arctan \frac{|a_\tau|}{a_{\mathrm{n}0}} = \arctan \frac{0.125}{0.225} = 29.05°$$

列车在终点的全加速度为

$$a = \sqrt{a_\tau^2 + a_n^2} = \sqrt{(-0.125)^2 + (0.025)^2} = 0.127(\text{m/s}^2)$$

a 与法线正向间的夹角为

$$\alpha = \arctan \frac{|a_\tau|}{a_n} = \arctan \frac{0.125}{0.025} = 78.69°$$

课题二　直角坐标法求点的速度和加速度

一、点的直角坐标运动方程分析

当点的运动轨迹未知时，常用直角坐标法描述点的运动，即根据投影原理，通过动点的位置、速度、加速度矢量在直角坐标轴上的投影，将其矢量形式变为代数量形式。

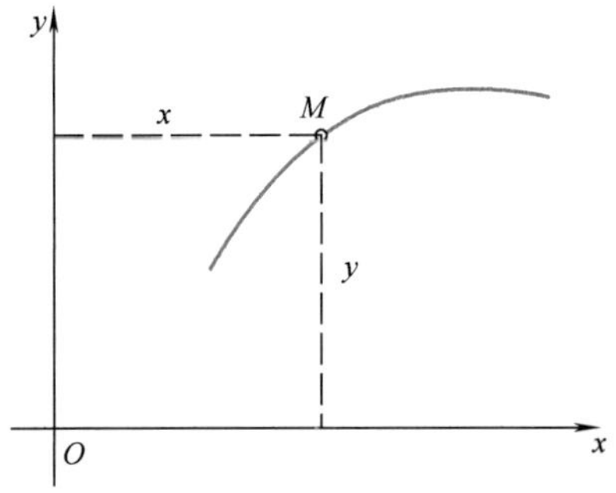

图 13-8　点的运动在直角坐标中的描述

如图 13-8 所示，设动点 M 在直角坐标 Oxy 平面内作曲线运动，则点 M 在任一瞬时的位置可由坐标（x，y）来确定。当动点 M 运动时，其坐标（x，y）随时间而变化，而且均为时间的单值连续函数，其表达式为

$$\left. \begin{array}{l} x = f_1(t) \\ y = f_2(t) \end{array} \right\} \tag{13-16}$$

上式称为以直角坐标表示的点的运动方程。

从上式中消去时间参数 t，便可得到动点的轨迹方程

$$y = f(x) \tag{13-17}$$

【例 13-3】　在图 13-9 所示的椭圆规机构中，已知连杆 AB 长为 l，连杆两端分别与滑块铰接，滑块可在两互相垂直的导轨内滑动，$\alpha = \omega t$，$AM = \dfrac{2l}{3}$。求连杆上点 M 的运动方程和轨迹方程。

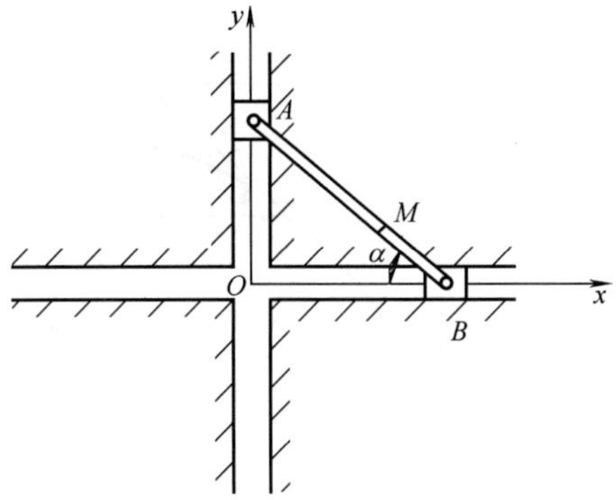

图 13-9　椭圆规机构

解：以垂直导轨的交点为原点，作直角坐标系 Oxy，则

$$x = \frac{2}{3} l \cos\alpha$$

$$y = \frac{1}{3} l \sin\alpha$$

将 $\alpha = \omega t$ 代入上式，得点 M 的运动方程

$$x = \frac{2}{3} l \cos\omega t$$

$$y = \frac{1}{3} l \sin\omega t$$

从运动方程中消去时间参数 t，得到点 M 的轨迹方程

$$\frac{x^2}{4} + y^2 = \frac{l^2}{9}$$

由上式可知，点 M 的运动轨迹为一椭圆。

二、点的速度计算

设动点 M 在直角坐标系 Oxy 平面内作曲线运动，如图 13-10 所示。瞬时 t 时，动点位于 M 处，其坐标为 (x, y)，经过时间间隔 Δt 后，动点运动到 M' 位置，其坐标为 (x', y')，$\Delta s = \overline{MM'}$ 为动点在 Δt 时间内的位移。位移 $\overline{MM'}$ 与 Δt 的比值称为 Δt 时间内的平均速度，以 $\boldsymbol{v}^*$ 表示，即

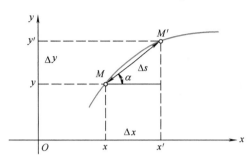

图 13-10 点的运动在直角坐标中的描述

$$\boldsymbol{v}^* = \frac{\overline{MM'}}{\Delta t} = \frac{\Delta s}{\Delta t} \tag{13-18}$$

当 $\Delta t \to 0$ 时，$M' \to M$，动点 M 的瞬时速度为

$$\boldsymbol{v} = \lim_{\Delta t \to 0} \frac{\overline{MM'}}{\Delta t} = \lim_{\Delta t \to 0} \frac{\Delta s}{\Delta t} = \frac{\mathrm{d}s}{\mathrm{d}t} \tag{13-19}$$

将 Δt 时间内的位移 Δs 投影在 x、y 轴上，即可得到位移 Δs 在 x、y 轴上的两个分量

$$\Delta x = \Delta s \cos\alpha \tag{13-20}$$

$$\Delta y = \Delta s \sin\alpha \tag{13-21}$$

因此动点的速度也可分解为沿 x、y 轴两个方向的分量

$$\boldsymbol{v}_x = \lim_{\Delta t \to 0} \frac{\Delta x}{\Delta t} = \lim_{\Delta t \to 0} \frac{\Delta s}{\Delta t} \cos\alpha = \frac{\mathrm{d}s}{\mathrm{d}t} \cos\alpha = \boldsymbol{v} \cos\alpha = \frac{\mathrm{d}x}{\mathrm{d}t} \tag{13-22}$$

$$\boldsymbol{v}_y = \lim_{\Delta t \to 0} \frac{\Delta y}{\Delta t} = \lim_{\Delta t \to 0} \frac{\Delta s}{\Delta t} \sin\alpha = \frac{\mathrm{d}s}{\mathrm{d}t} \sin\alpha = \boldsymbol{v} \sin\alpha = \frac{\mathrm{d}y}{\mathrm{d}t} \tag{13-23}$$

上式表明：动点速度在直角坐标系各轴上的投影，分别等于其相应的位置坐标对时间的一阶导数。

根据 $\boldsymbol{v}_x$ 和 $\boldsymbol{v}_y$ 可求出速度的大小和方向。

其大小为

$$v = \sqrt{v_x^2 + v_y^2} = \sqrt{\left(\frac{\mathrm{d}x}{\mathrm{d}t}\right)^2 + \left(\frac{\mathrm{d}y}{\mathrm{d}t}\right)^2} \tag{13-24}$$

其方向为

$$\tan\alpha = \left|\frac{v_y}{v_x}\right| \tag{13-25}$$

其中 α 为速度 v 与 x 轴所夹的锐角，v 的指向由 v_x 和 v_y 的正负判断，见图 13-11。

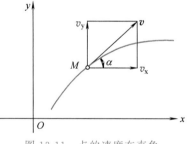

图 13-11 点的速度在直角坐标中的描述

三、点的加速度计算

参照点的速度在直角坐标系各轴上的投影分析方法，可将动点的加速度也分解为沿 x、y 轴两个方向的分量

$$\left.\begin{array}{l} \boldsymbol{a}_x = \dfrac{\mathrm{d}\boldsymbol{v}_x}{\mathrm{d}t} = \dfrac{\mathrm{d}^2 x}{\mathrm{d}t^2} \\[3mm] \boldsymbol{a}_y = \dfrac{\mathrm{d}\boldsymbol{v}_y}{\mathrm{d}t} = \dfrac{\mathrm{d}^2 y}{\mathrm{d}t^2} \end{array}\right\} \tag{13-26}$$

上式表明：动点加速度在直角坐标系各轴上的投影，分别等于其相应的速度投影对时间的一阶导数，或等于其相应的位置坐标对时间的二阶导数。

同理，根据 a_x 和 a_y 可求出全加速度的大小和方向。

其大小为

$$a = \sqrt{a_x^2 + a_y^2} = \sqrt{\left(\frac{\mathrm{d}^2 x}{\mathrm{d} t^2}\right)^2 + \left(\frac{\mathrm{d}^2 y}{\mathrm{d} t^2}\right)^2} \tag{13-27}$$

其方向为

$$\tan\beta = \left|\frac{\mathrm{d} y}{\mathrm{d} x}\right| \tag{13-28}$$

其中 β 为全加速度 a 与 x 轴所夹的锐角，a 的指向由 a_x 和 a_y 的正负判断。

【例 13-4】　如果将例 13-1 用直角坐标来描述，滑块 M 的运动方程、速度和加速度又将怎样表达？

解：建立直角坐标系 Oxy，如图 13-12 所示。

（1）建立点 M 的运动方程，由图中几何关系建立运动方程为

$$x = R\sin 2\varphi = R\sin 2\omega t$$
$$y = R\cos 2\varphi = R\cos 2\omega t$$

（2）求点 M 的速度

$$v_x = \frac{\mathrm{d} x}{\mathrm{d} t} = 2R\omega\cos 2\omega t$$

$$v_y = \frac{\mathrm{d} y}{\mathrm{d} t} = -2R\omega\sin 2\omega t$$

$$v = \sqrt{v_x^2 + v_y^2} = 2R\omega$$

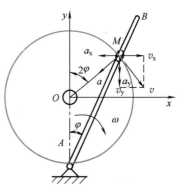

图 13-12　摇杆套环机构

（3）求点 M 的加速度

$$a_x = \frac{\mathrm{d} v_x}{\mathrm{d} t} = -4R\omega^2\sin 2\omega t$$

$$a_y = \frac{\mathrm{d} v_y}{\mathrm{d} t} = -4R\omega^2\cos 2\omega t$$

点 M 的加速度为

$$a = \sqrt{a_x^2 + a_y^2} = 4R\omega^2$$

a 的方向沿 MO 指向圆心 O。

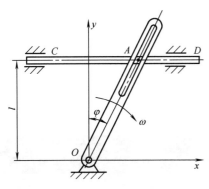

图 13-13　摆动导杆机构

经比较不难看出，两种解法计算结果是一致的，也可以看出，用自然法解题简便，结果清晰，但只适用于运动轨迹已知的情况；用直角坐标法，解题较繁，但它既适用于点的运动轨迹已知的情况，也适用于点的运动轨迹未知的情况，故应用范围较广。

【例 13-5】　摆动导杆机构如图 13-13 所示，已知 $\varphi = \omega t$（ω 为常数），O 点到滑杆 CD 间的距离为 l。求滑杆上销 A 的运动方程、速度方程和加速度方程。

解：取直角坐标系如图 13-13 所示，销 A 与滑杆一起沿水平轨道运动，其运动方程为

$$x = l\tan\varphi = l\tan\omega t$$

将运动方程对时间 t 求导，得销 A 的速度方程

$$v_A = \frac{dx}{dt} = \frac{\omega l}{\cos^2 \omega t}$$

将速度方程对时间 t 求导，得销 A 的加速度方程

$$a_A = \frac{dv_A}{dt} = \frac{2\omega^2 l \sin\omega t}{\cos^3 \omega t}$$

【例 13-6】 设点的运动方程为

$$\left.\begin{array}{l} x = 8t - 4t^2 \\ y = 6t - 3t^2 \end{array}\right\}$$

其中 x、y 单位为 m，t 的单位为 s。试求该点的运动轨迹、速度及加速度。

解：从运动方程中消去时间函数 t，即得到轨迹方程

$$3x - 4y = 0$$

即

$$y = \frac{3}{4}x$$

由此可见，动点的轨迹是一条直线，如图 13-14 所示直线 AB，该直线与 x 轴所夹的锐角为

$$\alpha = \arctan\frac{3}{4}$$

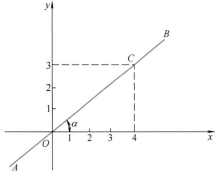

图 13-14　动点的轨迹

将点的坐标对时间求一阶导数，即可求得点的速度在直角坐标系各轴上的投影

$$\left.\begin{array}{l} v_x = \dfrac{dx}{dt} = 8(1-t) \\ v_y = \dfrac{dy}{dt} = 6(1-t) \end{array}\right\}$$

故动点速度的大小和方向分别为

$$v = \sqrt{v_x^2 + v_y^2} = 10\,|\,1-t\,|$$

$$\tan\alpha = \left(\frac{v_y}{v_x}\right)$$

将点的坐标对时间求二阶导数，即可求得点的加速度在直角坐标系各轴上的投影

$$a_x = \frac{d^2x}{dt^2} = -8, \quad a_y = \frac{d^2y}{dt^2} = -6$$

故动点全加速度的大小和方向分别为

$$a = \sqrt{a_x^2 + a_y^2} = 10$$

$$\tan\beta = \left|\frac{dy}{dx}\right|$$

课题三　质点动力分析基本定律

动力学基本定律是在观察和实验的基础上建立起来的，由牛顿于 1687 年概括总结提出，

所以通常称为牛顿运动三定律。它们是研究作用于物体上的力与物体运动之间的关系的基础，已被公认为宏观自然规律，并成为质点动力学的基础。

一、第一定律（惯性定律）

不受力作用的质点，将永远保持静止或作匀速直线运动。

应当说明，由于自然界根本不存在不受力的物体，所以此处所说的质点不受力的作用，是指的质点受到平衡力系的作用。

物体保持其运动状态（即速度的大小和方向）不变的性质，称为惯性。物体的匀速直线运动又称为惯性运动，所以这一定律又称为惯性定律。

惯性是物体的重要力学性质，一切物体在任何情况下都有惯性。当物体不受外力作用时，惯性表现为保持其原有的运动状态；当物体受到外力作用时，惯性表现为物体对迫使它改变运动状态的力具有反抗作用。

虽然任何物体都有惯性，但不同的物体，其惯性大小不同。在相等的外力作用下，运动状态容易发生改变的物体惯性小，反之则惯性大。

动力学
基本定律

这个定律还说明力是改变物体运动状态的原因，如果要使物体改变其原有的运动状态，就必须对其施加外力。所以，第一定律定性地说明了力和物体运动状态改变的关系。

二、第二定律（动力定律）

质点受力作用时所产生的加速度，其方向与力相同，其大小与力的大小成正比，而与质点的质量成反比。

上述定律可用矢量关系式表达为

$$\boldsymbol{F} = m\boldsymbol{a} \tag{13-29}$$

式中，$\boldsymbol{F}$ 为质点所受的合外力，其单位为牛顿（N）；m 为质点的质量，其单位为千克（kg）；$\boldsymbol{a}$ 为质点在 $\boldsymbol{F}$ 力作用下所产生的加速度，其单位为米/秒^2（m/s^2）。

式（13-29）是解决动力学问题的基本依据，故称为动力学基本方程。它建立了质点的质量、力和加速度三者之间的关系。

第二定律同时也定量地表明了力和加速度的关系是瞬时关系。当有力作用时，质点才有加速度；当力改变时，加速度同时随着改变；当力不变时，加速度也不变；当力为零时，加速度也为零。力和加速度是同瞬时产生，同瞬时变化，同瞬时消失。

由第二定律还可以看出，在相同的外力作用下，不同质量的物体所产生的加速度各不相同；物体的质量越大，所产生的加速度就越小，即改变它的运动状态就越困难，其惯性就越大；物体的质量越小，所产生的加速度就越大，即改变它的运动状态就越容易，其惯性就越小。因而可以说，质量是质点惯性大小的度量。

由此可见，物体运动状态的改变，不仅取决于作用在物体上的力，还跟物体的惯性有关。

由自由落体的实验可知：地球表面的物体受到重力的作用时，会自由下落。设该物体的质量为 m，该物体所受到的重力为 $\boldsymbol{G}$，所产生的加速度为 $\boldsymbol{g}$。则根据第二定律有

$$\boldsymbol{G} = m\boldsymbol{g} \tag{13-30}$$

上式中的重力 $\boldsymbol{G}$，习惯上也称之为重量，其国际单位为牛顿（N）。而由重力作用所产生的加速度 $\boldsymbol{g}$，则通常称之为重力加速度，其国际单位为米/秒^2（m/s^2）。要注意的是，随着物体在地球表面所处的位置不同，其重力加速度 $\boldsymbol{g}$ 是各不相同的。例如，在赤道平面处，$g = 9.78 \text{m/s}^2$；在两极的海平面上，$g = 9.8311 \text{m/s}^2$；在北京地区，$g = 9.80122 \text{m/s}^2$；在

上海地区，$g = 9.79436\text{m/s}^2$；在南京地区，$g = 9.7944\text{m/s}^2$。计算时，常取为 $g = 9.80\text{m/s}^2$。

由式（13-30）可知，物体的质量和重量意义是完全不同的。质量是物体惯性的度量，是个常量；而重量则是地球对物体的吸引力，它随着物体在地球上所处位置的不同而改变，并且只有在地面附近的空间内才有意义。

三、第三定律（作用与反作用定律）

两个物体间的作用力与反作用力总是大小相等、方向相反，沿着同一直线，且同时分别作用在这两个物体上。

这一定律不仅适用于平衡的物体，也适用于运动着的物体，对于互相接触或不直接接触的物体都同样适用。

课题四　质点运动微分方程建立

牛顿第二定律建立了质点的质量、力和加速度三者之间的关系，是解决动力学问题的基本依据，故称为动力学基本方程。但是，在应用该定律解决工程实际问题时，通常都需要根据已知条件建立质点运动微分方程。

一、质点运动微分方程的表达形式

如图 13-15 所示，质点 M 在合外力的作用下作平面曲线运动。设该质点质量为 m，合外力为 F，其加速度为 a，根据动力学基本方程，有

$$F = ma \tag{13-31}$$

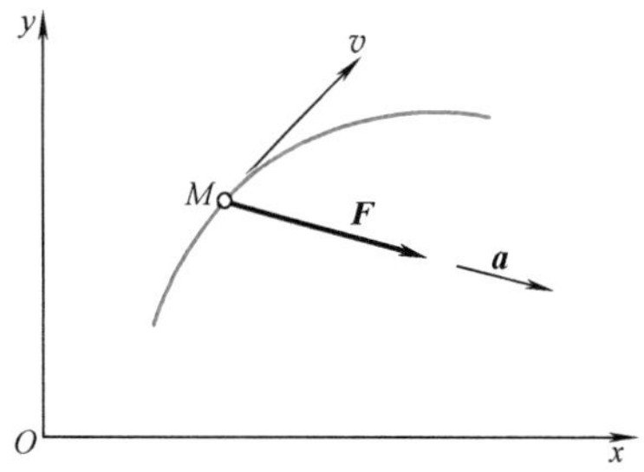

在解题时，常把这个矢量等式投影到坐标轴上，这样应用起来就更加方便。根据所采用坐标的不同，一般有以下两种不同形式。

1. 质点运动微分方程的直角坐标形式

如图 13-15 所示，在质点的运动平面内建立一个直角坐标系 Oxy，并将式（13-31）中的合外力 F 及加速度 a 投影到两坐标轴上，则有

$$\left.\begin{array}{l} F_x = ma_x \\ F_y = ma_y \end{array}\right\}$$

因 $a_x = \dfrac{\mathrm{d}^2 x}{\mathrm{d}t^2}$，$a_y = \dfrac{\mathrm{d}^2 y}{\mathrm{d}t^2}$

图 13-15　点的运动在直角坐标系中的描述

故上式也可写成

$$\left.\begin{array}{l} F_x = m\dfrac{\mathrm{d}^2 x}{\mathrm{d}t^2} \\ F_y = m\dfrac{\mathrm{d}^2 y}{\mathrm{d}t^2} \end{array}\right\} \tag{13-32}$$

式（13-32）即为质点运动微分方程的直角坐标形式。其中 F_x、F_y 为合外力 F 在两坐标轴上的投影，而 x、y 则为质点在直角坐标系中的坐标。

2. 自然坐标形式

在实际应用中，当质点的运动轨迹为已知时，取自然坐标系有时更方便。如图 13-16 所示，过 M 点作运动轨迹的切线和法线，轴 τ 和轴 n 组成自然坐标系。把动力学基本方程式 $\boldsymbol{F}=m\boldsymbol{a}$ 中的 $\boldsymbol{F}$、$\boldsymbol{a}$ 都向轴 τ 和轴 n 分别进行投影，得

$$\left.\begin{aligned} F_{\tau}&=ma_{\tau} \\ F_{n}&=ma_{n} \end{aligned}\right\}$$

因为 $a_{\tau}=\dfrac{\mathrm{d}v}{\mathrm{d}t}=\dfrac{\mathrm{d}^2s}{\mathrm{d}t^2}$，$a_{n}=\dfrac{v^2}{\rho}=\dfrac{1}{\rho}\left(\dfrac{\mathrm{d}s}{\mathrm{d}t}\right)^2$

故上式也可写成

$$\left.\begin{aligned} F_{\tau}&=m\,\dfrac{\mathrm{d}^2s}{\mathrm{d}t^2} \\ F_{n}&=\dfrac{m}{\rho}\left(\dfrac{\mathrm{d}s}{\mathrm{d}t}\right)^2 \end{aligned}\right\} \qquad (13\text{-}33)$$

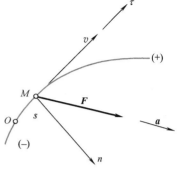

图 13-16　点的运动在弧坐标中的描述（2）

式（13-33）即为质点运动微分方程的自然坐标形式。其中 F_{τ}、F_{n} 为合外力 $\boldsymbol{F}$ 在切向和法向的投影，s 为质点的弧坐标，ρ 为质点运动轨迹在点 M 处的曲率半径。

二、质点动力学的两类问题分析

一般在动力学中，主要应用质点运动微分方程解决两类基本问题：一是已知物体的运动，求作用于物体上的力（特别是约束反力）；一是已知作用于物体上的力，求物体的运动。

1. 第一类问题

已知质点的运动，求质点所受的力。

在这类问题中，质点的运动方程或速度函数是已知的，将其对时间求导后，即得加速度，将加速度代入质点运动微分方程，便可求出未知的作用力。

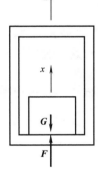

图 13-17　升降台

【例 13-7】　如图 13-17 所示，升降台以匀加速 a 上升，台面上放置一重力为 G 的重物。求重物对台面的压力。

解：取重物为研究对象，其上受 $\boldsymbol{G}$、$\boldsymbol{F}$ 两力作用，如图 13-17 所示。取图示坐标轴 x，由动力学基本方程可得

$$F-G=\frac{G}{g}a$$

移项得

$$F=G\left(1+\frac{a}{g}\right)$$

由牛顿第三定律可知，重物对台面的压力等于台面对重物的反作用力，即为 $G\left(1+\dfrac{a}{g}\right)$。它由两部分组成：一部分是重物的重力 $\boldsymbol{G}$，它是升降台处于静止或匀速直线运动时台面所受到的压力，称为静压力；另一部分为 $G\,\dfrac{a}{g}$，它是由于物体作加速运动而附加产生的压力，称为附加动压力，它随着加速度的增大而增大。在工程计算中，常令 $\left(1+\dfrac{a}{g}\right)=K_{d}$，而将 K_{d} 称为动荷系数。

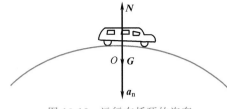

图 13-18 运行在桥顶的汽车

【例 13-8】 如图 13-18 所示，汽车的重量 $G=$ 1000kg，以匀速 $v=10\text{m/s}$ 驶过拱桥顶，桥顶的曲率半径 $\rho=50\text{m}$。求此时汽车对桥面的正压力。

解： 把汽车看成运动的质点，作用在汽车上的力有：汽车的重量 G 和桥面对汽车的约束反力 N。故作用在汽车上的力为

$$F=G-N$$

汽车作匀速曲线运动，因此速度的大小是固定不变的，即 $a_\tau=0$，这表明加速度仅有法向分量

$$a_n=\frac{v^2}{\rho}=\frac{10^2}{50}=2 \text{（m/s}^2\text{）}$$

以汽车为原点建立一自然坐标系，则根据式（13-31）有

$$F=ma_n=m\frac{v^2}{\rho}$$

即

$$G-N=\frac{G}{g}\times\frac{v^2}{\rho}$$

所以

$$N=G\left(1-\frac{v^2}{g\rho}\right)=1000\left(1-\frac{10^2}{9.8\times50}\right)=796 \text{（kg）}$$

可见，汽车运动时，汽车在桥顶上对桥面的正压力小于汽车的重量，并且跟汽车的速度大小有关。

2. 第二类问题

已知作用在质点上的力，求质点的运动。

一般地，第二类问题比第一类问题要复杂些。因为作用在质点上的力是多种多样的，可以是常力，也可以是变力或者是与时间、位置或速度等因素有关的力。求解这一类问题时，通常将质点运动微分方程进行积分，而积分常数必须根据运动的初始条件来确定。

【例 13-9】 电车司机逐渐开启变阻器使电车的牵引力 F 从零开始与时间成正比地增加，且每秒增加 1.2kN。电车的质量为 10^4kg，阻力 $R=2\text{kN}$，初速为零，试求电车的运动规律。

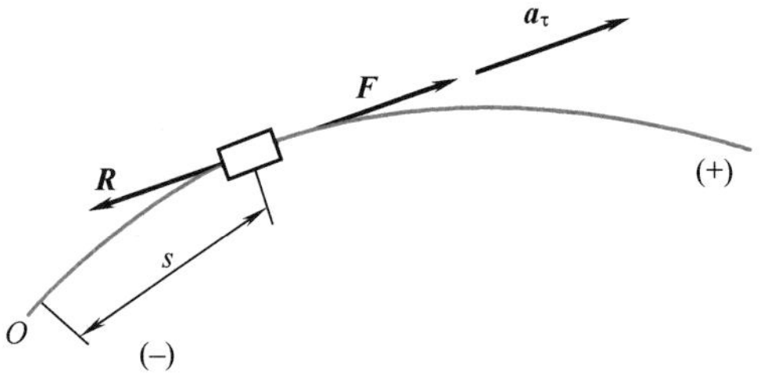

解： 以电车为研究对象，其沿轨迹切向的受力情况如图 13-19 所示。写出自然坐标形式的质点运动微分方程

$$m\frac{\text{d}^2s}{\text{d}t^2}=F-R=1200t-2000$$

图 13-19 汽车牵引力

将 $m=10000\text{kg}$ 代入，即得

$$\frac{\text{d}^2s}{\text{d}t^2}=0.12\left(t-\frac{5}{3}\right) \tag{13-34}$$

显然，在 $\frac{5}{3}\geqslant t\geqslant 0$ 这段时间内，牵引力还不足以克服阻力，电车仍处于静止。由于上式只有当 $t\geqslant\frac{5}{3}\text{s}$ 时才有意义，可令 $\tau=t-\frac{5}{3}$，则有

$$\frac{d^2 s}{dt^2} = \frac{dv}{dt} = \frac{dv}{d\tau}$$

将式（13-34）改写为

$$\frac{dv}{d\tau} = 0.12\tau \tag{13-35}$$

分离变量后对上式进行定积分，由初始条件，其积分下限为 $\tau = 0$ 和 $v = 0$，积分上限分别为任意瞬时 τ 和该瞬时电车的速度，于是可得

$$v = 0.06\tau^2$$

由 $v = \frac{ds}{dt} = \frac{ds}{d\tau}$，上式为

$$\frac{ds}{d\tau} = 0.06\tau^2$$

分离变量后对上式进行定积分

$$\int_0^s ds = \int_0^\tau 0.06\tau^2 d\tau$$

如前所述，积分下限由初始条件确定，分别为 $\tau = 0$ 和 $s = 0$，积分上限则为任意瞬时 τ 和该瞬时电车的自然坐标 s。于是得

$$s = 0.02\tau^3$$

再将 $\tau = t - \frac{5}{3}$ 代入上式，得电车的运动规律

$$s = 0 \qquad 0 \leqslant t \leqslant \frac{5}{3}\text{s}$$

$$s = 0.02\left(t - \frac{5}{3}\right)^3 \qquad t > \frac{5}{3}\text{s}$$

【例 13-10】　炮弹以初速 v_0 发射，v_0 与水平线的夹角为 α，若不计空气阻力，求炮弹的运动轨迹。

解：由题意可知，本题属于动力学第二类问题。

（1）选择研究对象，画受力图。取炮弹为研究对象，在全部运动过程中，炮弹只受重力 $m\boldsymbol{g}$ 作用，故仅在铅直平面内运动。视炮弹为质点，以其初始位置为坐标原点，建立坐标如图 13-20 所示。

（2）列运动微分方程

炮弹运动微分方程为

$$m\frac{d^2 x}{dt^2} = 0; \quad m\frac{d^2 y}{dt^2} = -mg \qquad \text{(a)}$$

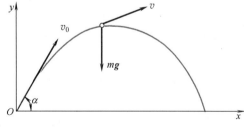

图 13-20　子弹的运行轨迹及受力分析

消去 m，得

$$\frac{d^2 x}{dt^2} = 0; \quad \frac{d^2 y}{dt^2} = -g$$

由于 $v_x = \frac{dx}{dt}$，$v_y = \frac{dy}{dt}$，于是可写成

$$v_x = \frac{dx}{dt} = 0; \quad v_y = \frac{dy}{dt} = -g \tag{b}$$

将上式两边积分得

$$v_x = C_1 \; ; \; v_y = -gt + C_2 \tag{c}$$

将上式用 $v_x = \dfrac{\mathrm{d}x}{\mathrm{d}t}$, $v_y = \dfrac{\mathrm{d}y}{\mathrm{d}t}$ 替代得

$$\frac{\mathrm{d}x}{\mathrm{d}t} = C_1 \; ; \; \frac{\mathrm{d}y}{\mathrm{d}t} = -gt + C_2 \tag{d}$$

将上式再积分一次得

$$x = C_1 t + C_3 \; ; \; y = -\frac{1}{2}gt^2 + C_2 t + C_4 \tag{e}$$

式中，C_1、C_2、C_3、C_4 为积分常数，可由运动初始条件确定。即当 $t=0$ 时，$x=0$，$y=0$；$v_x = v_0 \cos\alpha$；$v_y = v_0 \sin\alpha$，将这些初始条件代入式（c）、式（e）得

$$C_1 = v_0 \cos\alpha , \; C_2 = v_0 \sin\alpha , \; C_3 = 0 , \; C_4 = 0$$

于是得炮弹的运动方程为

$$x = v_0 t \cos\alpha \; ; \; y = v_0 t \sin\alpha - \frac{1}{2}gt^2$$

从上两式中消去 t，得炮弹在铅直平面 Oxy 内的轨迹方程

$$y = x\tan\alpha - \frac{gx^2}{2v_0^2 \cos^2\alpha} \tag{f}$$

当子弹达到最大射程 $x=L$ 时，$y=0$，代入式（f）得

$$L = \frac{v_0^2}{g}\sin 2\alpha$$

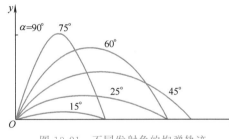

从上式可知，在初速度不变的情况下，当抛射角 $\alpha = 45°$时，射程最大。

对应于各种发射角 α，炮弹的轨迹如图 13-21 所示。

从此例可知，在求解第二类问题时，不仅要已知质点所受的力，而且还要知道质点的初始条件才能确定质点的运动。

图 13-21 不同发射角的炮弹轨迹

📖 小结

（1）求点的速度和加速度的常用方法有自然法和直角坐标法。

（2）点的运动方程为动点在空间的位置随时间的变化规律。点的运动轨迹为动点运动时在空间所描画出的连续曲线，可由运动方程消去 t 得到。

（3）自然法

运动方程

$$s = f(t)$$

点的速度

$$\boldsymbol{v} = \frac{\mathrm{d}s}{\mathrm{d}t}$$

点的加速度

$$a_\tau = \frac{\mathrm{d}\boldsymbol{v}}{\mathrm{d}t} = \frac{\mathrm{d}^2 s}{\mathrm{d}t^2}$$

$$a_n = \frac{v^2}{\rho}$$

$$\boldsymbol{a} = \boldsymbol{a}_\tau + \boldsymbol{a}_n$$

（4）直角坐标法

运动方程

$$\left.\begin{array}{l} x = f_1(t) \\ y = f_2(t) \end{array}\right\}$$

点的速度

$$\boldsymbol{v}_x = \frac{\mathrm{d}x}{\mathrm{d}t}$$

$$\boldsymbol{v}_y = \frac{\mathrm{d}y}{\mathrm{d}t}$$

$$v = \sqrt{v_x^2 + v_y^2} = \sqrt{\left(\frac{\mathrm{d}x}{\mathrm{d}t}\right)^2 + \left(\frac{\mathrm{d}y}{\mathrm{d}t}\right)^2}$$

$$\tan\alpha = \left|\frac{v_y}{v_x}\right|$$

点的加速度

$$\left.\begin{array}{l} a_x = \dfrac{\mathrm{d}v_x}{\mathrm{d}t} = \dfrac{\mathrm{d}^2 x}{\mathrm{d}t^2} \\[2mm] a_y = \dfrac{\mathrm{d}v_y}{\mathrm{d}t} = \dfrac{\mathrm{d}^2 y}{\mathrm{d}t^2} \end{array}\right\}$$

$$a = \sqrt{a_x^2 + a_y^2} = \sqrt{\left(\frac{\mathrm{d}^2 x}{\mathrm{d}t^2}\right)^2 + \left(\frac{\mathrm{d}^2 y}{\mathrm{d}t^2}\right)^2}$$

$$\tan\beta = \left|\frac{\mathrm{d}y}{\mathrm{d}x}\right|$$

（5）动力学基本定律，即牛顿运动三定律，是动力学的理论基础。

第一定律（惯性定律）：不受力作用的质点，将永远保持静止或作匀速直线运动。

第二定律（动力定律）：质点受力作用时所产生的加速度，其方向与力相同，其大小与力的大小成正比，而与质点的质量成反比。

第三定律（作用与反作用定律）：两个物体间的作用力与反作用力总是大小相等、方向相反，沿着同一直线，且同时分别作用在这两个物体上。

（6）动力学的基本方程式是 $\boldsymbol{F} = m\boldsymbol{a}$，它是力、质量与加速度之间的关系的基本定律。

（7）质点运动微分方程有两种不同形式：直角坐标形式和自然坐标形式。

（8）质点运动微分方程的直角坐标形式

$$\left.\begin{array}{l} F_x = m\,\dfrac{\mathrm{d}^2 x}{\mathrm{d}t^2} \\[2mm] F_y = m\,\dfrac{\mathrm{d}^2 y}{\mathrm{d}t^2} \end{array}\right\}$$

（9）质点运动微分方程的自然坐标形式

$$
\left.
\begin{aligned}
F_{\tau} &= m\,\frac{\mathrm{d}^2 s}{\mathrm{d}t^2} \\
F_{n} &= \frac{m}{\rho}\left(\frac{\mathrm{d}s}{\mathrm{d}t}\right)^2
\end{aligned}
\right\}
$$

（10）应用质点运动微分方程可解决两类基本问题：一是已知物体的运动，求作用于物体上的力（特别是约束反力）；一是已知作用于物体上的力，求物体的运动。

思考题

1. 点作曲线运动时，点的位移、路程和弧坐标三者的区别与联系？

2. 动点在某瞬时的速度为零，该瞬时的加速度是否必为零？

3. 点的运动方程与轨迹方程有何区别？如果点的运动方程为 $s = 6 + t$，能否说明点一定作直线运动？若点的运动方程为 $s = 6 + t^2$，能否说明点一定作曲线运动？

4. 点作曲线运动时，如果其加速度是恒矢量，问点是否是作匀变速运动？

5. 动点 M 沿螺线自外向内运动，它的运动方程为 $s = at$（a 为常数）。问此点的速度如何变化？加速度又是怎样变化？

6. 作曲线运动的物体能否不受任何力的作用？为什么？

7. 物体的速度越大越难停下来，是否说明物体的惯性越大？

8. 物体所受的力越大，则物体的运动速度是否也越大？

9. 下雨天，当旋转雨伞时，雨滴沿伞的边缘切向飞出去，这是为什么？

10. 质点的运动方向是否一定与质点所受合力方向相同？如果质点在某瞬时的速度越大，是否说明该瞬时质点所受的作用力也越大？

训练题

1. 判断题

（　　）13-1　直角坐标法是以点的轨迹作为坐标轴来确定动点位置的方法。

（　　）13-2　描述点的速度大小和方向随时间而变化的物理量即为点的速度。

（　　）13-3　动点加速度在直角坐标系各轴上的投影，分别等于其相应的速度投影对时间的一阶导数。

（　　）13-4　不受力作用的质点，将永远保持静止或作匀速直线运动。

（　　）13-5　在相等的外力作用下，运动状态容易发生改变的物体惯性大，反之则惯性小。

2. 填空题

13-6　描述点沿轨迹运动的快慢及方向的物理量即为_____。

13-7　动点的全加速度等于_____和_____的矢量和。

13-8　动点速度在直角坐标系各轴上的投影，分别等于其相应的_____对_____的一阶导数。

13-9　物体保持其运动状态不变的性质，称为_____。

13-10　质点运动微分方程有两种不同形式，即_____和_____。

3. 单项选择题

13-11　当点作变速直线运动时，其全加速度为（　　）。

A. $a = 0$　　　　B. $a = a_{\tau}$　　　　C. $a = a_{n}$　　　　D. $a = a_{\tau} + a_{n}$

13-12 质点受力作用时所产生的加速度，其方向与力（ ），其大小与力的大小（ ），而与质点的质量（ ）。

A. 相同   B. 相反   C. 成正比   D. 成反比

13-13 汽车在桥上运动时，汽车在桥顶上对桥面的正压力（ ）汽车的重量。

A. 大于   B. 小于   C. 等于   D. 不确定

4. 计算题

13-14 一摇杆滑道机构如图 13-22 所示，滑块 M 既在固定的圆弧 BC 中滑动，又在摇杆 OA 的滑道中滑动。BC 弧的半径为 R，摇杆 OA 的转轴处在通过 BC 弧的圆周上。摇杆绕 O 轴并以等角速 ω 转动，当运动开始时，摇杆处在水平位置。求滑块 M 的运动方程、速度及加速度。

13-15 一料斗提升机构如图 13-23 所示，料斗通过绕在卷筒上的钢丝绳提升，卷筒绕水平轴 O 转动。已知卷筒的半径 $R=200\text{mm}$，料斗沿铅垂方向提升的运动方程为 $y=5t^2$。求卷筒边缘上的一点 M 在 $t=2\text{s}$ 时的速度和加速度。

13-16 如图 13-24 所示，锥摆小球的质量 $m=1\text{kg}$，小球系于长 $l=0.4\text{m}$ 的绳上，绳的上端固定于 O 点。若小球在水平面内作匀速圆周运动，且绳与铅垂线的夹角 $\alpha=30°$，求绳的张力和小球的速度。

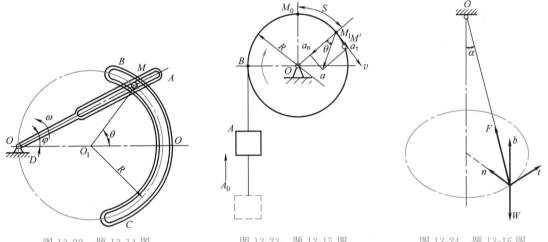

图 13-22 题 13-14 图   图 13-23 题 13-15 图   图 13-24 题 13-16 图

13-17 重量 $G_A=50\text{kg}$ 的物体 A 放在水平桌上，与桌面间的摩擦因数 $f=0.2$。（1）如图 13-25（a）所示，加以 20kg 的水平力时，求物体的加速度；（2）如图 13-25（b）所示，通过滑轮而悬挂 $G_B=20\text{kg}$ 的重锤 B 时，求物体的加速度。

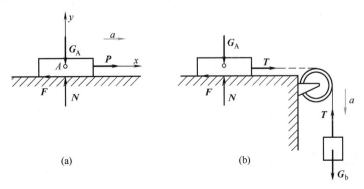

(a)   (b)

图 13-25 题 13-17 图

单元十四

刚体基本运动时的运动与动力分析

知识目标

- 了解刚体平动的概念；
- 了解刚体平动时瞬时速度、加速度的计算；
- 了解定轴转动刚体内各点的速度和加速度计算；
- 了解刚体绕定轴转动的动力分析基本方程；
- 了解刚体转动惯量的计算。

能力目标

- 能正确进行刚体绕定轴转动的运动计算；
- 能正确进行刚体转动惯量计算；
- 能正确进行刚体绕定轴转动的动力分析计算。

素质目标

- 与学生探讨在科幻电影"流浪地球"中所涉及的力学知识，提高学生的学习兴趣，培养学生的创新意识；向学生设问"直升飞机如果没有尾翼会发生什么现象？"等问题，培养学生勇于探索、不畏困难、不断超越自我的奋斗精神。

课题一　刚体的平动分析

对于某些物体的运动，如振动筛送料机构送料槽的运动，车床刀架的运动，直线轨道上列车车厢的运动，液压缸内活塞的运动等。它们都有一个共同的特点：刚体运动时，刚体上任一直线在任何时候始终与它原来的位置保持平行，这种运动称为平行移动，简称平动。

刚体平动时，其上各点的轨迹若是直线，则称刚体作直线平动。如图 14-1 所示，列车沿直线轨道运动时，在列车上任取一直线 A_1B_1，列车在运动过程中，这条直线始终与原来的位置保持平行，即 $A_1B_1 \parallel A_2B_2$。因此，在直线轨道上运动的列车是直线平动。

刚体平动时，其上各点的轨迹若

刚体的平动

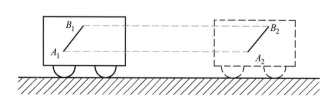

图 14-1　直线行驶的列车

是曲线，则称刚体作曲线平动。如图 14-2 所示为振动筛送料机构的送料槽，此机构为一平行四边形机构，即 AC 平行且等于 BD。所以，送料槽上的直线 CD 或其他任意直线，在运动中始终与它们的最初位置平行，而且 C、D 两点的轨迹为曲线。可见，送料槽是作的曲线平动。

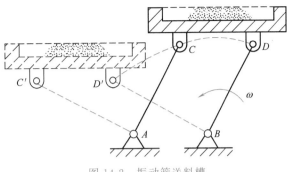

图 14-2　振动筛送料槽

下面研究刚体平动时其内各点的轨迹、速度和加速度特征。

在刚体上任取两点 A、B，作矢量 $\overrightarrow{AB}$，根据刚体不变形的性质和刚体平动的特征可知，在任一瞬时，矢量 $\overrightarrow{AB}$ 的长度和方向始终不变。

由此可推出，A、B 两点的运动轨迹形状完全一样，其速度也完全相同，即

$$v_A = v_B$$

由于任一瞬时 A、B 两点的速度均相同，故其速度的变化也相同。因而在任一瞬时 A、B 两点的加速度也必然相同，即

$$a_A = a_B$$

因为 A、B 是刚体上任意两点，所以上述结论对刚体上的所有点都成立，由此可知：当刚体平动时，刚体内各点的轨迹相同。在同一瞬时，刚体内各点的速度、加速度也相同。刚体上任一点的运动都可以代表整个刚体的运动。因此，在研究刚体平动时，可用刚体上的任一点的运动来代替整个刚体的运动。习惯上常用刚体质心的运动来代替刚体的运动。这样，刚体平动的问题就可归结为点的运动来研究。

【例 14-1】　曲柄导杆机构如图 14-3 所示，曲柄 OA 绕固定轴 O 转动，通过滑块 A 带动导杆 BC 在水平槽内作直线往复运动。已知 $OA = r$，$\varphi = \omega t$（ω 为常量），求导杆在任一瞬时的速度和加速度。

解：由于导杆在水平直线导槽内运动，所以其上任一直线始终与它的最初位置相平行，且其上各点的轨迹均为直线。因此，导杆作直线平动。导杆的运动可以用其上的任一点的运动来表示。选取导杆上 M 点研究，M 点沿 x 轴作直线运动，其运动方程为

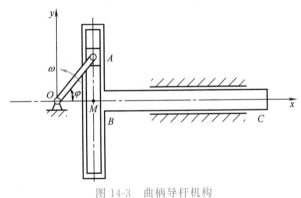

图 14-3　曲柄导杆机构

$$x_M = OA\cos\varphi = r\cos\omega t$$

则 M 点的速度和加速度分别为

$$v_M = \frac{dx_M}{dt} = -r\omega\sin\omega t$$

$$a_M = \frac{dv_M}{dt} = -r\omega^2\cos\omega t$$

课题二　刚体绕定轴转动分析

刚体运动时，其上或其延伸部分有一条直线始终固定不动，而这条直线外的各点都绕该

直线上的点作圆周运动，刚体的这种运动称为刚体绕定轴转动，简称转动。位置保持不变的那条直线称为转动轴，简称轴。工程中齿轮、带轮、飞轮的转动，电动机转子、机床主轴、传动轴的转动等，都是刚体绕定轴转动的实例。

一、转动方程建立

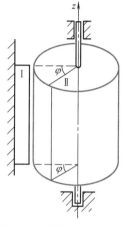

图 14-4　刚体绕定轴转动

为确定转动刚体在空间的位置，如图 14-4 所示，过转轴 z 作一固定平面 I 为参考面，半平面 II 过转轴 z 且固连在刚体上，初始半平面 I、II 共面。当刚体绕轴 z 转动的任一瞬时，刚体在空间的位置都可以用固定的半平面 I 与平面 II 之间的夹角 φ 来表示，φ 称为刚体的转角。刚体转动时，转角 φ 随时间 t 变化，是时间 t 的单值连续函数，即

$$\varphi = f(t) \tag{14-1}$$

式（14-1）称为刚体的转动方程，它反映了转动刚体任一瞬时在空间的位置，即刚体转动的规律。

转角 φ 是代数量，其单位为弧度（rad）。规定从转动轴的正端向负端看，刚体逆时针转动时，φ 为正，反之为负。

二、角速度计算

角速度是描述刚体转动快慢和转动方向的物理量。

角速度常用符号 ω 来表示，它是转角 φ 对时间 t 的一阶导数，即

$$\omega = \frac{\mathrm{d}\varphi}{\mathrm{d}t} \tag{14-2}$$

角速度也可用代数量表示，其单位为弧度/秒（rad/s）。当 $\omega > 0$ 时，刚体逆时针转动；反之则顺时针转动。

工程上常用转速 n 表示刚体转动的快慢，其单位为转/分（r/min）。角速度 ω 与转速 n 之间的关系为

$$\omega = \frac{2\pi n}{60} = \frac{\pi n}{30} \tag{14-3}$$

三、角加速度 ε 计算

角加速度是表示角速度 ω 变化的快慢和方向的物理量。

角加速度常用符号 ε 来表示，它是角速度 ω 对时间 t 的一阶导数，即

$$\varepsilon = \frac{\mathrm{d}\omega}{\mathrm{d}t} = \frac{\mathrm{d}^2\varphi}{\mathrm{d}t^2} \tag{14-4}$$

角加速度也可用代数量表示，其单位为弧度/秒^2（rad/s^2）。当 $\varepsilon > 0$ 时，表示它沿逆时针方向；当 $\varepsilon < 0$ 时，表示它沿顺时针方向。当 ε 与 ω 同号时，表示刚体作加速转动；当 ε 与 ω 反号时，表示刚体作减速转动。

【例 14-2】　某发动机转子在启动过程中的转动方程为 $\varphi = t^3$，φ 以 rad 计，t 以 s 计。试计算转子在 2s 内转过的圈数和 $t = 2$s 时转子的角速度、角加速度。

解：由转动方程 $\varphi = t^3$ 可知：$t = 0$ 时，$\varphi_0 = 0$，转子在 2s 内转过的角度为

$$\varphi - \varphi_0 = t^3 - 0 = 2^3 - 0 = 8 \text{(rad)}$$

转子转过的圈数为

$$N = \frac{\varphi - \varphi_0}{2\pi} = \frac{8}{2\pi} = 1.27$$

由式（14-2）和式（14-4）得转子的角速度和角加速度为

$$\omega = \frac{\mathrm{d}\varphi}{\mathrm{d}t} = 3t^2$$

$$\varepsilon = \frac{\mathrm{d}\omega}{\mathrm{d}t} = 6t$$

当 $t = 2\text{s}$ 时

$$\omega = 3t^2 = 3 \times 2^2 = 12 \ (\text{rad/s})$$

$$\varepsilon = 6t = 6 \times 2 = 12 \ (\text{rad/s}^2)$$

四、匀速、匀变速转动计算

如果刚体绕定轴转动时，角速度不变，即 $\omega = $ 常量，这种转动称为匀速转动。仿照点的匀速运动公式，可得

$$\varphi = \varphi_0 + \omega t \qquad (14\text{-}5)$$

其中，φ_0 为 $t = 0$ 时转角的值。

如果刚体绕定轴转动时，角加速度不变，即 $\varepsilon = $ 常量，这种转动称为匀变速转动。仿照点的匀变速运动公式，可得

$$\omega = \omega_0 + \varepsilon t \qquad (14\text{-}6)$$

$$\varphi = \varphi_0 + \omega_0 t + \frac{1}{2}\varepsilon t^2 \qquad (14\text{-}7)$$

其中，ω_0、φ_0 分别为 $t = 0$ 时的角速度和转角的值。

虽然刚体的定轴转动与点的曲线运动的运动形式不同，但它们相对应的变量之间的关系却是相似的，其相似关系如表 14-1 所列。

表 14-1　刚体绕定轴转动与点的曲线运动的基本公式对照

点的曲线运动		刚体的定轴转动	
运动方程	$s = f(t)$	转动方程	$\varphi = f(t)$
速度	$v = \dfrac{\mathrm{d}s}{\mathrm{d}t}$	角速度	$\omega = \dfrac{\mathrm{d}\varphi}{\mathrm{d}t}$
切向加速度	$a_\tau = \dfrac{\mathrm{d}v}{\mathrm{d}t} = \dfrac{\mathrm{d}^2 s}{\mathrm{d}t^2}$	角加速度	$\varepsilon = \dfrac{\mathrm{d}\omega}{\mathrm{d}t} = \dfrac{\mathrm{d}^2 \varphi}{\mathrm{d}t^2}$
匀速运动	$v = $ 常数	匀速转动	$\omega = $ 常数
	$s = s_0 + vt$		$\varphi = \varphi_0 + \omega t$
匀变速运动	$a_\tau = $ 常数	匀变速转动	$\varepsilon = $ 常数
	$v = v_0 + a_\tau t$		$\omega = \omega_0 + \varepsilon t$
	$s = s_0 + vt + \dfrac{1}{2}at^2$		$\varphi = \varphi_0 + \omega_0 t + \dfrac{1}{2}\varepsilon t^2$
	$v^2 = v_0^2 + 2a_\tau(s - s_0)$		$\omega^2 = \omega_0^2 + 2\varepsilon(\varphi - \varphi_0)$

【例 14-3】　已知车床主轴的转速为 $n_0 = 300\text{r/min}$，由于要主轴反转，故要求主轴在制

动后两转内立即停车。设停车过程是匀变速转动，求主轴的角加速度。

解：由式（14-3）得

$$\omega_0 = \frac{\pi n_0}{30} = \frac{300\pi}{30} = 10\pi \ (\text{rad/s})$$

由题意知：

$$\omega = 0$$
$$\varphi = 2 \times 2\pi = 4\pi \ (\text{rad})$$

由公式 $\omega^2 = \omega_0^2 + 2\varepsilon \ (\varphi - \varphi_0)$ 得

$$\omega^2 - \omega_0^2 = 2\varepsilon\varphi$$

即

$$0 - (10\pi)^2 = 2\varepsilon \times 4\pi$$

故

$$\varepsilon = -\frac{100\pi^2}{8\pi} = -12.5\pi = -39.25 \ (\text{rad/s}^2)$$

由计算结果可知：因 ε 和 ω 异号，所以转动是减速的。

五、定轴转动刚体内各点的速度和加速度计算

前面研究了定轴转动刚体整体的运动规律，在工程实际中，往往还需要了解刚体上各点的运动情况。例如，车床切削工件时，为提高加工精度和表面质量，必须选择合适的切削速度，而切削速度就是转动工件表面上点的速度。下面将依次讨论转动刚体上各点的速度、加速度与整个刚体的运动之间的关系。

1. 速度

刚体绕定轴转动时，刚体内任意一点都将在垂直于转轴的平面内作圆周运动，圆心是该平面与转轴的交点，转动半径是点到转轴的距离。

如图 14-5 所示，设刚体内任意点 M 到转轴 O 的距离为 r，M_0 为点 M 运动的参考原点，如刚体转过 φ 角，则 M 点的弧坐标为

$$s = \overset{\frown}{M_0 M} = r\varphi \tag{14-8}$$

由式（14-2）可得点 M 的速度大小为

$$v = \frac{\mathrm{d}s}{\mathrm{d}t} = \frac{\mathrm{d}(r\varphi)}{\mathrm{d}t} = r \frac{\mathrm{d}\varphi}{\mathrm{d}t} = r\omega \tag{14-9}$$

点 M 速度的方向为该处的切向且指向转动的一方。

即转动刚体内任一点的速度的大小，等于其转动半径与刚体角速度的乘积，速度的方向沿圆周的切线并顺着角速度 ω 的转向。

由式（14-9）可知，转动刚体点的速度与其转动半径成正比。离转动轴越远的点速度越大，离转动轴越近的点速度越小，轴上的速度为零。速度分布规律如图 14-6 所示。

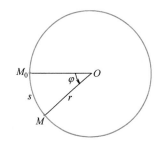

图 14-5　绕定轴转动刚体内点的速度

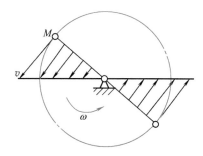

图 14-6　绕定轴转动刚体内点的速度分布

2. 加速度

由于点 M 的运动为圆周运动，其加速度可分解为切向加速度和法向加速度，如图 14-7 所示。

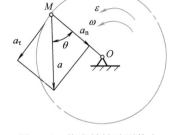

切向加速度为

$$a_\tau = \frac{\mathrm{d}v}{\mathrm{d}t} = \frac{\mathrm{d}^2 s}{\mathrm{d}t^2} = r\frac{\mathrm{d}^2 \varphi}{\mathrm{d}t^2} = r\varepsilon \qquad (14\text{-}10)$$

即转动刚体内任一点的切向加速度的大小，等于其转动半径与刚体角加速度的乘积，其方向由角加速度的符号决定：当角加速度为正值时，切向加速度的方向沿圆周的切线并指向角加速度的正向；否则反之。

图 14-7　绕定轴转动刚体内
点的加速度

法向加速度为

$$a_n = \frac{v^2}{r} = \frac{(r\omega)^2}{r} = r\omega^2 \qquad (14\text{-}11)$$

即转动刚体内任一点的法向加速度的大小，等于其转动半径与刚体角速度平方的乘积，其方向始终指向转动中心。

于是，M 点的全加速度的大小和方向为

$$\left.\begin{array}{l} a = \sqrt{a_\tau^2 + a_n^2} = \sqrt{(r\varepsilon)^2 + (r\omega^2)^2} = r\sqrt{\varepsilon^2 + \omega^4} \\[2mm] \tan\theta = \frac{|a_\tau|}{a_n} = \frac{|r\varepsilon|}{r\omega^2} = \frac{|\varepsilon|}{\omega^2} \end{array}\right\} \qquad (14\text{-}12)$$

式中，θ 为全加速度 a 与转动半径间的夹角。

由式（14-12）可知，在任一瞬时，转动刚体内任一点的全加速度的大小与其转动半径成正比，各点的全加速度与其转动半径间的夹角相等。加速度分布规律如图 14-8 所示。

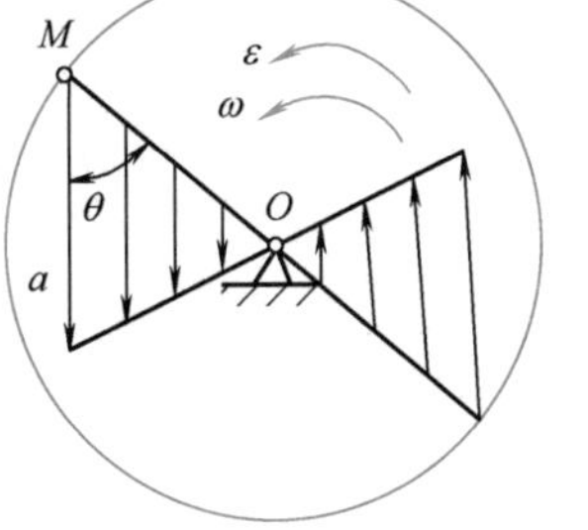

【例 14-4】　飞轮的转动方程为 $\varphi = \frac{9}{32}t^3$，飞轮上的一点 P 与转轴的距离 $r = 0.8\mathrm{m}$。某瞬时 P 点的切向加速度和法向加速度数值相等，试求该点的速度和加速度。

图 14-8　绕定轴转动刚体内
点的加速度分布

解： 由转动方程求出角速度和角加速度

$$\omega = \frac{\mathrm{d}\varphi}{\mathrm{d}t} = \frac{27}{32}t^2$$

$$\varepsilon = \frac{\mathrm{d}\omega}{\mathrm{d}t} = \frac{27}{16}t$$

P 点的切向加速度和法向加速度为

$$a_\tau = r\varepsilon$$

$$a_n = r\omega^2$$

设在瞬时 t_1，有 $a_\tau = a_n$，显然，有 $\varepsilon_{t_1} = \omega_{t_1}^2$，即

$$\frac{27}{16}t_1 = \left(\frac{27}{32}t_1^2\right)^2$$

故得

$$t_1 = \frac{4}{3} \ （s）$$

将 t_1 的值代入 ω 和 ε 的表达式，得

$$\omega_{t_1} = \frac{3}{2} \ (\text{rad/s})$$

$$\varepsilon_{t_1} = \frac{9}{4} \ (\text{rad/s}^2)$$

因此，该点的速度为

$$v_{t_1} = r\omega_{t_1} = 1.2 \ (\text{m/s})$$

该点的加速度大小为

$$a_{t_1} = r\sqrt{\varepsilon_{t_1}^2 + \omega_{t_1}^4} = 1.8\sqrt{2} \approx 2.54 \ (\text{m/s}^2)$$

该点的加速度方向为

$$\tan\theta_{t_1} = \frac{|\varepsilon_{t_1}|}{\omega_{t_1}^2} = 1$$

即得

$$\theta_{t_1} = 45$$

θ_{t_1} 为加速度 a_{t_1} 与 P 点的转动半径间的夹角。

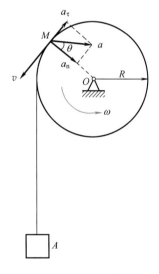

图 14-9 圆轮绕定轴转动

【例 14-5】 如图 14-9 所示，圆轮绕定轴 O 转动，并在此轮缘上绕一柔软而不可伸长的绳子，绳子下端悬一物体 A。设该轮半径为 $R = 0.2\text{m}$，其转动方程为 $\varphi = -t^2 + 4t$，φ 的单位为 rad，t 的单位为 s。求当 $t = 1\text{s}$ 时轮缘上任一点 M 的速度和加速度及物体 A 的速度和加速度。

解：由转动方程求出圆轮在任一瞬时的角速度和角加速度

$$\omega = \frac{d\varphi}{dt} = -2t + 4$$

$$\varepsilon = \frac{d\omega}{dt} = -2$$

当 $t = 1\text{s}$ 时

$$\omega = 2 \ (\text{rad/s})$$

$$\varepsilon = -2 \ (\text{rad/s}^2)$$

轮缘上任一点 M 的速度为

$$v = R\omega = 0.2 \times 2 = 0.4 \ (\text{m/s})$$

轮缘上任一点 M 的切向加速度为

$$a_\tau = R\varepsilon = 0.2 \times (-2) = -0.4 \ (\text{m/s}^2)$$

轮缘上任一点 M 的法向加速度为

$$a_n = R\omega^2 = 0.2 \times 2^2 = 0.8 \ (\text{m/s}^2)$$

轮缘上任一点 M 的全加速度为

$$a = \sqrt{a_\tau^2 + a_n^2} = \sqrt{(-0.4)^2 + (0.8)^2} = 0.894 \ (\text{m/s}^2)$$

$$\tan\theta = \frac{|\varepsilon|}{\omega^2} = \frac{2}{2^2} = 0.5$$

$$\theta = 26°34'$$

因为 ω 与 ε 的正负号相反，所以 v 与 a_τ 的指向也相反，圆轮此时作匀减速转动，故全加速度 a 偏向与转向相反的一边，偏角为 $\theta = 26°34'$。

再求物体 A 的速度和加速度。因为绳子不可伸长，可知物体 A 沿铅垂线移动的距离 s_A 与 M 点在同一时间内走过的弧长 s_M 相等，且方向一致，即 $s_A(t)=s_M(t)$，此时两边都对时间求一阶导数和二阶导数，得

$$v_A = v_M$$
$$a_A = a_{M_\tau}$$

也就是说，物体 A 的速度和加速度的代数值与轮缘上任一点 M 的速度和切向加速度的代数值分别相等，因此

$$v_A = 0.4 \text{m/s}$$
$$a_A = -0.4 \text{m/s}^2$$

由此可见当 $t=1\text{s}$ 时物体 A 的速度方向是向下的，而加速度的方向是向上的，即物体 A 在向下滑动，但其下滑的速度越来越慢。

课题三　刚体绕定轴转动的动力分析基本方程建立

设有一个刚体，在外力系 F_1、F_2、…、F_n 作用下绕定轴 z 转动，如图 14-10 所示，某瞬时刚体转动的角速度为 ω，角加速度为 ε。

若把刚体看成是由无数个质点组成的，则根据刚体定轴转动的定义可知，除轴线上的各点外，刚体内的其他各点都作圆周运动。

在刚体上任取一质点 M_i，其质量为 m_i，转动半径为 r_i。则此质点的切向加速度为

$$a_{i\tau} = r_i \varepsilon$$

此质点的法向加速度为

$$a_{in} = r_i \omega^2$$

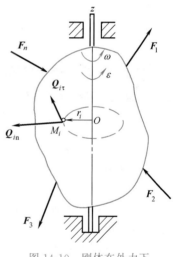

图 14-10　刚体在外力下绕定轴转动

假设各质点都有切向惯性力和法向惯性力，刚体在外力、内力和惯性力的作用下处于平衡。由力系的平衡条件可知，所有外力、内力和惯性力对 z 轴的力矩的代数和应为零。对刚体而言，其内力总是成对出现，所以它们对 z 轴的力矩的代数和必为零；而所有的法向惯性力都通过 z 轴，故它们对 z 轴的力矩的代数和也为零。因此，刚体平衡的条件就可简化为：所有外力与所有切向惯性力对 z 轴的力矩的代数和应为零。

若以 M_F 表示所有外力对 z 轴的力矩的代数和，以 M_{Q_τ} 表示所有切向惯性力对 z 轴的力矩的代数和，则有

$$M_F + M_{Q_\tau} = 0$$

质点 M_i 的切向惯性力为

$$Q_\tau = m_i r_i \varepsilon$$

它对 z 轴的力矩为

$$M_{iQ_\tau} = -Q_\tau \times r_i = -(m_i r_i \varepsilon) \times r_i = -m_i r_i^2 \varepsilon$$

其中负号表示该力矩的转向与 ε 的转向相反。则所有质点的切向惯性力对 z 轴的力矩的

代数和为

$$M_{Q_\tau} = -\sum m_i r_i^2 \varepsilon = -\varepsilon \sum m_i r_i^2$$

令 $J_z = \sum m_i r_i^2$，则

$$M_{Q_\tau} = -J_z \varepsilon$$

故可得

$$M_F = J_z \varepsilon \tag{14-13}$$

上式称为刚体绕定轴转动的动力分析基本方程，其中 J_z 称为刚体对 z 轴的转动惯量。上式表明：刚体绕定轴转动时，作用在刚体上的外力对转动轴的力矩的代数和，等于刚体对该轴的转动惯量与其加速度的乘积；角加速度的转向与转动力矩 M_F 的转向相同。该式反映了刚体所受外力对转轴的合力矩与刚体角加速度的关系。

因为 $\varepsilon = \dfrac{d\omega}{dt} = \dfrac{d^2\varphi}{dt^2}$，所以式（14-13）可以写成如下形式

$$M_F = J_z \frac{d\omega}{dt} = J_z \frac{d^2\varphi}{dt^2} \tag{14-14}$$

上式称为刚体绕定轴转动的微分方程。

把刚体绕定轴转动的动力分析基本方程（$M_F = J_z \varepsilon$）与质点的动力分析的基本方程（$F = ma$）相比较，可以看出，它们的形式完全相似。

课题四 转动惯量计算

一、转动惯量

由上节知，刚体对转动轴的转动惯量定义为

$$J_z = \sum m_i r_i^2 \tag{14-15}$$

即刚体对某转动轴的转动惯量等于刚体内各质点的质量与该点到转动轴的垂直距离的平方的乘积之和，其单位为 kg·m^2。

从式（14-13）可知，当不同值的转动惯量的刚体受到相等的外力矩作用时，转动惯量大的刚体产生的加速度小。也就是说，刚体有较大的转动惯量，其原有的转动状态就不易改变，刚体的转动惯性就大。因此，刚体的转动惯量是刚体转动时惯性的度量。

由刚体的转动惯量的定义式可知：刚体的转动惯量不仅与刚体的质量大小有关，还与转动轴的位置及质量的分布有关，它是由刚体的质量、质量的分布、转动轴的位置三个因素决定的。质量分布越靠近转动轴，刚体的转动惯量越小，反之越大。例如，机器中的飞轮，为了获得较大的转动惯量而使机器运转平稳，通常将其边缘制成较厚而中间较薄，有些甚至将中间挖一些空洞，

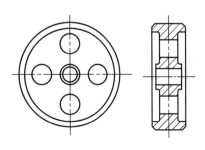

图 14-11 中间挖有空洞的飞轮

使质量尽可能多地分布在飞轮的边缘上，如图 14-11 所示。而仪表中的指针一般尽可能地做得小，以保证其转动惯量小，从而提高测量的灵敏度。

二、简单形状物体转动惯量的计算

所有的转动惯量均可由式（14-15）计算，而对于一些形状简单、质量分布均匀连续的物体，可将转动惯量的表达式写成积分的形式，即

$$J_z = \int_m r^2 \, \mathrm{d}m \tag{14-16}$$

如果假想地将刚体的全部质量集中在离该轴距离等于 ρ 的一点，则刚体对该轴的转动惯量可写成

$$J_z = m\rho^2 \tag{14-17}$$

即刚体的转动惯量等于刚体的质量 m 与一长度 ρ 的平方的乘积，其中 ρ 称为刚体对转动轴的回转半径。应注意：回转半径 ρ 是一个假想的长度，并不是质心到转动轴的半径。

常见均质简单物体的转动惯量，可通过表 14-2 或手册中查得。

表 14-2　几种均质简单物体的转动惯量

刚体形状	简　图	转动惯量 J_z	回转半径 ρ
细直杆		$J_z = \dfrac{1}{12}mL^2$	$\rho = \dfrac{L}{2\sqrt{3}} = 0.289L$
细圆环		$J_z = mR^2$	$\rho = R$
薄圆盘		$J_z = \dfrac{1}{2}mR^2$	$\rho = \dfrac{1}{\sqrt{2}}R = 0.707R$
空心圆柱		$J_z = \dfrac{1}{2}m(R^2 + r^2)$	$\rho = \sqrt{\dfrac{R^2 + r^2}{2}}$ $= 0.707\sqrt{R^2 + r^2}$
实心球		$J_z = \dfrac{2}{5}mR^2$	$\rho = 0.632R$

续表

刚体形状	简　　图	转动惯量 J_z	回转半径 ρ
矩形块	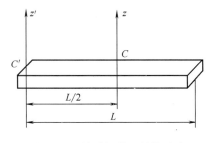	$J_z = \dfrac{1}{12}m(a^2+b^2)$	$\rho = 0.289\sqrt{a^2+b^2}$

三、平行移轴定理

工程手册中通常只给出物体对于通过其质心的轴（简称质心轴）的转动惯量，对于与质心轴平行的另一轴的转动惯量，则可通过平行移轴定理方便地求得。

平行移轴定理，就是指刚体对任一轴 z' 的转动惯量，等于刚体对平行于该轴的质心轴 z 的转动惯量，加上刚体的质量与两轴间距离的平方的乘积，即

$$J_{z'} = J_z + md^2 \tag{14-18}$$

上式即称为转动惯量的平行移轴定理。其中 $J_{z'}$ 为刚体对与质心轴平行的任一轴 z' 的转动惯量，J_z 为刚体对质心轴 z 的转动惯量，m 为刚体的质量，d 为 z' 轴与 z 轴之间的距离。

由平行移轴定理可知，在同一刚体的一组平行轴中，刚体对质心轴 z 的转动惯量为最小。

【例 14-6】 如图 14-12 所示为一均质杆，其杆长为 L，质量为 m，求均质杆对 z' 轴的转动惯量。

解：均质杆对质心轴 z 的转动惯量可由表 14-2 中查得，为

$$J_z = \frac{1}{12}mL^2$$

由图中可知，z' 轴与 z 轴之间的距离为

$$d = \frac{1}{2}L$$

图 14-12　均质杆轴上轴的平移

则应用转动惯量的平行移轴定理，可得均质杆对 z' 轴的转动惯量为

$$\begin{aligned}
J_{z'} &= J_z + md^2 \\
&= \frac{1}{12}mL^2 + m\left(\frac{1}{2}L\right)^2 \\
&= \frac{1}{3}mL^2
\end{aligned}$$

四、刚体转动惯量的组合法确定

当物体由几个几何形状简单的物体组成时，要计算整个物体的转动惯量，可先分别计算每一组成部分的转动惯量，然后再组合起来。如果物体有空心部分，则可把空心的这部分质量视为负值处理。

【例 14-7】 偏心轴的尺寸如图 14-13 所示，尺寸单位均为 mm。已知钢的密度为 $\rho = 7.8\text{g/cm}^3$，试求偏心轴对中心轴 z 的转动惯量。

解：将轴分为 5 段，分别计算每段对中心轴 z 的转动惯量。

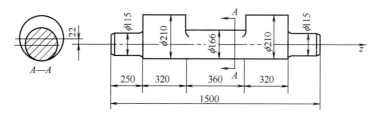

图 14-13 偏心轴的转动惯量组合法

$\phi 115$ 的两段轴对中心轴 z 的转动惯量相同，即

$$
\begin{aligned}
J_{z1} &= \frac{1}{2} m_1 R_1^2 \\
&= \frac{1}{2} (\pi R_1^2 l_1 \rho) R_1^2 \\
&= \frac{1}{2} \times (3.14 \times 5.75^2 \times 25 \times 7.8) \times 5.75^2 \\
&= 334.66 \ (\text{kg} \cdot \text{cm}^2)
\end{aligned}
$$

$\phi 210$ 的两段轴，质心与轴线 z 不重合，由 A—A 剖面图可知，偏心距 $e = 2.2\text{cm}$，应用平行移轴定理计算，即

$$
\begin{aligned}
J_{z2} &= \frac{1}{2} m_2 R_2^2 + m_2 e^2 \\
&= \frac{1}{2} (\pi R_2^2 l_2 \rho) R_2^2 + (\pi R_2^2 l_2 \rho) e^2 \\
&= \frac{1}{2} \times (3.14 \times 10.5^2 \times 32 \times 7.8) \times 10.5^2 + (3.14 \times 10.5^2 \times 32 \times 7.8)2.2^2 \\
&= 4763228.652 + 418213.63584 \\
&= 5181.44 \ (\text{kg} \cdot \text{cm}^2)
\end{aligned}
$$

$\phi 166$ 的一段轴对中心轴 z 的转动惯量为

$$
\begin{aligned}
J_{z3} &= \frac{1}{2} m_3 R_3^2 \\
&= \frac{1}{2} (\pi R_3^2 l_3 \rho) R_3^2 \\
&= \frac{1}{2} (3.14 \times 8.3^2 \times 36 \times 7.8) \times 8.3^2 \\
&= 2092.23 \ (\text{kg} \cdot \text{cm}^2)
\end{aligned}
$$

整个偏心轴对中心轴 z 的转动惯量等于各段的转动惯量之和，即

$$
\begin{aligned}
J_z &= 2J_{z1} + 2J_{z2} + J_{z3} \\
&= 2 \times 334.66 + 2 \times 5181.44 + 2092.23 \\
&= 669.32 + 10362.88 + 2092.23 \\
&= 13124.43 \ (\text{kg} \cdot \text{cm}^2) \\
&= 1.31 \text{kg} \cdot \text{m}^2
\end{aligned}
$$

【例 14-8】 如图 14-14 所示，一均质空心圆柱体长为 l，外径为 R_1，内径为 R_2，求对中心轴 z 的转动惯量。

解： 空心圆柱可看成是由两个实心圆柱体组成，内圆柱体的转动惯量取负值，即

$$J_z = J_{z1} - J_{z2}$$

$$= \frac{1}{2}m_1 R_1^2 - \frac{1}{2}m_2 R_2^2$$

$$= \frac{1}{2}(\pi R_1^2 l_1 \rho)R_1^2 - \frac{1}{2}(\pi R_2^2 l_2 \rho)R_2^2$$

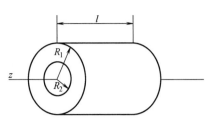

图 14-14 空心圆柱的转动惯量组合法

因为 $l_1 = l_2 = l$，故上式可写成

$$J_z = \frac{1}{2}\pi l \rho (R_1^4 - R_2^4)$$

$$= \frac{1}{2}\pi l \rho (R_1^2 - R_2^2)(R_1^2 + R_2^2)$$

空心圆柱体的质量为 $\qquad m = m_1 - m_2 = \pi l \rho (R_1^2 - R_2^2)$

故该转动惯量计算式可写成 $\qquad J_z = \frac{1}{2}m(R_1^2 + R_2^2)$

课题五　刚体绕定轴转动的动力分析方程的应用

　　刚体绕定轴转动的动力分析基本方程的应用，与质点运动动力学基本方程的应用相似，可用于解决刚体转动时动力分析的两类基本问题：一类为已知刚体的转动规律，求作用于刚体上的外力矩或外力；另一类为已知作用于刚体上的外力矩，求转动规律。

一、已知转动情况求转矩

　　【例 14-9】 已知薄圆盘半径 $R = 0.5\mathrm{m}$，质量 $m = 100\mathrm{kg}$，在不变的力矩作用下，绕垂直于圆盘平面且过质心的 z 轴，由静止开始作匀加速转动，10s 后薄圆盘的转速为 $n = 240\mathrm{r/min}$。若不计轴承处摩擦，试求作用在薄圆盘上的转矩的大小。

　　解：查表 14-2 可知薄圆盘的转动惯量

$$J_z = \frac{1}{2}mR^2$$

$$= \frac{1}{2} \times 100 \times 0.5^2$$

$$= 12.5 \ (\mathrm{kg \cdot m^2})$$

10s 后薄圆盘的角速度为

$$\omega = \frac{n\pi}{30} = \frac{240\pi}{30} = 25.12 \ (\mathrm{rad/s})$$

薄圆盘的角加速度为

$$\varepsilon = \frac{\omega}{t} = \frac{25.12}{10} = 2.51 \ (\mathrm{rad/s^2})$$

由刚体绕定轴转动的动力分析基本方程，可得作用在薄圆盘上的转矩为

$$M_F = J_z \varepsilon = 12.5 \times 2.51 = 31.38 \ (\mathrm{N \cdot m})$$

二、已知转矩求转动情况

　　【例 14-10】 在如图 14-15 所示带传动中，大轮的直径 $D = 0.8\mathrm{m}$，转动惯量 $J_z = $

$1.6 \mathrm{kg \cdot m^2}$，带拉力 $T_1 = 160 \mathrm{kN}$，$T_2 = 80 \mathrm{kN}$，轴承摩擦不计，试求大轮由静止开始至转速达 $n = 600 \mathrm{r/min}$ 时所需的时间。

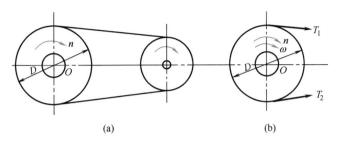

图 14-15　带传动

解： 将大轮作为研究对象，由题意可知大轮在带拉力 T_1、T_2 所产生的转矩作用下作匀加速转动。

作用在大轮上的转矩为

$$M = T_1 \times \frac{D}{2} - T_2 \times \frac{D}{2} = (160 - 80) \times 0.4 = 32 \ (\mathrm{kN \cdot m})$$

由刚体绕定轴转动的动力分析基本方程 $(M_F = J_z \varepsilon)$，可得

$$\varepsilon = \frac{M}{J_z} = \frac{32}{1.6} = 20 \ (\mathrm{rad/s^2})$$

$$\omega = \frac{\pi n}{30} = \frac{3.14 \times 600}{30} = 62.8 \ (\mathrm{rad/s})$$

且 $t = 0$ 时，$\omega_0 = 0$，由式 $\omega = \omega_0 + \varepsilon t$ 可得

$$t = \frac{\omega}{\varepsilon} = \frac{62.8}{20} = 3.14 \ (\mathrm{s})$$

 小结

(1) 刚体平动时，其上任一直线在每一瞬时的位置都彼此平行。刚体上各点的轨迹形状相同且平行，同一瞬时各点的速度和加速度相同。

(2) 刚体绕定轴转动时，其上或其延伸部分有一条直线始终固定不动，这条直线即为定轴。

刚体的转动方程

$$\varphi = f(t)$$

刚体的角速度

$$\omega = \frac{\mathrm{d}\varphi}{\mathrm{d}t}$$

角速度 ω 与转速 n 之间的关系

$$\omega = \frac{2\pi n}{60} = \frac{\pi n}{30}$$

刚体的角加速度

$$\varepsilon = \frac{\mathrm{d}\omega}{\mathrm{d}t} = \frac{\mathrm{d}^2 \varphi}{\mathrm{d}t^2}$$

(3) 刚体上定轴外的各点都绕该直线上的点作圆周运动。

定轴转动刚体内各点的弧坐标

$$s = \overset{\frown}{M_0 M} = r\varphi$$

定轴转动刚体内各点的速度

$$v = \frac{\mathrm{d}s}{\mathrm{d}t} = \frac{\mathrm{d}(r\varphi)}{\mathrm{d}t} = r\frac{\mathrm{d}\varphi}{\mathrm{d}t} = r\omega$$

定轴转动刚体内各点的切向加速度

$$a_\tau = \frac{\mathrm{d}v}{\mathrm{d}t} = \frac{\mathrm{d}^2 s}{\mathrm{d}t^2} = r\frac{\mathrm{d}^2\varphi}{\mathrm{d}t^2} = r\varepsilon$$

定轴转动刚体内各点的法向加速度

$$a_\mathrm{n} = \frac{v^2}{r} = \frac{(r\omega)^2}{r} = r\omega^2$$

定轴转动刚体内各点的全加速度的大小和方向

$$\left. \begin{array}{l} a = \sqrt{a_\tau^2 + a_\mathrm{n}^2} = \sqrt{(r\varepsilon)^2 + (r\omega^2)^2} = r\sqrt{\varepsilon^2 + \omega^4} \\[2mm] \tan\theta = \frac{|a_\tau|}{a_\mathrm{n}} = \frac{|r\varepsilon|}{r\omega^2} = \frac{|\varepsilon|}{\omega^2} \end{array} \right\}$$

(4) 刚体绕定轴转动的动力分析基本方程

$$M_\mathrm{F} = J_z\varepsilon$$

(5) 刚体绕定轴转动的微分方程

$$M_\mathrm{F} = J_z\frac{\mathrm{d}\omega}{\mathrm{d}t} = J_z\frac{\mathrm{d}^2\varphi}{\mathrm{d}t^2}$$

(6) 转动惯量的定义式

$$J_z = \sum m_i r_i^2$$

(7) 转动惯量的平行移轴定理

$$J_{z'} = J_z + md^2$$

(8) 刚体转动惯量的组合法：当物体由几个几何形状简单的物体组成时，要计算整个物体的转动惯量，可先分别计算每一组成部分的转动惯量，然后再组合起来。如果物体有空心部分，则可把空心的这部分质量视为负值处理。

(9) 刚体绕定轴转动的动力分析基本方程，可用于解决刚体转动时动力分析的两类基本问题：一类为已知刚体的转动规律，求作用于刚体上的外力矩或外力；另一类为已知作用于刚体上的外力矩，求转动规律。

⚙ 思考题

1. 自行车直线行驶时，脚蹬板作什么运动？汽车在水平圆弧弯道上行驶时，车箱作什么运动？

2. 刚体平动时，刚体内各点的运动轨迹一定是直线；刚体绕定轴转动时，刚体内各点的运动轨迹一定是圆。这种说法是否正确？

3. 刚体运动时，刚体内只要有一条直线在运动过程中与它原来的位置保持平行，这时的运动便是平动，对吗？为什么？试举例说明。

4. 飞轮匀速转动，若半径增大一倍，轮缘上点的速度、加速度是否都增加一倍？若转速增大一倍呢？

5. 刚体绕定轴转动时，角加速度为正时，刚体加速转动；角加速度为负时，刚体减速转动。这种说法对吗？为什么？

6. 一圆环与一实心圆柱体材料相同，绕各自的质心作定轴转动，某一瞬时有相同的角加速度，试问：作用在圆环和圆柱体上的外力矩是否相同？

7. 有一个圆柱体和一个圆筒，设它们的质量和半径都相同，同时从粗糙的斜面上滚下。问哪个先滚到底？为什么？

8. 物体对各平行轴的转动惯量中，对哪个轴的转动惯量最小？为什么？

 训练题

1. 判断题

（　　）14-1　当刚体平动时，刚体内各点的轨迹相同。在同一瞬时，刚体内各点的速度、加速度也相同。

（　　）14-2　刚体转动时，ε 与 ω 同号，表示刚体作减速转动；当 ε 与 ω 反号时，表示刚体作加速转动。

（　　）14-3　转动刚体点的速度与其转动半径成反比。

（　　）14-4　在式 $J_z = m\rho^2$ 中，回转半径 ρ 是指质心到转动轴的半径。

（　　）14-5　在同一刚体的一组平行轴中，刚体对质心轴 z 的转动惯量为最小。

2. 填空题

14-6　角速度是转角 φ 对时间 t 的＿＿＿＿＿＿。

14-7　转动刚体内任一点的切向加速度的大小，等于＿＿＿＿＿＿＿＿与的乘积。

14-8　刚体绕定轴转动的动力分析基本方程为＿＿＿＿＿＿＿＿＿＿＿。

14-9　刚体对某转动轴的＿＿＿＿＿＿等于刚体内各质点的质量与该点到转动轴的垂直距离平方的乘积之和。

14-10　要计算空心物体的转动惯量，则应把空心的这部分质量视为＿＿＿＿＿＿处理。

3. 单项选择题

14-11　角加速度的单位为（　　）。

A. 弧度（rad）　　　　　　　　　B. 弧度/秒(rad/s)

C. 弧度/秒^2(rad/s^2)　　　　　　D. 转/分(r/min)

14-12　刚体定轴转动时，除轴线上的各点外，刚体内的其他各点都作（　　）。

A. 直线运动　　　B. 圆周运动　　　C. 抛物线运动　　　D. 任意曲线运动

14-13　下面各物体的运动方式，属于刚体绕定轴转动实例的是（　　）。

A. 机床的主轴　　B. 车床的刀架　　C. 列车的车厢　　D. 液压缸内的活塞

4. 计算题

14-14　用两条等长的钢索平行吊起一根木条，如图 14-16 所示，钢索长为 l，单位为 cm。当木条荡起来时，钢索的摆动规律为 $\varphi = \varphi_0 \sin \dfrac{\pi}{4} t$。其中 t 为时间，单位为 s；φ_0 为转角，单位为 rad。试求当 $t = 2$s 时，木条中点 M 的速度和加速度。

14-15　已知发动机启动时，其主轴的转动方程为 $\varphi = t^2$，其中 φ 的单位为弧度（rad），t 的单位为秒（s）。试求：（1）启动后 1s 时的角速度和角加速度；（2）从静止到 $n = 1440$r/min 所需的时间和转子所转过的圈数。

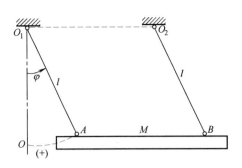

图 14-16 题 14-14 图

14-16 半径为 $r = 0.2\text{m}$ 的圆轮绕定轴 O 作逆时针转动，如图 14-17 所示，轮子的转动方程为 $\varphi = -t^2 + 4t$，式中 φ 的单位为弧度（rad），t 的单位为秒（s）。在轮上绕一绳索，绳的下端悬挂一重物 A。求 $t = 1\text{s}$ 时轮缘上任一点 M 和重物 A 的速度和加速度。

14-17 如图 14-18 所示，已知飞轮的转动惯量 $J = 2 \times 10^3 \text{kg} \cdot \text{m}^2$，在不变力矩 M 的作用下，由静止开始转动，经过 10s 后，飞轮的转速达到 60r/min。若不计摩擦力的影响，求力矩 M 的大小。

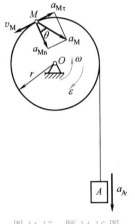

图 14-17 题 14-16 图

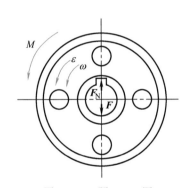

图 14-18 题 14-17 图

点和刚体的复合运动分析

知识目标

- 了解点的合成运动、绝对运动、相对运动及牵连运动的概念；
- 了解绝对速度、相对速度、牵连速度三种速度的概念；
- 了解刚体平面运动的概念。

能力目标

- 能运用点的速度合成定理进行点的速度计算；
- 能对平面图形上的点进行运动分析与计算。

素质目标

- 刚体的平面运动中将运动分解为随基点的平移和绕基点的转动，这种思路体现了将复杂问题分为若干简单问题的思想。课程中不断地强调一些这样的思想和观点，培养了学生认识、分析及解决复杂问题的能力。

课题一　点的合成运动

　　前面讨论的点或刚体的运动都是相对于固连在地球上的静参考系而言的。但在实际工程中，经常会遇到一些问题，需要在运动着的参考系上来进行观察和研究。很显然，对于同一物体的运动，在不同的参考系上观察，其结论是不一样的。比如，下雨时，静立于地面上的人看到雨滴是铅垂向下的，而坐在高速行驶着的汽车上的人看到雨滴是倾斜向后的，并且，车开得越快，所看到的雨滴倾斜得越厉害。这两种结论都是正确的，但却不相同。这是因为前者是以静止的地面为参考系，而后者是以运动着的汽车为参考系。本章将建立同一物体相对于不同参考系的运动之间的关系，并利用这些关系研究点和刚体的复杂运动。

一、点的合成运动分析

　　如图 15-1 所示，桥式起重机在吊起重物时，假设横梁不动，小车沿横梁作水平运动，同时，小车上悬挂的重物 M 向上运动。站在地面上观察重物 M 时，其运动轨迹为曲线；而站在小车上观察重物 M 时，其运动则是垂直向上的。

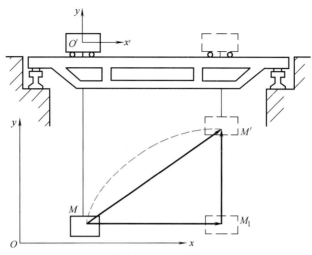

图 15-1 桥式起重机上重物 M 的运动

可见：在不同的参考系中描述同一物体的运动会有不同的结果。那么，同一物体相对于不同参考系的运动之间有什么联系呢？这往往是工程实际中需要解决的问题。下面，就这一问题来进行讨论。

通过观察可以发现，一个物体对某一参考体的运动可以由几个运动组合而成。例如，在上述例子中，重物 M 在空中是作的曲线运动，但如果以小车为参考体，则重物 M 相对于小车的运动是简单的直线运动，而小车相对于地面的运动也是简单的直线运动。这样，重物 M 的复杂运动可以看成为两个简单运动的合成，即重物 M 相对于小车作平动，小车相对于地面作平动。

由此可以得出结论：相对于某一参考系的复杂运动可看成相对于其他参考系的几个简单运动组合而成，这种运动称为合成运动。点的运动可以合成，自然也可以分解。在求解点的复杂运动时，可以将其分解为几个简单的运动，先研究这些简单的运动，然后再把它们合成，从而解决复杂的运动问题。

二、绝对运动、相对运动及牵连运动分析

为讨论上述问题，先定义两个参考系。在工程中，习惯把固定于地面的坐标系称为定参考系（简称定系，以 $Oxyz$ 表示）；把固定在其他相对于地面运动的参考体上的坐标系称为动参考系（简称动系，以 $O'x'y'z'$ 表示）。在图 15-1 所示的例子中，动参考系固定在小车上。

把被观察的点称为动点。用点的合成运动分析某动点的运动时，除了要选定两个参考系外，还应区分三种运动：

（1）绝对运动——动点相对于定系的运动；

（2）相对运动——动点相对于动系的运动；

（3）牵连运动——动系相对于定系的运动。

仍以图 15-1 所示桥式起重机起吊重物为例，将动系固结在小车上，静系固结在地面上。取重物上的一点 M 为动点。小车移动时，在地面上看到动点 M 作曲线运动，这就是绝对运动；在小车上看到动点 M 作直线运动，这就是相对运动；而在地面上看到小车的直线运动则是牵连运动。

要注意的是：动点的绝对运动和相对运动都是指点的运动，既可以是直线运动，也可以是曲线运动，只是相对的参考系不同而已。而牵连运动则是指动系相对于定系的运动，也就是固连了动系的刚体的运动，它可以是平动、转动，也可以是其他较复杂的运动。

显然，如果没有牵连运动（如小车不动，只有重物被向上吊起运动），则动点的相对

运动就是它的绝对运动；反之，如果没有相对运动（如重物只随小车运动，而没有向上吊起的运动），则动点随同动参考系所作的运动就是它的绝对运动。由此可见，动点的绝对运动既决定于动点的相对运动，也决定于动系的运动（即牵连运动），它是这两种运动的合成。所以，这种运动称为点的合成运动或复合运动。

总之，在分析这三种运动时，必须明确：① 站在什么地方看物体的运动？② 看什么物体的运动？

与这三种运动相对应，有以下三种速度。

（1）绝对速度——动点在绝对运动中的速度，也就是动点相对于定系的速度，用 v_a 表示。如上例中重物 M 相对于地面作曲线运动的速度。

（2）相对速度——动点在相对运动中的速度，也就是动点相对于动系的速度，用 v_r 表示。如上例中重物 M 相对于小车作直线运动的速度。

（3）牵连速度——动系上与动点相重合的那一点的速度，用 v_e 表示。由于动系的运动是刚体的运动而不是一个点的运动，所以除了动系作平动外，其上各点的运动速度是不相同的。因为动参考系对动点直接影响的是参考系上与动点位置重合的一点，所以，在动参考系上与动点相重合的那一点的速度称为动点的牵连速度。

三、点的速度合成定理

如图 15-2 所示，设动点 M 沿动参考系 $O'x'y'z'$ 上的曲线 AB 运动，动参考系又相对定参考系 $Oxyz$ 作任意运动。为了便于理解，设想 AB 为一根金属线，动参考系即固定在此线上，而将动点 M 看成是沿金属线滑动的一极小圆环。

在瞬时 t，动点位于曲线 AB 的点 M，经过极短的时间间隔 Δt 后，曲线 AB 运动到新的位置 $A'B'$；同时，动点 M 沿弧 $\overparen{MM'}$ 运动到点 M'。此时，弧 $\overparen{MM'}$ 为动点 M 的绝对轨迹，矢量 $\overline{MM'}$ 则称为动点 M 的绝对位移。如果动点 M 被固定在动参考系上，它将随着动参考系运动到 M_1 点，显然，弧 $\overparen{MM_1}$ 是动点 M 的牵连轨迹，矢量 $\overline{MM_1}$ 则称为动点 M 的牵连位

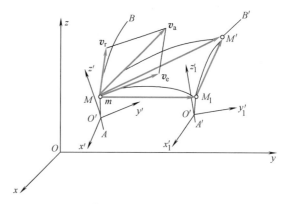

图 15-2　点的速度合成

移。事实上，在此时间间隔内，动点 M 不但随着动参考系一起运动，而且相对于动参考系也在运动，最终到达 M' 点，故弧 $\overparen{M_1M'}$ 称为动点 M 的相对轨迹，矢量 $\overline{M_1M'}$ 则称为动点 M 的相对位移。

不难看出，图中各矢量关系如下

$$\overline{MM'}=\overline{MM_1}+\overline{M_1M'} \tag{15-1}$$

上式表明：动点的绝对位移等于牵连位移与相对位移的矢量和。

将上式两边除以 Δt，并取 $\Delta t \to 0$ 的极限值，得

$$\lim_{\Delta t \to 0}\frac{\overline{MM'}}{\Delta t}=\lim_{\Delta t \to 0}\frac{\overline{MM_1}}{\Delta t}+\lim_{\Delta t \to 0}\frac{\overline{M_1M'}}{\Delta t}$$

由速度的定义可知，上式中：

$$\lim_{\Delta t \to 0} \frac{\overline{MM'}}{\Delta t}$$ ——动点在瞬时 t 的绝对速度 $\boldsymbol{v}_a$，方向为弧 $\overset{\frown}{MM'}$ 在点 M 处的切向；

$$\lim_{\Delta t \to 0} \frac{\overline{MM_1}}{\Delta t}$$ ——动点在瞬时 t 的牵连速度 $\boldsymbol{v}_e$，方向为弧 $\overset{\frown}{MM_1}$ 在点 M 处的切向；

$$\lim_{\Delta t \to 0} \frac{\overline{M_1M'}}{\Delta t}$$ ——动点在瞬时 t 的相对速度 $\boldsymbol{v}_r$，方向为弧 $\overset{\frown}{M_1M'}$（即相对轨迹曲线 AB）

在点 M 处的切向。

　　故上式又可写成

$$\boldsymbol{v}_a = \boldsymbol{v}_e + \boldsymbol{v}_r \tag{15-2}$$

　　这就是点的速度合成定理，即动点在某瞬时的绝对速度等于它在该瞬时的牵连速度和相对速度的矢量和。

　　【例 15-1】　刨床的急回机构如图 15-3 所示，曲柄 OA 的一端与滑块 A 用铰链连接。当

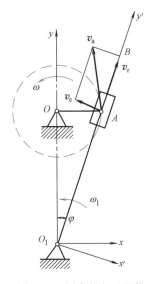

图 15-3　刨床的急回机构

曲柄 OA 以匀角速度 ω 绕固定轴 O 转动时，滑块在摇杆 O_1B 上滑动，并带动摇杆 O_1B 绕固定轴 O_1 摆动。设曲柄长 $OA = r$，两轴间距离 $OO_1 = l$。求曲柄在水平位置时摇杆的角速度 ω_1。

　　解：（1）选取动点和参考系。取滑块 A 为动点，将动参考系固结在摇杆 O_1B 上，定参考系则固结于地面（即机架）。

　　（2）分析三种运动及其速度。

　　绝对运动：动点 A 以 O 为圆心，以 r 为半径的圆周运动。绝对速度 $\boldsymbol{v}_a$ 的方向垂直于半径 OA 且铅垂向上，大小等于 $r\omega$。

　　相对运动：动点 A 沿摇杆 O_1B 的直线运动。相对速度 $\boldsymbol{v}_r$ 的方向沿 O_1B 方向，大小未知。

　　牵连运动：摇杆 O_1B 绕轴 O_1 的转动。牵连速度 $\boldsymbol{v}_e$ 的方向垂直于摇杆，大小未知。

　　（3）根据速度合成定理 $\boldsymbol{v}_a = \boldsymbol{v}_e + \boldsymbol{v}_r$，作速度平行四边形如图 15-3 所示，由几何关系可得

$$v_e = v_a \sin\varphi$$

因为 $\sin\varphi = \dfrac{OA}{O_1A} = \dfrac{r}{\sqrt{l^2 + r^2}}$，且 $v_a = r\omega$，故有

$$v_e = \frac{r^2\omega}{\sqrt{l^2 + r^2}}$$

设摇杆在该瞬时的角速度为 ω_1，则有

$$v_e = O_1A \times \omega_1 = \sqrt{l^2 + r^2} \times \omega_1$$

故

$$\frac{r^2\omega}{\sqrt{l^2 + r^2}} = \sqrt{l^2 + r^2} \times \omega_1$$

$$\omega_1 = \frac{r^2\omega}{l^2 + r^2}$$

　　由 $\boldsymbol{v}_e$ 的方向可确定 ω_1 的转向如图 15-3 所示。

　　【例 15-2】　凸轮机构如图 15-4 所示，凸轮放在水平面上，顶杆 AB 只能在铅垂管道 D 内作上下滑动。导杆下端 A 点与凸轮接触，当凸轮向右移动时，顶杆向上运动。假设某瞬

时凸轮轮廓线与顶杆接触点处的切线和水平线的
夹角为 θ，凸轮向右运动的速度为 v_1，求顶杆向
上移动的速度 v_2。

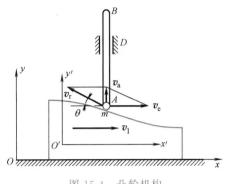

图 15-4　凸轮机构

　　解：（1）选取动点和参考系：取顶杆的下端
A 点为动点，将动参考系固结在凸轮上，定参考
系则固结于地面上。

　　（2）分析三种运动及其速度。

　　绝对运动：动点 A 在铅直管道内作直线运动。
绝对速度 $\boldsymbol{v}_a$ 的方向垂直向上，大小即为 v_2。

　　相对运动：动点的相对运动轨迹是凸轮的轮
廓线。相对速度 $\boldsymbol{v}_r$ 的方向沿凸轮轮廓线上该点的
切线方向，大小未知。

　　牵连运动：凸轮的平移直线运动。牵连速度 $\boldsymbol{v}_e$ 的方向向右，大小等于 v_1。

　　（3）根据速度合成定理 $\boldsymbol{v}_a = \boldsymbol{v}_e + \boldsymbol{v}_r$，作速度平行四边形如图 15-4 所示，由几何关系
可得

$$v_2 = v_a = v_e \tan\theta = v_1 \tan\theta$$

【例 15-3】　有两艘船在大海中各自独立航行，船 A 以匀速 v_1 朝正东方向航行，船 B 则
以匀速朝东偏北 α 角的方向作直线航行，如
图 15-5 所示，站在船 A 上观察船 B，发现船
B 始终在船 A 的正北方。试求船 B 的速度 v_2
和站在船 A 上观察到的船 B 的速度。

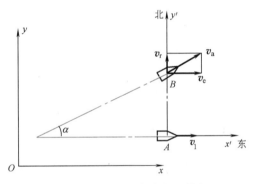

图 15-5　各自独立航行的两艘船

　　解：（1）选取动点和参考系：对于这类相
对定系各自作独立运动的两个点，欲求它们之
间的相对运动时，应指定其中一个作为动点，
而将动参考系固结于另一点。在本题中，要求
的是船 B 相对于船 A 的速度，故取船 B 为动
点，而将动参考系固结于船 A，定参考系则固
结于海岸。

　　（2）分析三种运动及其速度。

　　绝对运动：船 B 沿其航线作直线运动。绝对速度 $\boldsymbol{v}_a$ 的方向与 x 轴成 α 角方向，大小即
为待求的 v_2。

　　相对运动：因为站在船 A 上观察船 B，发现船 B 始终在船 A 的正北方。故船 B 的相对
运动为沿 Ay' 方向的直线运动。相对速度 $\boldsymbol{v}_r$ 的方向沿 Ay'，大小待求。

　　牵连运动：船 A 的平移直线运动。牵连速度 $\boldsymbol{v}_e$ 即为船 A 的速度，其方向向正东，大小
等于 v_1。

　　（3）根据速度合成定理 $\boldsymbol{v}_a = \boldsymbol{v}_e + \boldsymbol{v}_r$，作速度平行四边形如图 15-4 所示，由几何关系
可得

$$v_a = \frac{v_e}{\cos\alpha} = \frac{v_1}{\cos\alpha}$$

$$v_r = v_e \tan\alpha = v_1 \tan\alpha$$

课题二　刚体的平面运动计算

刚体除了作平动和转动这两种简单的运动外，还可以作一种较为复杂的运动——平面运动。

刚体的平面运动是很常见的，如黑板擦擦黑板时的运动、曲柄滑块机构中连杆 AB 的运动（图 15-6）、车轮沿直线轨道的滚动（图 15-7）等，这些运动既不是平动，也不是绕定轴转动，而是同时包含着平动和绕定轴转动这两种基本形式的运动。

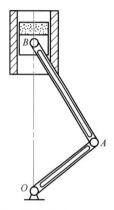

图 15-6　曲柄滑块机构中连杆 AB 的运动

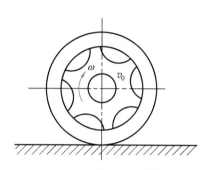

图 15-7　车轮沿直线轨道的滚动

上述这些例子有一个共同的特点：刚体在运动过程中，刚体内任意一点与某一固定平面始终保持相等的距离。刚体的这种运动称为平面运动。

在研究刚体的平面运动时，根据上述特点，可对问题加以简化。

如图 15-8 所示，设平面 Ⅰ 为某一固定平面，作平面 Ⅱ 平行于平面 Ⅰ，此平面横截被研究的刚体而得到一个平面图形 S。由平面运动的定义可知，刚体运动时，平面图形 S 必在平面 Ⅱ 内运动。

在刚体内任意取一条垂直于截面 S 的直线 A_1A_2，它与截面 S 的交点为 A。显然，刚体运动时，直线 A_1A_2 始终垂直于平面 Ⅱ，而作平行于自身的运动，即平动。由平动的性质可知，直线 A_1A_2 上各点的运动完全相同。因此，点 A 的运动即可代表直线 A_1A_2 上所有各点的运动。同理，作垂直线 B_1B_2，则 B_1B_2 上各点的运动完全可由点 B（直线 B_1B_2 与平面 Ⅱ 的交点）代表。由此可见，刚体的平面运动可简化为平面图形 S 在其自身平面内的运动。

设平面图形 S 在定平面 Oxy 内运动，如图 15-9 所示。要确定该平面图形在任一瞬时的

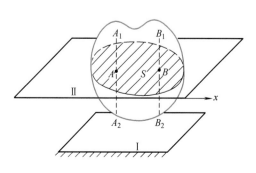

图 15-8　平面图形

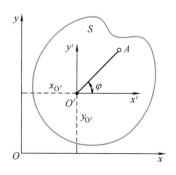

图 15-9　平面图形的位置

位置，可在其上任取一线段 $O'A$，因为图形内各点相对于此线段的位置是一样的，如能确定该线段的位置，则平面图形 S 的位置自然也就确定了。线段 $O'A$ 的位置可以由点 O' 的两个坐标 $x_{O'}$、$y_{O'}$ 及该线段与 x 轴的夹角 φ 来决定。点 O' 称为基点。当平面图形 S 运动时，坐标 $x_{O'}$、$y_{O'}$ 及夹角 φ 都将随时间而改变，它们与时间的函数关系为

$$\left.\begin{array}{l} x_{O'}=f_1(t) \\ y_{O'}=f_2(t) \\ \varphi=f_3(t) \end{array}\right\} \tag{15-3}$$

若这些函数是已知的，则平面图形 S 在任一瞬时的位置都可以确定。故上式称为刚体的平面运动方程。

由上述平面运动方程可看出，有两种特殊情况：

（1）φ 为常数，则平面图形 S 上的任一直线在运动过程中始终与原来的位置保持平行，即为平动，亦即刚体作平动。

（2）$x_{O'}$ 和 $y_{O'}$ 均为常数，即基点 O' 固定不动，则平面图形 S 绕基点 O' 在定平面内作定轴转动，亦即刚体绕过基点 O' 且垂直于定平面的轴作定轴转动。

可见，刚体的平面运动包含着刚体的两种基本运动形式：平动和转动。在解决实际问题时，可应用点的运动合成原理，按如下假设将平面运动视为平动和转动的合成：

在平面图形 S 中，以基点 O' 为原点设置动坐标系 $O'x'y'$，并假设动坐标轴 x' 和 y' 始终与定坐标轴 x 和 y 分别保持平行，也就是动坐标系随同基点 O' 作平动，这是牵连运动；平面图形 S 相对于动参考系 $O'x'y'$ 作绕基点 O' 的转动，这是相对运动；平面图形 S 相对于定参考系 Oxy 所作的平面运动即为绝对运动。

课题三　平面图形上各点的运动分析

如上节所述，选择了基点并建立起相应的动参考系之后，可将平面图形的平面运动分解为平动和转动。因此，可利用运动的合成与分解方法来分析平面图形上任意点的速度。

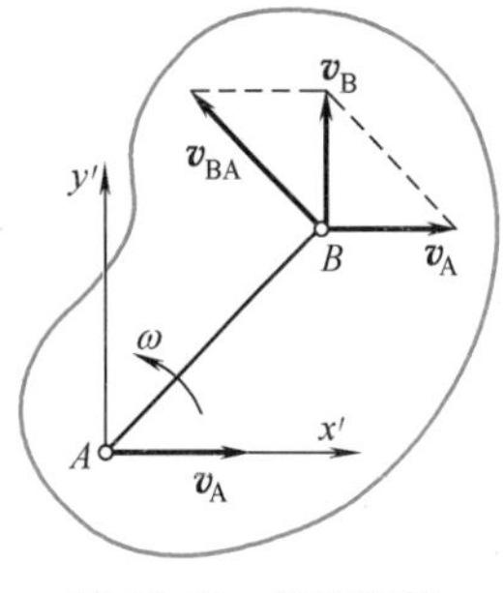

图 15-10　平面图形
点的速度

如图 15-10 所示，设已知瞬时 t 平面图形上 A 点的速度 $\boldsymbol{v}_A$ 及其角速度 ω，求平面图形上任一点 B 的速度 $\boldsymbol{v}_B$。

取 A 点为基点，并以它为原点建立动坐标系 $Ax'y'$，则图形的平面运动可分解为动坐标系的平动和 B 点相对于动参考系的转动。从合成运动的观点看，可将 B 点视为动点，则 B 点相对于定参考系的速度为绝对速度，即 $\boldsymbol{v}_A=\boldsymbol{v}_B$；$B$ 点相对于动参考系的转动速度即为相对速度，其大小为

$$v_r=AB\times\omega$$

式中，$\boldsymbol{v}_r$ 其实也就是 B 点绕基点 A 转动的速度，将其记为 $\boldsymbol{v}_{BA}$，则上式也可写为

$$v_r=v_{BA}$$

$\boldsymbol{v}_{BA}$ 垂直于 AB，指向由 ω 的方向确定。

而动坐标系上与 B 点相重合的那一点的速度即为 B 点的牵连速度，由于动坐标系随同基点 A 作平动，所以动坐标系上任一点的速度都与基点 A 的速度相同，即 $\boldsymbol{v}_e=\boldsymbol{v}_A$。

根据速度合成定理 $\boldsymbol{v}_A=\boldsymbol{v}_e+\boldsymbol{v}_r$，可得

$$v_B = v_A + v_{BA} \tag{15-4}$$

上式表明：平面图形上任一点的速度，等于基点的速度与该点绕基点的转动速度的矢量和。应用式（15-4）求平面图形上任一点的速度的方法，称为基点法。在解决实际问题时，常取刚体内运动轨迹已知的点作为基点。

【例 15-4】 如图 15-11 所示，汽车以 $v=40\text{m/s}$ 的速度直线行驶，已知车轮的半径为 r，假设车轮与地面作纯滚动，求车轮上 A、B 两点的速度。

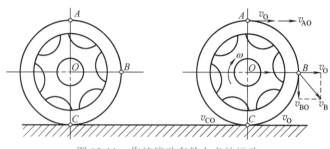

图 15-11 作纯滚动车轮上点的运动

解：(1) 选择基点：由于车轮的轴心速度即为汽车的行驶速度，为已知，故选轴心 O 为基点。

(2) 运动分析：由于车轮作纯滚动，故车轮与地面接触处没有相对滑动，则接触处 C 点的绝对速度为 $v_C=0$。

(3) 根据基点法求各点的速度：

由于 v_O 与 v_{CO} 相互平行，方向相反，所以有

$$v_C = v_O - v_{CO} = v_O - r\omega = 0$$

得

$$\omega = \frac{v_O}{r}$$

则 A 点的速度大小为

$$v_A = v_O + v_{AO} = v_O + r\omega = 2v_O = 80 \ (\text{m/s})$$

方向与 v_O 相同。

B 点的速度大小为

$$v_B = \sqrt{v_O^2 + v_{BO}^2} = \sqrt{v_O^2 + (r\omega)^2} = \sqrt{40^2 + 40^2} = 40\sqrt{2} \ (\text{m/s})$$

方向与水平线成 45°角。

【例 15-5】 曲柄连杆机构如图 15-12 所示，曲柄 AB 以匀角速度 $\omega=5\text{rad/s}$ 绕 A 点转动。已知 $AB=BC=30\text{cm}$。求在 $\varphi=0°$、30°、60°时 C 点的速度。

解：当曲柄 AB 绕 A 点转动时，点 B 的速度方向垂直于 AB，大小为

$$v_B = AB \times \omega = 30 \times 5 = 150 \ (\text{cm/s})$$

连杆 BC 作平面运动，选取 B 点为基点，则根据基点法有

$$\boldsymbol{v}_C = \boldsymbol{v}_B + \boldsymbol{v}_{CB}$$

由图可知，点 C 的速度 $\boldsymbol{v}_C$ 必定沿直线 AC，而点 C 相对于基点 B 的速度 $\boldsymbol{v}_{CB}$ 则垂直于 BC。则分别作出 $\varphi=0°$、30°、60°时的速度平行四边形如图 15-12 所示。应用几何关系解得

当 $\varphi=0°$ 时 $\qquad\qquad\qquad\qquad\qquad v_C=0$

当 $\varphi=30°$ 时 $\qquad\qquad\qquad\qquad v_C=v_B=150 \ (\text{cm/s})$

当 $\varphi=60°$ 时 $\qquad\qquad v_C=\sqrt{3}\,v_B=150\sqrt{3}=260 \ (\text{cm/s})$

【例 15-6】 四连杆机构如图 15-13 所示，$O_1A=r$，$AB=O_2B=3r$，曲柄 O_1A 以匀角

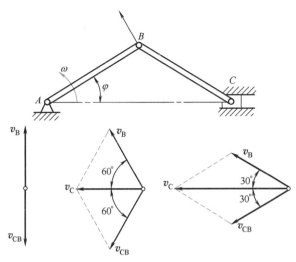

图 15-12　曲柄连杆机构上点的运动

速度 ω_1 绕 O_1 轴转动。在某一瞬时 $O_1A \perp AB$，$\angle O_2BA = 60°$。求此瞬时摇杆 O_2B 的角速度 ω_2。

解：O_1A 杆的运动为已知，A 点的速度方向垂直于 O_1A 杆，大小为

$$v_A = O_1A \times \omega_1 = r\omega_1$$

由图可知，连杆 AB 作平面运动，取 A 点为基点，由速度合成定理有

$$\boldsymbol{v}_B = \boldsymbol{v}_A + \boldsymbol{v}_{BA}$$

作速度平行四边形如图 15-13 所示，由几何关系得

$$v_B = \frac{v_A}{\cos 30°} = \frac{r\omega_1}{\cos 30°}$$

则　　　$\omega_2 = \dfrac{v_B}{O_2B} = \dfrac{r\omega_1}{3r\cos 30°} = 0.385\omega_1$

ω_2 的方向为逆时针转向。

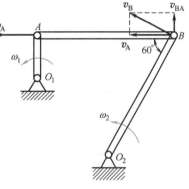

图 15-13　四连杆机构

 小结

1. 合成运动

相对于某一参考系的复杂运动可看成相对于其他参考系的几个简单运动组合而成，这种运动称为合成运动。点的运动可以合成，也可以分解。

2. 两个参考系

（1）定参考系：固定于地面的坐标系，简称定系，以 $Oxyz$ 表示。

（2）动参考系：固定在其他相对于地面运动的参考体上的坐标系，简称动系，以 $O'x'y'z'$ 表示。

3. 三种运动

（1）绝对运动——动点相对于定系的运动。

（2）相对运动——动点相对于动系的运动。

（3）牵连运动——动系相对于定系的运动。

4. 动点的绝对运动

动点的绝对运动是由动点的相对运动和牵连运动合成的。所以，这种运动称为点的合成运动或复合运动。

5. 三种速度

（1）绝对速度——动点在绝对运动中的速度，也就是动点相对于定系的速度，用v_a表示。

（2）相对速度——动点在相对运动中的速度，也就是动点相对于动系的速度，用v_r表示。

（3）牵连速度——动系上与动点相重合的那一点的速度，即牵连运动的速度，用v_e表示。

6. 点的速度合成定理

$$v_a = v_e + v_r$$

即：动点在某瞬时的绝对速度等于它在该瞬时的牵连速度和相对速度的矢量和。

7. 平面运动

刚体在运动过程中，刚体内任意一点与某一固定平面始终保持相等的距离。刚体的这种运动称为平面运动。刚体的平面运动可分解为平动和转动。

8. 基点法

$$v_B = v_A + v_{BA}$$

即：平面图形上任一点的速度，等于基点的速度与该点绕基点的转动速度的矢量和。

 思考题

1. 下列说法是否正确：

（1）牵连速度是动参考系相对于定参考系的速度；

（2）牵连速度是动参考系上任意一点相对于定参考系的速度。

2. 为什么坐在汽车上看超车的汽车开得很慢，而迎面而来的汽车开得很快？

3. 某瞬时动点的绝对速度为零，是否动点的相对速度及牵连速度均为零？为什么？

4. 解决点的运动合成时，如何选择动点和动参考系？

5. 平面运动图形上任意两点A、B的速度之间有何关系？为什么v_{BA}一定与AB垂直？v_{BA}与v_{AB}有何不同？

 训练题

1. 判断题

（　）15-1　动系上与动点相重合的那一点的速度，叫牵连速度，用v_e表示。

（　）15-2　点的运动既可以合成，也可以分解。

（　）15-3　动点的牵连运动和相对运动都是指动点的运动。

（　）15-4　在某些特殊情况下，动点的绝对运动可能就是它的相对运动。

（　）15-5　对于同一物体的运动，不管在哪个参考系上观察，其结论都是一样的。

2. 填空题

15-6　固定于＿＿＿＿＿＿＿的坐标系，称为定参考系；固定在＿＿＿＿＿＿＿＿＿＿＿的坐标系，称为动参考系。

15-7　刚体的平面运动包含＿＿＿＿＿＿和＿＿＿＿＿＿这两种基本运动形式。

15-8　刚体作平面运动时，平面图形上任一点的速度，等于＿＿＿＿＿＿速度与＿＿＿＿＿＿速度的矢量和。

15-9　动点的绝对运动是由＿＿＿＿＿＿和＿＿＿＿＿＿这两种运动合成的。

3. 单项选择题

15-10　绝对运动指的是（　　）。

A. 动点相对于定参考系的运动　　　　B. 动点相对于动参考系的运动

C. 动参考系相对于定参考系的运动　　D. 定参考系相对于动参考系的运动

15-11　牵连速度指的是（　　）。

A. 动点相对于动系的运动速度　　　　B. 动系上任意一点相对于定系的速度

C. 动系上与动点相重合的那一点的速度　　D. 定系上任意一点相对于动系的速度

4. 计算题

15-12　如图 15-14 所示，仿形机床中半径为 R 的半圆形凸轮以匀速 v_0 沿水平轨道向右运动，带动顶杆 AB 沿铅垂方向运动。求 $\varphi=45°$ 时顶杆 AB 的速度 v_a。

15-13　滑道机构如图 15-15 所示，曲柄 O_1A 绕 O_1 以角速度 ω 转动，通过滑块 C 带动竖杆 CD 作上下往复运动。已知 $O_1A=O_2B=r$，求图示瞬时竖杆 CD 的速度 v_a。

习题 15-12 讲解

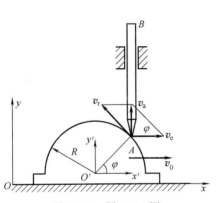

图 15-14　题 15-12 图

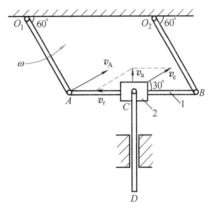

图 15-15　题 15-13 图

15-14　发动机的曲柄滑块机构如图 15-16 所示，已知曲柄 $OA=50\text{mm}$，以等角速度 $\omega=50\text{rad/s}$ 绕 O 点转动，连杆 $AB=200\text{mm}$。试求：当曲柄 OA 垂直于连杆 AB 时，滑块 B 的速度及连杆 AB 的角速度。

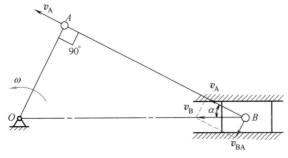

图 15-16　题 15-14 图

15-15 破碎机机构如图 15-17 所示，已知曲柄 $OA = 200\text{mm}$，以 $n = 100\text{r/min}$ 的转速绕 O 点顺时针方向匀速转动，连杆 $AB = 500\text{mm}$。在某一瞬时曲柄 OA 垂直于机架，摇杆 BC 垂直于连杆 AB，且摇杆与机架之间的夹角为 $60°$。试求：在此瞬时 B 点的速度及摇杆 BC 的角速度。

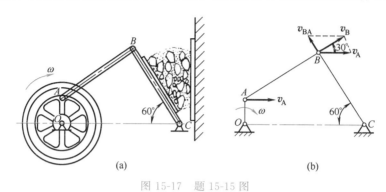

(a)   (b)

图 15-17 题 15-15 图

附表 1　热轧工字钢（摘自 GB/T 706—2016）

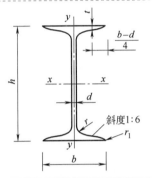

符号意义

h—高度；　　　　　　　　　　　I—惯性矩；

b—腿宽度；　　　　　　　　　　i—惯性半径；

d—腰厚度；　　　　　　　　　　W—抗弯截面系数

t—腿中间厚度；

斜度 1∶6　　r—内圆弧半径；

r_1—腿端圆弧半径；

型号	截面尺寸/mm						截面面积/cm²	理论重量/(kg/m)	外表面积/(m²/m)	惯性矩/cm⁴		惯性半径/cm		截面模数/cm³	
	h	b	d	t	r	r_1				I_x	I_y	i_x	i_y	W_x	W_y
10	100	68	4.5	7.6	6.5	3.3	14.33	11.3	0.432	245	33.0	4.14	1.52	49.0	9.72
12	120	74	5.0	8.4	7.0	3.5	17.80	14.0	0.493	436	46.9	4.95	1.62	72.7	12.7
12.6	126	74	5.0	8.4	7.0	3.5	18.10	14.2	0.505	488	46.9	5.20	1.61	77.5	12.7
14	140	80	5.5	9.1	7.5	3.8	21.50	16.9	0.553	712	64.4	5.76	1.73	102	16.1
16	160	88	6.0	9.9	8.0	4.0	26.11	20.5	0.621	1130	93.1	6.58	1.89	141	21.2
18	180	94	6.5	10.7	8.5	4.3	30.74	24.1	0.681	1660	122	7.36	2.00	185	26.0
20a	200	100	7.0	11.4	9.0	4.5	35.55	27.9	0.742	2370	158	8.15	2.12	237	31.5
20b	200	102	9.0	11.4	9.0	4.5	39.55	31.1	0.746	2500	169	7.96	2.06	250	33.1
22a	220	110	7.5	12.3	9.5	4.8	42.10	33.1	0.817	3400	225	8.99	2.31	309	40.9
22b	220	112	9.5	12.3	9.5	4.8	46.50	36.5	0.821	3570	239	8.78	2.27	325	42.7
24a	240	116	8.0	13.0	10.0	5.0	47.71	37.5	0.878	4570	280	9.77	2.42	381	48.4
24b	240	118	10.0	13.0	10.0	5.0	52.51	41.2	0.882	4800	297	9.57	2.38	400	50.4
25a	250	116	8.0	13.0	10.0	5.0	48.51	38.1	0.898	5020	280	10.2	2.40	402	48.3
25b	250	118	10.0	13.0	10.0	5.0	53.51	42.0	0.902	5280	309	9.94	2.40	423	52.4
27a	270	122	8.5	13.7	10.5	5.3	54.52	42.8	0.958	6550	345	10.9	2.51	485	56.6
27b	270	124	10.5	13.7	10.5	5.3	59.92	47.0	0.962	6870	366	10.7	2.47	509	58.9
28a	280	122	8.5	13.7	10.5	5.3	55.37	43.5	0.978	7110	345	11.3	2.50	508	56.6
28b	280	124	10.5	13.7	10.5	5.3	60.97	47.9	0.982	7480	379	11.1	2.49	534	61.2

续表

型号	截面尺寸/mm						截面面积/cm²	理论重量/(kg/m)	外表面积/(m²/m)	惯性矩/cm⁴		惯性半径/cm		截面模数/cm³	
	h	b	d	t	r	r_1				I_x	I_y	i_x	i_y	W_x	W_y
30a		126	9.0				61.22	48.1	1.031	8950	400	12.1	2.55	597	63.5
30b	300	128	11.0	14.4	11.0	5.5	67.22	52.8	1.035	9400	422	11.8	2.50	627	65.9
30c		130	13.0				73.22	57.5	1.039	9850	445	11.6	2.46	657	68.5
32a		130	9.5				67.12	52.7	1.084	11100	460	12.8	2.62	692	70.8
32b	320	132	11.5	15.0	11.5	5.8	73.52	57.7	1.088	11600	502	12.6	2.61	726	76.0
32c		134	13.5				79.92	62.7	1.092	12200	544	12.3	2.61	760	81.2
36a		136	10.0				76.44	60.0	1.185	15800	552	14.4	2.69	875	81.2
36b	360	138	12.0	15.8	12.0	6.0	83.64	65.7	1.189	16500	582	14.1	2.64	919	84.3
36c		140	14.0				90.84	71.3	1.193	17300	612	13.8	2.60	962	87.4
40a		142	10.5				86.07	67.6	1.285	21700	660	15.9	2.77	1090	93.2
40b	400	144	12.5	16.5	12.5	6.3	94.07	73.8	1.289	22800	692	15.6	2.71	1140	96.2
40c		146	14.5				102.1	80.1	1.293	23900	727	15.2	2.65	1190	99.6
45a		150	11.5				102.4	80.4	1.411	32200	855	17.7	2.89	1430	114
45b	450	152	13.5	18.0	13.5	6.8	111.4	87.4	1.415	33800	894	17.4	2.84	1500	118
45c		154	15.5				120.4	94.5	1.419	35300	938	17.1	2.79	1570	122
50a		158	12.0				119.2	93.6	1.539	46500	1120	19.7	3.07	1860	142
50b	500	160	14.0	20.0	14.0	7.0	129.2	101	1.543	48600	1170	19.4	3.01	1940	146
50c		162	16.0				139.2	109	1.547	50600	1220	19.0	2.96	2080	151
55a		166	12.5				134.1	105	1.667	62900	1370	21.6	3.19	2290	164
55b	550	168	14.5				145.1	114	1.671	65600	1420	21.2	3.14	2390	170
55c		170	16.5	21.0	14.5	7.3	156.1	123	1.675	68400	1480	20.9	3.08	2490	175
56a		166	12.5				135.4	106	1.687	65600	1370	22.0	3.18	2340	165
56b	560	168	14.5				146.6	115	1.691	68500	1490	21.6	3.16	2450	174
56c		170	16.5				157.8	124	1.695	71400	1560	21.3	3.16	2550	183
63a		176	13.0				154.6	121	1.862	93900	1700	24.5	3.31	2980	193
63b	630	178	15.0	22.0	15.0	7.5	167.2	131	1.866	98100	1810	24.2	3.29	3160	204
63c		180	17.0				179.8	141	1.870	102000	1920	23.8	3.27	3300	214

注：表中 r、r_1 的数据用于孔型设计，不做交货条件。

附表2 热轧槽钢（摘自 GB/T 706—2016）

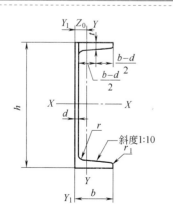

符号意义：

h—高度；
b—腿厚度；
d—腰厚度；
r—内圆弧半径；
t—腿中间厚度；

r_1—边端内圆弧半径；
I—惯性矩；
W—抗弯截面系数；
i—惯性半径；
z_0—重心距离

型号	截面尺寸/mm						截面面积/cm²	理论重量/(kg/m)	外表面积/(m²/m)	惯性矩/cm⁴			惯性半径/cm		截面模数/cm³		重心距离/cm
	h	b	d	t	r	r_1				I_x	I_y	I_{y1}	i_x	i_y	W_x	W_y	Z_0
5	50	37	4.5	7.0	7.0	3.5	6.925	5.44	0.226	26.0	8.30	20.9	1.94	1.10	10.4	3.55	1.35
6.3	63	40	4.8	7.5	7.5	3.8	8.446	6.63	0.262	50.8	11.9	28.4	2.45	1.19	16.1	4.50	1.36
6.5	65	40	4.3	7.5	7.5	3.8	8.292	6.51	0.267	55.2	12.0	28.3	2.54	1.19	17.0	4.59	1.38
8	80	43	5.0	8.0	8.0	4.0	10.24	8.04	0.307	101	16.6	37.4	3.15	1.27	25.3	5.79	1.43
10	100	48	5.3	8.5	8.5	4.2	12.74	10.0	0.365	198	25.6	54.9	3.95	1.41	39.7	7.80	1.52
12	120	53	5.5	9.0	9.0	4.5	15.36	12.1	0.423	346	37.4	77.7	4.75	1.56	57.7	10.2	1.62
12.6	126	53	5.5	9.0	9.0	4.5	15.69	12.3	0.435	391	38.0	77.1	4.95	1.57	62.1	10.2	1.59
14a	140	58	6.0	9.5	9.5	4.8	18.51	14.5	0.480	564	53.2	107	5.52	1.70	80.5	13.0	1.71
14b	140	60	8.0	9.5	9.5	4.8	21.31	16.7	0.484	609	61.1	121	5.35	1.69	87.1	14.1	1.67
16a	160	63	6.5	10.0	10.0	5.0	21.95	17.2	0.538	866	73.3	144	6.28	1.83	108	16.3	1.80
16b	160	65	8.5	10.0	10.0	5.0	25.15	19.8	0.542	935	83.4	161	6.10	1.82	117	17.6	1.75
18a	180	68	7.0	10.5	10.5	5.2	25.69	20.2	0.596	1270	98.6	190	7.04	1.96	141	20.0	1.88
18b	180	70	9.0	10.5	10.5	5.2	29.29	23.0	0.600	1370	111	210	6.84	1.95	152	21.5	1.84
20a	200	73	7.0	11.0	11.0	5.5	28.83	22.6	0.654	1780	128	244	7.86	2.11	178	24.2	2.01
20b	200	75	9.0	11.0	11.0	5.5	32.83	25.8	0.658	1910	144	268	7.64	2.09	191	25.9	1.95
22a	220	77	7.0	11.5	11.5	5.8	31.83	25.0	0.709	2390	158	298	8.67	2.23	218	28.2	2.10
22b	220	79	9.0	11.5	11.5	5.8	36.23	28.5	0.713	2570	176	326	8.42	2.21	234	30.1	2.03
24a	240	78	7.0	12.0	12.0	6.0	34.21	26.9	0.752	3050	174	325	9.45	2.25	254	30.5	2.10
24b	240	80	9.0	12.0	12.0	6.0	39.01	30.6	0.756	3280	194	355	9.17	2.23	274	32.5	2.03
24c	240	82	11.0	12.0	12.0	6.0	43.81	34.4	0.760	3510	213	388	8.96	2.21	293	34.4	2.00
25a	250	78	7.0	12.0	12.0	6.0	34.91	27.4	0.722	3370	176	322	9.82	2.24	270	30.6	2.07
25b	250	80	9.0	12.0	12.0	6.0	39.91	31.3	0.776	3530	196	353	9.41	2.22	282	32.7	1.98
25c	250	82	11.0	12.0	12.0	6.0	44.91	35.3	0.780	3690	218	384	9.07	2.21	295	35.9	1.92
27a	270	82	7.5	12.5	12.5	6.2	39.27	30.8	0.826	4360	216	393	10.5	2.34	323	35.5	2.13
27b	270	84	9.5	12.5	12.5	6.2	44.67	35.1	0.830	4690	239	428	10.3	2.31	347	37.7	2.06
27c	270	86	11.5	12.5	12.5	6.2	50.07	39.3	0.834	5020	261	467	10.1	2.28	372	39.8	2.03
28a	280	82	7.5	12.5	12.5	6.2	40.02	31.4	0.846	4760	218	388	10.9	2.33	340	35.7	2.10
28b	280	84	9.5	12.5	12.5	6.2	45.62	35.8	0.850	5130	242	428	10.6	2.30	366	37.9	2.02
28c	280	86	11.5	12.5	12.5	6.2	51.22	40.2	0.854	5500	268	463	10.4	2.29	393	40.3	1.95
30a	300	85	7.5	13.5	13.5	6.8	43.89	34.5	0.897	6050	260	467	11.7	2.43	403	41.1	2.17
30b	300	87	9.5	13.5	13.5	6.8	49.89	39.2	0.901	6500	289	515	11.4	2.41	433	44.0	2.13
30c	300	89	11.5	13.5	13.5	6.8	55.89	43.9	0.905	6950	316	560	11.2	2.38	463	46.4	2.09
32a	320	88	8.0	14.0	14.0	7.0	48.50	38.1	0.947	7600	305	552	12.5	2.50	475	46.5	2.24
32b	320	90	10.0	14.0	14.0	7.0	54.90	43.1	0.951	8140	336	593	12.2	2.47	509	49.2	2.16
32c	320	92	12.0	14.0	14.0	7.0	61.30	48.1	0.955	8690	374	643	11.9	2.47	543	52.6	2.09

续表

型号	截面尺寸/mm						截面面积/cm²	理论重量/(kg/m)	外表面积/(m²/m)	惯性矩/cm⁴			惯性半径/cm		截面模数/cm³		重心距离/cm
	h	b	d	t	r	r_1				I_x	I_y	I_{y1}	i_x	i_y	W_x	W_y	Z_0
36a		96	9.0				60.89	47.8	1.053	11900	455	818	14.0	2.73	660	63.5	2.44
36b	360	98	11.0	16.0	16.0	8.0	68.09	53.5	1.057	12700	497	880	13.6	2.70	703	66.9	2.37
36c		100	13.0				75.29	59.1	1.061	13400	536	948	13.4	2.67	746	70.0	2.34
40a		100	10.5				75.04	58.9	1.144	17600	592	1070	15.3	2.81	879	78.8	2.49
40b	400	102	12.5	18.0	18.0	9.0	83.04	65.2	1.148	18600	640	1140	15.0	2.78	932	82.5	2.44
40c		104	14.5				91.04	71.5	1.152	19700	688	1220	14.7	2.75	986	86.2	2.42

注：表中 r、r_1 的数据用于孔型设计，不做交货条件。

附表 3　热轧等边角钢（摘自 GB/T 706—2016）

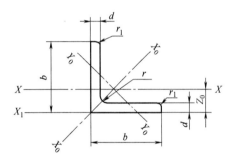

符号意义：

b—边宽度；　　　　　　　r_1—边端圆弧半径；

d—边厚度；　　　　　　　I—惯性矩；

r—内圆弧半径；　　　　　W—抗弯截面系数；

z_0—重心距离；　　　　　　i—惯性半径

型号	截面尺寸/mm			截面面积/cm²	理论重量/(kg/m)	外表面积/(m²/m)	惯性矩/cm⁴				惯性半径/cm			截面模数/cm³			重心距离/cm
	b	d	r				I_x	I_{y1}	I_{x0}	I_{y0}	i_x	i_{x0}	i_{y0}	W_x	W_{x0}	W_{x0}	Z_0
2	20	3	3.5	1.132	0.89	0.078	0.40	0.81	0.63	0.17	0.59	0.75	0.39	0.29	0.45	0.20	0.60
		4		1.459	1.15	0.077	0.50	1.09	0.78	0.22	0.58	0.73	0.38	0.36	0.55	0.24	0.64
2.5	25	3	3.5	1.432	1.12	0.098	0.82	1.57	1.29	0.34	0.76	0.95	0.49	0.46	0.73	0.33	0.73
		4		1.859	1.46	0.097	1.03	2.11	1.62	0.43	0.74	0.93	0.48	0.59	0.92	0.40	0.76
3.0	30	3	4.5	1.749	1.37	0.117	1.46	2.71	2.31	0.61	0.91	1.15	0.59	0.68	1.09	0.51	0.85
		4		2.276	1.79	0.117	1.84	3.63	2.92	0.77	0.90	1.13	0.58	0.87	1.37	0.62	0.89
3.6	36	3	4.5	2.109	1.66	0.141	2.58	4.68	4.09	1.07	1.11	1.39	0.71	0.99	1.61	0.76	1.00
		4		2.756	2.16	0.141	3.29	6.25	5.22	1.37	1.09	1.38	0.70	1.28	2.05	0.93	1.04
		5		3.382	2.65	0.141	3.95	7.84	6.24	1.65	1.08	1.36	0.7	1.56	2.45	1.00	1.07
4	40	3	5	2.359	1.85	0.157	3.59	6.41	5.69	1.49	1.23	1.55	0.79	1.23	2.01	0.96	1.09
		4		3.086	2.42	0.157	4.60	8.56	7.29	1.91	1.22	1.54	0.79	1.60	2.58	1.19	1.13
		5		3.792	2.98	0.156	5.53	10.7	8.76	2.30	1.21	1.52	0.78	1.96	3.10	1.39	1.17

续表

型号	截面尺寸/mm			截面面积/cm²	理论重量/(kg/m)	外表面积/(m²/m)	惯性矩/cm⁴				惯性半径/cm			截面模数/cm³			重心距离/cm
	b	d	r				I_x	I_{y1}	I_{x0}	I_{y0}	i_x	i_{x0}	i_{y0}	W_x	W_{x0}	W_{x0}	Z_0
4.5	45	3	5	2.659	2.09	0.177	5.17	9.12	8.20	2.14	1.40	1.76	0.89	1.58	2.58	1.24	1.22
		4		3.486	2.74	0.177	6.65	12.2	10.6	2.75	1.38	1.74	0.89	2.05	3.32	1.54	1.26
		5		4.292	3.37	0.176	8.04	15.2	12.7	3.33	1.37	1.72	0.88	2.51	4.00	1.81	1.30
		6		5.077	3.99	0.176	9.33	18.4	14.8	3.89	1.36	1.70	0.80	2.95	4.64	2.06	1.33
5	50	3	5.5	2.971	2.33	0.197	7.18	12.5	11.4	2.98	1.55	1.96	1.00	1.96	3.22	1.57	1.34
		4		3.897	3.06	0.197	9.26	16.7	14.7	3.82	1.54	1.94	0.99	2.56	4.16	1.96	1.38
		5		4.803	3.77	0.196	11.2	20.9	17.8	4.64	1.53	1.92	0.98	3.13	5.03	2.31	1.42
		6		5.688	4.46	0.196	13.1	25.1	20.7	5.42	1.52	1.91	0.98	3.68	5.85	2.63	1.46
5.6	56	3	6	3.343	2.62	0.221	10.2	17.6	16.1	4.24	1.75	2.20	1.13	2.48	4.08	2.02	1.48
		4		4.39	3.45	0.220	13.2	23.4	20.9	5.46	1.73	2.18	1.11	3.24	5.28	2.52	1.53
		5		5.415	4.25	0.220	16.0	29.3	25.4	6.61	1.72	2.17	1.10	3.97	6.42	2.98	1.57
		6		6.42	5.04	0.220	18.7	35.3	29.7	7.73	1.71	2.15	1.10	4.68	7.49	3.40	1.61
		7		7.404	5.81	0.219	21.2	41.2	33.6	8.82	1.69	2.13	1.09	5.36	8.49	3.80	1.64
		8		8.367	6.57	0.219	23.6	47.2	37.4	9.89	1.68	2.11	1.09	6.03	9.44	4.16	1.68
6	60	5	6.5	5.829	4.58	0.236	19.9	36.1	31.6	8.21	1.85	2.33	1.19	4.59	7.44	3.48	1.67
		6		6.914	5.43	0.235	23.4	43.3	36.9	9.60	1.83	2.31	1.18	5.41	8.70	3.98	1.70
		7		7.977	6.26	0.235	26.4	50.7	41.9	11.0	1.82	2.29	1.17	6.21	9.88	4.45	1.74
		8		9.02	7.08	0.235	29.5	58.0	46.7	12.3	1.81	2.27	1.17	6.98	11.0	4.88	1.78
6.3	63	4	7	4.978	3.91	0.248	19.0	33.4	30.2	7.89	1.96	2.46	1.26	4.13	6.78	3.29	1.70
		5		6.143	4.82	0.248	23.2	41.7	36.8	9.57	1.94	2.45	1.25	5.08	8.25	3.90	1.74
		6		7.288	5.72	0.247	27.1	50.1	43.0	11.2	1.93	2.43	1.24	6.00	9.66	4.46	1.78
		7		8.412	6.60	0.247	30.9	58.6	49.0	12.8	1.92	2.41	1.23	6.88	11.0	4.98	1.82
		8		9.515	7.47	0.247	34.5	67.1	54.6	14.3	1.90	2.40	1.23	7.75	12.3	5.47	1.85
		10		11.66	9.15	0.246	41.1	84.3	64.9	17.3	1.88	2.36	1.22	9.39	14.6	6.36	1.93
7	70	4	8	5.570	4.37	0.275	26.4	45.7	41.8	11.0	2.18	2.74	1.40	5.14	8.44	4.17	1.86
		5		6.876	5.40	0.275	32.2	57.2	51.1	13.3	2.16	2.73	1.39	6.32	10.3	4.95	1.91
		6		8.160	6.41	0.275	37.8	68.7	59.9	15.6	2.15	2.71	1.38	7.48	12.1	5.67	1.95
		7		9.424	7.40	0.275	43.1	80.3	68.4	17.8	2.14	2.69	1.38	8.59	13.8	6.34	1.99
		8		10.67	8.37	0.274	48.2	91.9	76.4	20.0	2.12	2.68	1.37	9.68	15.4	6.98	2.03
7.5	75	5	9	7.412	5.82	0.295	40.0	70.6	63.3	16.6	2.33	2.92	1.50	7.32	11.9	5.77	2.04
		6		8.797	6.91	0.294	47.0	84.6	74.4	19.5	2.31	2.90	1.49	8.64	14.0	6.67	2.07
		7		10.16	7.98	0.294	53.6	98.7	85.0	22.2	2.30	2.89	1.48	9.93	16.0	7.44	2.11
		8		11.50	9.03	0.294	60.0	113	95.1	24.9	2.28	2.88	1.47	11.2	17.9	8.19	2.15
		9		12.83	10.1	0.294	66.1	127	105	27.5	2.27	2.86	1.46	12.4	19.8	8.89	2.18
		10		14.13	11.1	0.293	72.0	142	114	30.1	2.26	2.84	1.46	13.6	21.5	9.56	2.22

型号	截面尺寸/mm			截面面积/ cm²	理论重量/ (kg/m)	外表面积/ (m²/m)	惯性矩/ cm⁴				惯性半径/ cm			截面模数/ cm³			重心距离/ cm
	b	d	r				I_x	I_{y1}	I_{x0}	I_{y0}	i_x	i_{x0}	i_{y0}	W_x	W_{x0}	W_{x0}	Z_0
8	80	5	9	7.912	6.21	0.315	48.8	85.4	77.3	20.3	2.48	3.13	1.60	8.34	13.7	6.66	2.15
		6		9.397	7.38	0.314	57.4	103	91.0	23.7	2.47	3.11	1.59	9.87	16.1	7.65	2.19
		7		10.86	8.53	0.314	65.6	120	104	27.1	2.46	3.10	1.58	11.4	18.4	8.58	2.23
		8		12.30	9.66	0.314	73.5	137	117	30.4	2.44	3.08	1.57	12.8	20.6	9.46	2.27
		9		13.73	10.8	0.314	81.1	154	129	33.6	2.43	3.06	1.56	14.3	22.7	10.3	2.31
		10		15.13	11.9	0.313	88.4	172	140	36.8	2.42	3.04	1.56	15.6	24.8	11.1	2.35

注：截面图中的 $r_1 \approx 1/3d$ 及表中 r 的数据用于孔型设计，不做交货条件。

参 考 文 献

［1］ 贺威. 工程力学［M］. 北京：中国水利水电出版社，2021.

［2］ 刘思俊. 工程力学（第 4 版）［M］. 北京：机械工业出版社，2019.

［3］ 吴玉亮. 工程力学［M］. 北京：化学工业出版社，2011.

［4］ 蒙晓影. 工程力学（第 7 版）［M］. 大连：大连理工大学出版社，2018.